21世纪高职高专精品教材

工程力学学习指导

（土建类）

主　编　张美元
副主编　王红梅　田春竹

黄河水利出版社

内容提要

本书为《工程力学》教材的配套用书，主要对教材中的主要知识点、学习内容及要求、习题答案及部分习题的解答等进行了详细阐述和讲解。包括工程力学基础、平面力系的合成与平衡、杆件的内力与内力图、杆件的应力与强度计算、杆件的变形计算与刚度校核、压杆稳定、结构的计算简图及几何组成分析、静定结构的内力和位移计算、超静定结构的传统计算方法等内容。可帮助学生更好地理解和掌握教材内容。

本书适用于高职高专院校的水利水电、工业与民用建筑、给排水、市政工程、道路桥梁等土建类专业和近土建类专业的工程力学课程的教学，也可作为各土建类工程技术人员的参考用书。

图书在版编目(CIP)数据

工程力学学习指导：土建类/张美元主编．—郑州：黄河水利出版社，2007.9

21世纪高职高专精品教材

ISBN 978-7-80734-269-4

Ⅰ.工… Ⅱ.张… Ⅲ.工程力学－高等学校：技术学校－教学参考资料 Ⅳ.TB12

中国版本图书馆CIP数据核字(2007)第139146号

策划组稿：马广州　电话：0371-66023343　E-mail：magz@yahoo.cn

出 版 社：黄河水利出版社

地址：河南省郑州市金水路11号　邮政编码：450003

发行单位：黄河水利出版社

发行部电话：0371－66026940　传真：0371－66022620

E-mail：hhslcbs@126.com

承印单位：河南省瑞光印务股份有限公司

开本：787 mm×1 092 mm　1/16

印张：12.5

字数：284千字　印数：1—4 100

版次：2007年9月第1版　印次：2007年9月第1次印刷

书号：ISBN 978-7-80734-269-4/TB·17　定价：18.00元

前　言

本套书是根据高职高专水利水电工程和工业与民用建筑工程等专业的专业教学计划及工程力学教学大纲的基本要求，结合我国高职教育特点和对高等职业技术人才的培养目标要求而编写的，分《工程力学》和《工程力学学习指导》两册。

为体现高等职业技术教育的特点，按照培养符合我国国情的高等级实用型工程技术人才的基本要求，本套书采取不淡化理论的系统性，强调专业技术基础知识的实用性，将过去共几十章的工程力学教材内容，经精减、淡化、综合归类后，缩编成11章。

本套书内容简练、叙述通俗，例题典型且贴近工程实际。对于理论知识，着重强调其结论和应用。一般公式不推导，注重从实用出发，培养学生分析和解决实际问题的能力。每章末附有习题。《工程力学学习指导》是为帮助学生更好地学习和掌握教材内容。另外，为方便读者，已将本套书的电子教案、授课计划和教学大纲、教学课件等教学资料，全部在网上公开发布，读者可登录 http://www.yrcp.com 或 http://jwc.hbsy.cn/ec/C4/zcr-1.htm 查阅。编者制作的《平面直杆结构内力与位移计算》软件，也可以从此处下载。

本教材及学习指导的编写分工如下：《工程力学》的第2、3、10章由王正君编写，第4、5、7章由吕军奇编写，第6、8、9章由杨帆编写；《工程力学学习指导》的第3、4、5、6章由王红梅编写，第7、8、9章由田春竹编写。其他章节由张美元编写。《工程力学》和《工程力学学习指导》均由张美元最后统稿。

在此向关心和支持本教材建设的领导及同行表示诚挚的谢意。由于本人水平所限，书中也难免存在错漏和欠妥之处，诚请各位同行和广大读者批评指正，以便日后对本教材再作修改，使之不断完善。

编　者

2007年5月

目　录

第1章　绪　论

1.1　内容与要求

本章的基本内容是:工程力学的研究对象和主要任务、变形固体的基本假设、杆件变形的基本形式。

学习本章的基本要求是:

(1)了解建筑物、结构、构件三者的含义及其相互关系,明确工程力学课程的研究对象。

(2)了解杆件和杆件结构的强度、刚度、稳定性的含义,明确工程力学的主要任务。

(3)了解杆件基本变形的基本形式,以及每种变形的受力与主要变形特征。

1.2　学习与理解

1.2.1　杆件和杆件结构

工程力学的研究对象是杆件和杆件结构。

杆件是指长度远远大于横向尺寸的构件。轴线是直线的杆件称为直杆,轴线是曲线的杆件称为曲杆。杆件的横截面可以有各种不同的形状,但常见的截面形状是矩形、圆形、圆环形、工字形及T形等几种。

杆件结构是指由杆件(或杆件系统)与基础相联构成的结构。结构中的杆件与杆件之间的联结点,称为结点。如果被结点所联结的杆件在结点处不可能产生任何的相对移动和相对转动,则称此结点为刚性结点;若可以作相对转动(即使是微小的转动),则称为铰结点。结构中与基础联结并起支承作用的部分(或构造),称为支座。结构中支座有多种不同的形式,每种形式支座所起的作用也各不相同。常见的支座形式有固定铰支座、可动铰支座、固定端支座等。

杆件结构有多种形式,常见的杆件结构有梁、刚架、桁架、拱等基本形式,以及由基本形式结构组成的组合结构。最简单的杆件结构是由一根杆件与支座联结而成的结构,如单跨梁。

作为工程力学中研究对象的杆件结构,是通过对实际受力物体或建筑物进行简化后而得到的结构计算简图,即结构的力学模型。要了解计算简图是怎样得到的,可阅读《工程力学》(以下简称本教材)的第8章第1.1节。

1.2.2　强度、刚度、稳定性

工程力学的任务是研究杆件或杆件结构自身的承载能力。而对于结构的基础,其承载能力将在有关的专业课程中研究。因此,工程力学中所讲述的承载能力,主要是指杆件承受外力的能力。这种能力具体体现在强度、刚度和稳定性三个方面。

强度——反映杆件抵抗破坏能力的量度。强度问题就是当杆件受外力后,会不会产生断裂、破碎等问题。

刚度——反映杆件抵抗变形能力的量度。刚度问题就是杆件受力后产生的变形会不会超出允许范围的问题。因为当杆件变形超过允许范围时,虽然结构不致于破坏,但却不能正常使用,即同样失去了承载能力。

稳定性——反映轴向压杆保持原有直线平衡状态的能力。研究证明,对于细而长的轴向压杆,其承载能力突出地反映在稳定性问题上。如果稳定性满足要求,则该杆件的强度和刚度都会满足要求。当然,某些不是轴向压缩的杆件也会存在稳定性问题,教材及本书不进行讨论。

杆件的强度、刚度和稳定性,不仅与作用于杆件上的外力有关,还与杆件的几何尺寸、截面形状、杆件材料的性质等因素密切相关。关于这一点,读者在学习时要注意。

1.2.3　变形固体的三个假设

实际物体的物理性质是比较复杂的,当分析物体的受力和变形时,如果把所有影响的因素都考虑进来,不仅会使问题变得非常复杂,而且可能得不出正确的结论。其实,在分析问题时只要抓住主要的影响因素,就可使分析结果满足计算精度要求,而且还可以使分析过程和解决问题的表达形式十分简捷。基于此点,工程力学对变形固体的材料作出了三点假设,即均匀连续性假设、各向同性假设和小变形假设。其中:

(1)均匀连续性假设,是假设组成固体材料的晶体在固体内无任何间隙地均匀分布在整个固体的几何空间内。

(2)各向同性假设,是假设固体材料在三维空间任何方向上的物理或力学性能都相同。

通过这两条假设,就可以根据固体内任何取出一个微分体的受力和变形情况,来定义其各个方向的受力和变形规律,使问题的分析得以简化。

(3)小变形假设,就是认为或限定材料的变形必须是弹性变形范围内的小变形。有了这个假设,就可以在考虑物体的整体或局部平衡时,忽略小变形的影响,即在变形前后均取相同的几何尺寸。

1.2.4　杆件的四种基本变形

实际工程结构中的杆件在外力或其他各种因素作用下的变形形式有很多种,但经分析表明,无论杆件的变形形式如何复杂,其基本的变形形式只有四种,即轴向拉伸和压缩、剪切、扭转、平面弯曲。其他任何变形形式都是这四种基本形式的不同组合。

轴向拉伸和压缩:轴向即杆件的轴线方向,拉或压是指沿杆件的轴线方向作用的拉力或压力,伸和缩是指杆件的变形为轴向的伸长或缩短。或者说,当杆件受到沿轴线方向的拉力或压力作用时,杆件的变形为轴线的伸长或缩短,如图 1-1 所示。

剪切:是指杆件(或构件)受一对等值、反向、作用线平行但相距很近的外力作用时,杆件位于此二力作用线之间的横截面会产生沿各自作用力方向平行错动的变形或破坏,如图 1-2

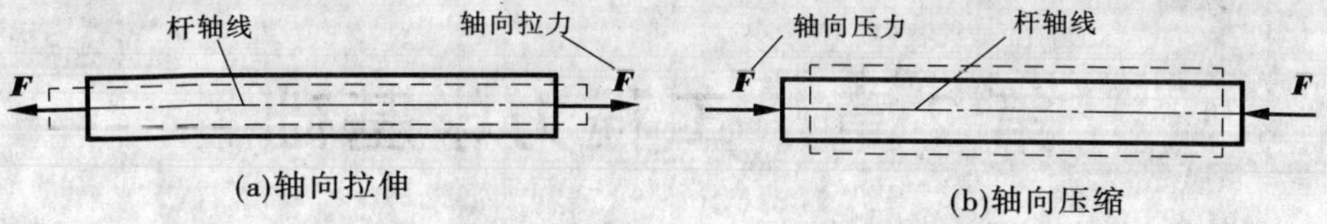

图 1-1

所示。工程中的剪切构件主要是结构或机构中的连接件,如铆钉、螺栓、销钉等物件。

扭转:杆件受到与横截面平行且绕杆件的轴线转动的外力偶作用用时,杆件在外力偶作用面之间的各横截面均绕杆件轴线产生相对转动,如图 1-3 所示。工程中的杆件主要是机械(机器)的传动轴。

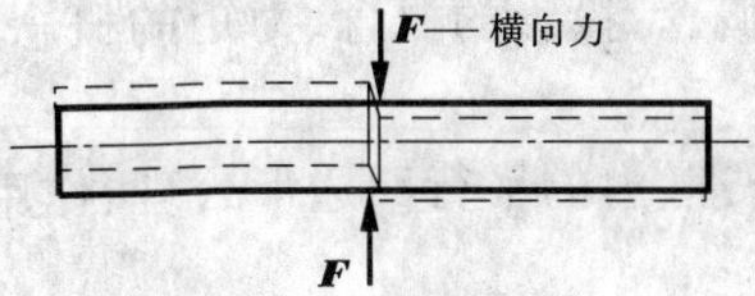

图 1-2

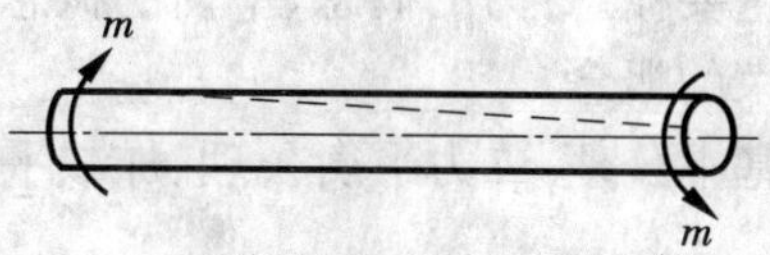

图 1-3

弯曲:当杆件受到与杆轴线垂直的外力作用时,杆件的轴线会由原来的直线变为曲线(称为曲轴线)。这时,杆件轴线一侧的纤维相对伸长,另一侧的纤维则相对缩短,如图 1-4 所示。工程中的弯曲变形杆件是最常见的受力构件,工程结构中的梁和刚架中的杆件都是受弯构件。

关于这四种基本变形的特征,在教材和本书的第 4、5、6 章中有详细阐述。

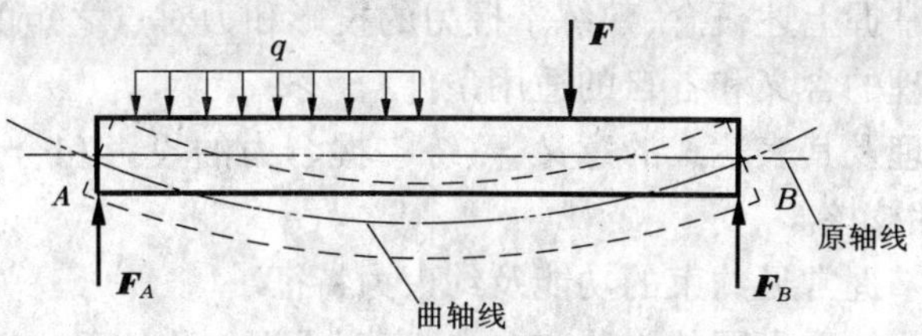

图 1-4

1.3　复习思考题

1-1　工程力学的学科性质是什么?

1-2　何谓结构? 何谓杆件结构?

1-3　杆件的几何特征是什么?

1-4　结点在结构中起何作用?

1-5　支座在结构中起何作用?

1-6　强度、刚度、稳定性分别反映了杆件哪个(或哪些)方面的能力?

1-7　假设工程材料符合均匀连续性、各向同性和小变形的目的是什么?

1-8　作用于四种基本变形杆件上的外力各有什么特征?

第2章　工程力学基础

2.1　内容与要求

2.1.1　基本内容

(1)重要概念:力的概念、平衡的概念、刚体的概念,投影的概念、力矩的概念、力偶的概念,约束的概念。

(2)基本公理:二力平衡公理、加减平衡力系公理、力的平行四边形公理、作用与反作用公理。

(3)重要定理:合力投影定理、合力矩定理。

(4)物体的受力分析与受力图。

本章的重点,一是力的投影计算和力矩的计算,二是物体的受力图。画物体系的受力图是本章的难点。

2.1.2　学习要求

(1)充分理解和掌握上述概念,熟练掌握力的投影和力对点之矩的计算方法。

(2)弄清四个公理的含义和各自的适用条件。

(3)弄清两个定理及其表达式的意义,熟练掌握合力的投影和合力矩的计算,会对墙体进行抗倾覆稳定性校核。

(4)弄清并熟练掌握常见约束的功能及约束力特征。

(5)熟练掌握作物体受力图的方法和要点,高度重视作物体受力图。

2.2　学习与理解

2.2.1　力矢量

力的概念是工程力学最基本的概念。物体的相互接触(或作用)是产生力的原因,物体的运动或变形,是力作用的结果。力是有大小和方向的量,故力是矢量,力在物体上的作用位置是力的作用点。对于不同形式的力有不同的单位和量纲。

作用于物体上的若干个力称为力系,其合力就是该力系的等效力,力系中的各力称为力系的分力。作用于物体上同一点的力系可以由平行四边形法则合成为一个仍作用于该点的合力,这合力是各分力的矢量和。图2-1中 $\boldsymbol{F}_R$ 是 $\boldsymbol{F}_1$ 和 $\boldsymbol{F}_2$ 的合力或等效力。

一个力可以分解为仍作用于该力作用点的两个分力,但若要唯一确定此二分力,必须具备以下三个条件之一：

(1)已知一分力的大小和方向，求另一分力的大小和方向。

(2)已知二分力的大小，求其方向。

(3)已知二分力的方向，求其大小。

工程力学中通常将一个力分解为两个相互垂直的分力，即二分力的方向已知，只求大小，如图 2-2 所示。

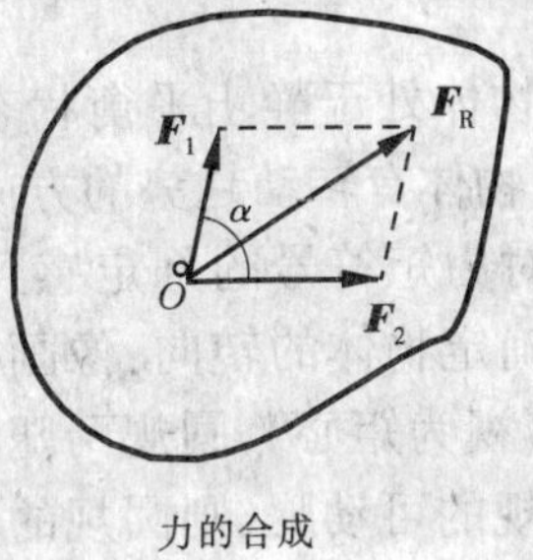

图 2-1

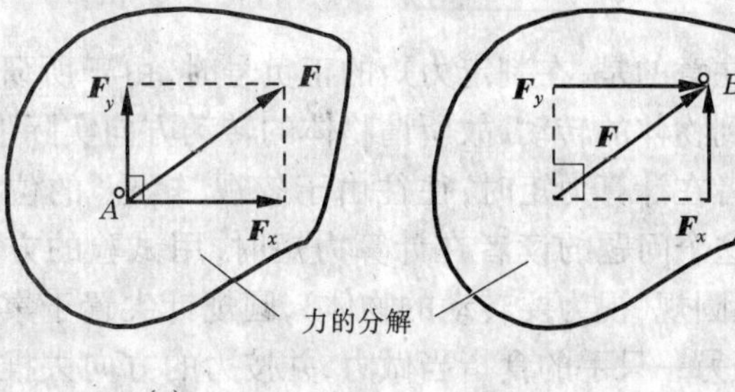

图 2-2

平衡状态是指平衡力系作用下物体所处的状态，即静止或匀速直线运动状态。本教材中所研究的杆件和杆件结构，都处于静止状态。或者说，作用于本教材所研究物体上的力系，都是平衡力系。使得所作用的物体处于平衡状态时，力系必须满足的条件，称为该力系的平衡条件。平衡条件的数学表达式，称为平衡方程式。

2.2.2　力的投影与力系合力的投影

力的投影表达式为

$$\left.\begin{aligned} F_x &= \pm F\cos\alpha \\ F_y &= \pm F\sin\alpha \end{aligned}\right\} \tag{2-1}$$

用式(2-1)计算力的投影时，要注意投影表达式中 α 的定义域。在本教材中，将 α 限定为力作用线与 x 轴所夹的锐角。因此，力在某轴上投影的正负号取决于力沿投影轴分解时的分力方向：当分力方向与投影轴正向一致时，该投影取正号，反之取负号。

有些教材中将投影角 α 定义为力作用线与 x 轴正向的夹角，即投影的表达式为

$$\left.\begin{aligned} F_x &= F\cos\alpha \\ F_y &= F\sin\alpha \end{aligned}\right\} \tag{2-1$'$}$$

则投影的正负号取决于对应三角函数值的正负号。

力系合力在两个坐标轴上的投影由合力投影定理计算，合力投影定理的表达式为

$$\left.\begin{aligned} F_{Rx} &= \sum F_{ix} \\ F_{Ry} &= \sum F_{iy} \end{aligned}\right\} \tag{2-2}$$

此式表明：**力系合力在某坐标轴上的投影，等于力系中各分力对同一坐标轴投影的代数和。**力的投影及合力的投影都是代数量。计算时要特别注意投影的正负号。

2.2.3　力矩与力系的合力矩

力矩是量度力对物体转动效应的物理量。在平面内，它是一个代数量，其表达式为

$$M_O(\boldsymbol{F}) = \pm F \cdot d \tag{2-3}$$

式中，“±”表示力使物体的转动方向，教材中规定：当力 $\boldsymbol{F}$ 使物体绕“矩心 O”逆时针方向转动时，该力矩取“+”，反之取“-”。“力臂 d”是 $\boldsymbol{F}$ 的作用线与“矩心 O”之间的垂直距离。

需要注意的是，在判定力矩的正负号时，由于所研究的物体处于静止平衡状态，所以并不能见到物体的转动，故所谓物体的转动方向实际上是指物体有转动趋势的方向。

初学者在计算力矩时，往往由于忽视“矩心”的位置而对力矩符号的判定感到茫然。建议存在这个问题的读者在计算力矩时，用试验的方法来确定物体的转向：像画图时一样，一手握圆规（视为要转动的物体），圆规针尖置于桌面上（视为矩心），圆规两腿连线视为力臂，用另一只手的食指当做力，并按力的方向去推动圆规的可动腿，则圆规的转向即该力作用时物体的转向。

当物体上受力系作用时，该力系对物体的转动效应可用该力系的合力矩来量度：**力系合力对某点的矩，等于该力系中各分力对同一点力矩的代数和。**即

$$M_O(\boldsymbol{F}_{\mathrm{R}}) = \sum M_O(\boldsymbol{F}_i) \tag{2-4}$$

该定理是力系合成与平衡计算的重要理论依据。同时，在计算力矩的过程中遇到某力的臂长未直接给出或不易确定时，可以将该力进行垂直分解，然后用求合力矩的办法来求取该力的矩。

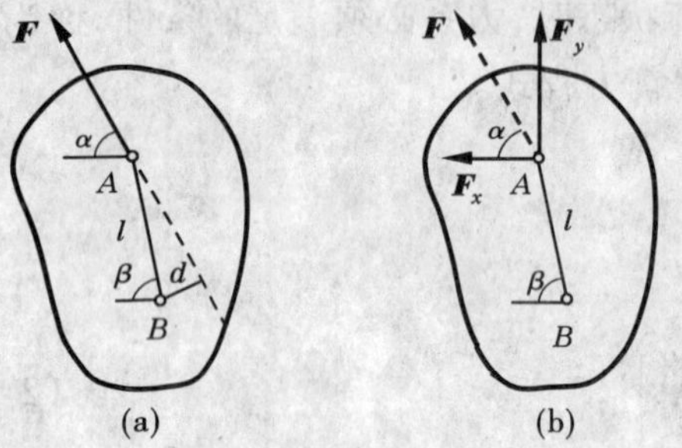

图 2-3

【例 2-1】　计算作用于图 2-3(a)所示物体上 A 点的力 $\boldsymbol{F}$ 对 B 点的矩，设图 2-3(a)中 l、α、β 为已知。

解：对于图 2-3(a)，计算力 $\boldsymbol{F}$ 对 B 点的矩有两种方法：

(1)是先由几何关系计算出力作用线到 B 点的垂直距离 d，然后才能计算该力对 B 点的矩。由图中几何关系

$$d = l\sin(\beta - \alpha)$$

则

$$M_B(\boldsymbol{F}) = Fd = Fl\sin(\beta - \alpha)$$

(2)若将力作如图 2-3(b)所示的分解，则该力矩显然为

$$M_B(\boldsymbol{F}) = M_B(\boldsymbol{F}_x) + M_B(\boldsymbol{F}_y) = Fl\cos\alpha\sin\beta - Fl\sin\alpha\cos\beta = Fl\sin(\beta - \alpha)$$

这两种方法的计算结果完全一致，但在实际计算中，多采用第(2)种方法。

力对物体的作用，一般说来，既产生平动效应，又产生转动效应；前者可用力在轴上的投影来量度，后者则用力对点的矩来量度。合力投影定理从平动效应方面揭示了合力与

分力之间的等效关系,而合力矩定理则从转动效应方面揭示了合力与分力之间的等效关系,因此可以说,它们是静力学的两个基本定理。

在土建工程中,通常需要对挡土墙、重力坝等仅以地基为约束条件的墙体结构进行抗倾覆和抗滑动稳定性校核。抗倾覆稳定性校核的基本方法是:分别计算出"倾覆力矩 $M_{倾}$"和"抗倾力矩 $M_{抗}$"后,对这两种力矩进行比较,当

$$M_{抗} > M_{倾}$$

或

$$K = \frac{M_{抗}}{M_{倾}} > 1 \tag{2-5}$$

时,墙体不会倾覆。如果在一个墙体上促使其倾覆的力或者阻止其倾覆的力有几个时,则式(2-5)中 $M_{倾}$ 等于各倾覆力矩之和,$M_{抗}$ 等于各抗倾力矩之和。

如果不会确定哪些力是抗倾力,哪些力是倾覆力,建议用下面的方法校核抗倾覆稳定性:以墙体的可能倾覆方向(墙体绕指定点的可能转动方向)作为力矩的正号方向,计算出作用于墙体上各力对指定点的合力矩

$$M_O = \sum M_O(\boldsymbol{F}_i) \tag{2-6}$$

则当 M_O 为正时,墙体会绕 O 点倾覆;M_O 为负时,墙体不会绕 O 点倾覆。

【例 2-2】 求图 2-4(a)所示杆 AB 上平行力系的合力及其作用位置。

解:对于平行力系,由于它的合力作用线必定与各分力的作用线平行,故其合力的大小等于各分力的代数和,其作用位置可由合力矩定理确定。设合力 $\boldsymbol{F}_R$ 向下为正,其作用线距 A 点的距离为 d_R,如图 2-4(b)所示。则

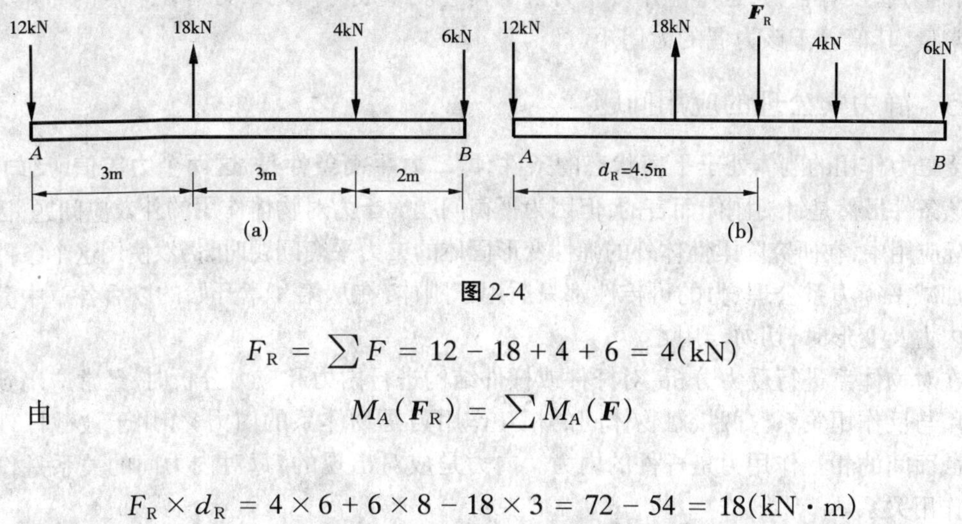

图 2-4

$$F_R = \sum F = 12 - 18 + 4 + 6 = 4(\text{kN})$$

由

$$M_A(\boldsymbol{F}_R) = \sum M_A(\boldsymbol{F})$$

有

$$F_R \times d_R = 4 \times 6 + 6 \times 8 - 18 \times 3 = 72 - 54 = 18(\text{kN} \cdot \text{m})$$

解得

$$d_R = \frac{18}{F_R} = \frac{18}{4} = 4.5(\text{m})$$

即合力 $\boldsymbol{F}_R$ 作用在距 A 点 4.5m 处。

【例 2-3】 重力式挡土墙如图 2-5 所示。已知墙上所受各力的大小分别为墙体自重

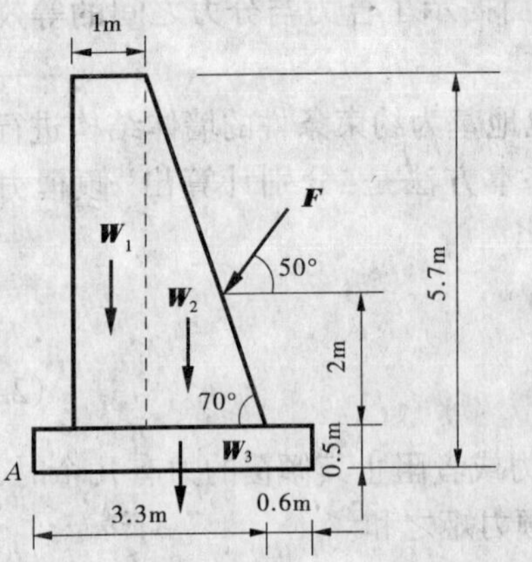

图 2-5

$W_1=156.8\text{kN}$、$W_2=141\text{kN}$,底板自重 $W_3=75\text{kN}$,墙后土压力的合力 $F=240\text{kN}$。试问该挡土墙是否会绕墙的前趾 A 点向左倾覆?

解:依题意,这是一个墙体的抗倾覆稳定性校核问题。在图 2-5 所示各力中,促使墙体倾覆的力是墙后土压力的水平分量,其他力均为抗倾覆的力,则

倾覆力矩为

$$M_{倾}=F\cos50°\times2.5=240\times0.643\times2.5=385.67(\text{kN}\cdot\text{m})$$

抗倾力矩为

$$M_{抗}=F\sin50°\times(3.3-2\cot70°)+W_1\times0.9+W_2\times2.03+W_3\times1.95$$
$$=240\times0.766\times2.57+156.8\times0.9+141\times2.03+75\times1.95$$
$$=472.47+141.12+286.23+146.25=1\,046.07(\text{kN}\cdot\text{m})$$

因 $M_{抗}>M_{倾}$,故该墙体不会向左倾覆。

2.2.4　力偶

力偶是由两个等值、反向、不共线的力所组成的特殊力系。力偶仅使物体产生转动,并用力偶矩来量度力偶对物体的转动效应。组成力偶之二力在任一轴上投影的代数和为零,因而力偶没有合力,也不能用一个力去平衡它。组成力偶之二力对任一点的力矩之和为一常量,其值等于该力偶的力偶矩。

2.2.5　静力学公理的应用问题

受二力作用的刚体处于平衡状态的条件,即二力平衡条件是,**这两个力等值、反向、共线**。该条件虽然是针对刚体而言的,但因为平衡问题属于力对物体作用的外效应问题,因而在实际应用中,在研究除柔性体外的弹性变形固体的二力平衡问题时,仍然使用这个条件。

加减平衡力系公理、力的可传性都只适用于刚体,在从第 4 章开始的以后各章中分析杆件内力及变形时,切勿误用之。

在对物体系进行受力分析、对杆件或杆件结构进行内力和应力分析时,经常应用到力的作用与反作用关系。两接触物体间的相互作用力是物体系的内力,作用于被截杆件两部分截面间的相互作用力是杆件的内力。内力是成对出现的,每对内力间的关系是作用与反作用关系。

2.2.6　约束与受力图

2.2.6.1　约束

约束是阻止物体运动的装置,是相对于受力分析的对象(即研究对象)的其他物体。约束对被约束物体所作用的力,称为约束力,其方向始终与被约束物体在外力作用下的可

能运动方向相反，故又称约束力为约束反力，或简称为反力。约束力的作用点是约束与被约束物体的接触点。工程中常见的约束类型、约束的功能、简图形式及约束力特征，列在本教材表 2-1 中，供学习时参阅。

2.2.6.2　受力图

受力图是反映物体或物体系承受外力作用状况的图形。作受力图的一般步骤为：

(1)确定研究对象并取此研究对象为脱离体。就是将要画其受力图(对它进行受力分析的)的那个物体或物体系单独画出来。

(2)在该脱离体上画出它受到的全部主动力(即荷载)。

(3)在它与所受各约束的接触处，按约束类型及相应的约束力特征画出约束力。

当在物体上画出了它所受到的全部主动力和约束力并分别冠以相应的不同名称后，便得到了该物体的受力图。画受力图中的每个力时，都必须注意力的三要素。作用于物体上的力不能多画、少画或错画。

作用于单个物体上的力有两种：一种是被称为荷载的主动力，即促使物体运动或产生运动趋势的力。另一种是称为约束力的被动力，即阻止物体运动的力。

物体系的受力图分为物体系整体受力图和分离体受力图两种。作物体系整体受力图时，只画物体系受到的外力。物体系各物体间的相互作用力是系统的内力，不能画出来。物体系中分离体受力图的画法与单个物体受力图的画法基本相同，只是要注意分离体上以外力形式出现的内约束力间的作用与反作用关系。

【例 2-4】　重为 W 的均质圆柱体 O，由不计自重的杆 AB 及绳 BC 和墙稳定在图 2-6(a)所示位置。铰 A 和接触点 D、E 的摩擦不计。试分别画出圆柱体 O 和杆 AB 的受力图。

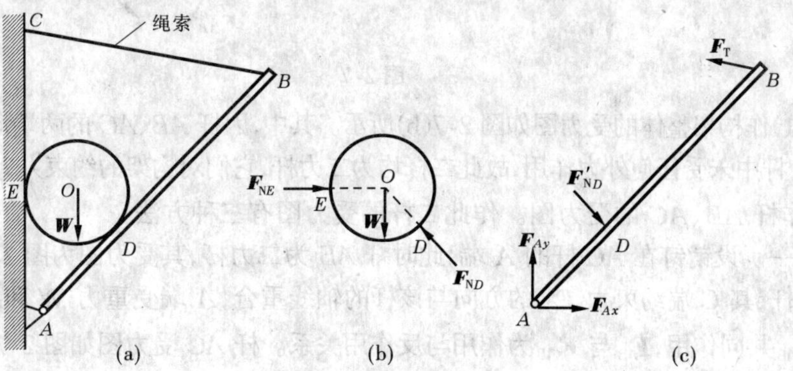

图 2-6

解：在图 2-6(a)中，圆柱以墙和杆 AB 为约束，而铰 A 和绳索 BC 仅是杆 AB 的约束，故作受力分析时应先以受主动力 $\boldsymbol{W}$ 作用的圆柱体 O 为研究对象，后再以杆 AB 为研究对象，并分别作出它们的受力图。

(1)以圆柱体 O 为研究对象，画其受力图。在圆柱体 O 上作用的主动力为重力 $\boldsymbol{W}$，约束力分别是杆 AB 的 D 点处和墙的 E 点处对圆柱 O 的约束力 $\boldsymbol{F}_{ND}$ 及 $\boldsymbol{F}_{NE}$。由于圆柱体圆周与墙和杆 AB 均为光滑接触，所以 $\boldsymbol{F}_{ND}$ 及 $\boldsymbol{F}_{NE}$ 都沿接触处的公法线方向并指向圆心 O，其受力图如图 2-6(b)所示。

(2)取杆 AB 为研究对象,作出它的受力图。杆 AB 的受力情况是:在 D 点处受到圆柱体对它的压力 $\boldsymbol{F}'_{\mathrm{ND}}$,且 $\boldsymbol{F}'_{\mathrm{ND}}$ 与 $\boldsymbol{F}_{\mathrm{ND}}$ 为作用与反作用关系;在 B 点处受到绳索 BC 沿着 BC 连线方向的拉力 $\boldsymbol{F}_{\mathrm{T}}$ 作用;在 A 点处受到固定铰支座约束,其约束力用两个相互垂直的分量 $\boldsymbol{F}_{\mathrm{A}x}$、$\boldsymbol{F}_{\mathrm{A}y}$ 表示。杆 AB 的受力图如图 2-6(c)所示。

【例 2-5】 图 2-7(a)所示构架的销钉 A 上受重为 $\boldsymbol{W}$ 的重力作用,杆 AB、AC 的自重不计,试作构架整体及杆 AB、AC 的受力图。

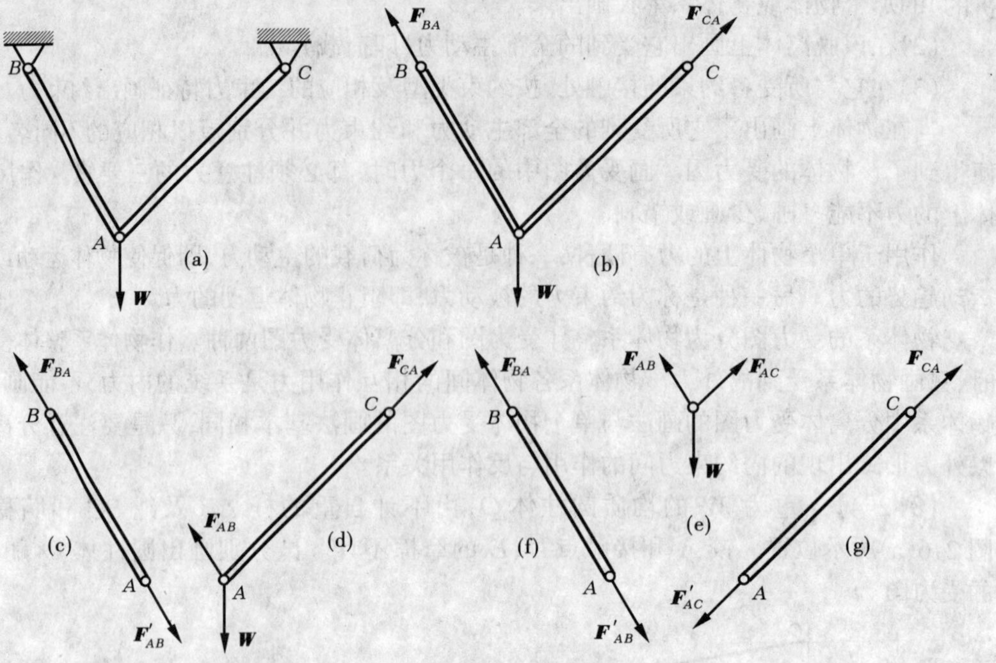

图 2-7

解:(1)作构架整体的受力图如图 2-7(b)所示。其中,因杆 AB、AC 的两端均为铰接,杆的自重不计,杆中未受任何外力作用,故此二杆均为二力杆,它们对构架的约束力为 $\boldsymbol{F}_{BA}$、$\boldsymbol{F}_{CA}$。

(2)作杆 AB、AC 的受力图。作此二杆的受力图有三种方法:

方法一　设销钉在 AC 杆的 A 端,此时杆 AB 为二力杆,其受力图为图 2-7(c)。杆 AC 也是二力杆,其 C 端约束力 $\boldsymbol{F}_{CA}$ 的方向与该杆的轴线重合,A 端受重力 $\boldsymbol{W}$ 和二力杆 AB 的约束力 $\boldsymbol{F}_{AB}$ 共同作用,$\boldsymbol{F}_{AB}$ 与 $\boldsymbol{F}'_{AB}$ 为作用与反作用关系。杆 AC 受力图如图 2-7(d)所示。

方法二　设销钉在杆 AB 的 A 端,则杆 AC 为二力杆;杆 AB 的 A 端受重力 $\boldsymbol{W}$ 和杆 AC 的约束力作用,B 端受与杆轴线重合的约束力作用,受力图请读者画出。

方法三　将销钉单独作为研究对象取出,则杆 AB、AC 均为二力杆,它们的受力图分别为图 2-7(e)、(f)、(g)所示,其中 $\boldsymbol{F}_{AB}$ 与 $\boldsymbol{F}'_{AB}$、$\boldsymbol{F}_{AC}$ 与 $\boldsymbol{F}'_{AC}$ 是作用与反作用关系。

【例 2-6】 如图 2-8(a)所示物体系,由杆 ADB 与杆 CD 与定滑轮 B 铰接组成,重为 $\boldsymbol{W}$ 的重物用绳子挂在定滑轮上。若不计二杆的自重,并略去定滑轮、绳子的重量及各处摩擦,试分别画出结构的整体、重物、定滑轮、杆 ADB 及杆 CD 的受力图。

解:(1)作物体系整体的受力图。作结构或物体系整体受力图时,只须解除其外部约

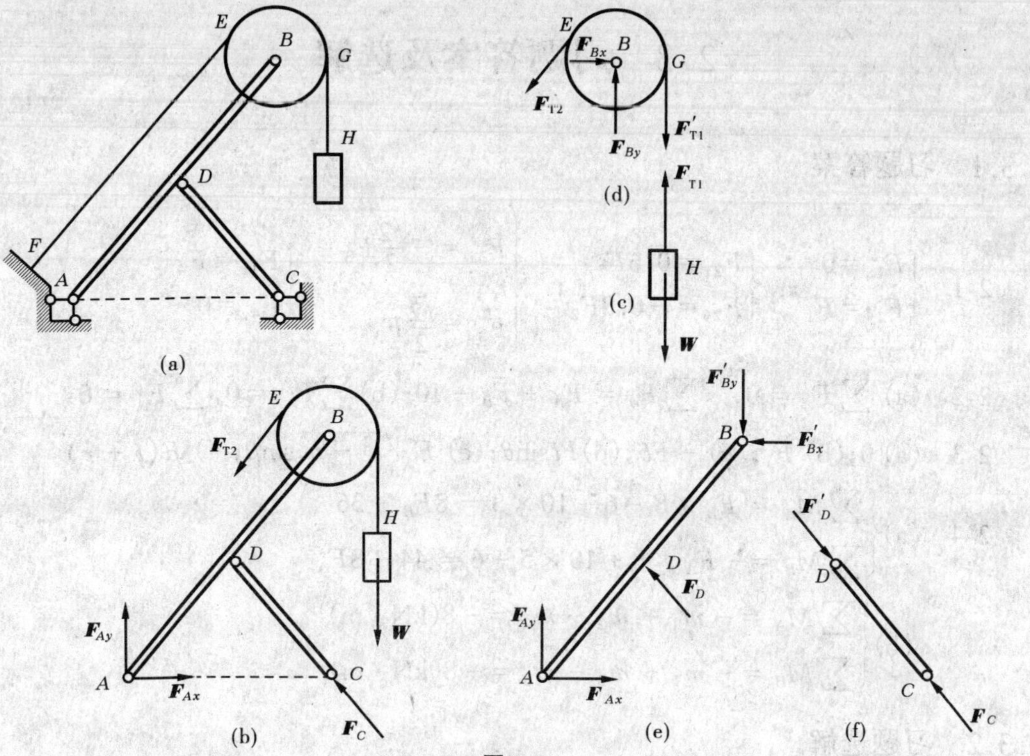

图 2-8

束，画出结构或物体系所受到的主动力(荷载)和外部约束的约束力。对于图 2-8(a)所示结构，它所受到的主动力(荷载)是重物的重力 $\boldsymbol{W}$，约束力分别为绳索 EF 的拉力 $\boldsymbol{F}_{T2}$ 和固定铰支座的约束力分量 $\boldsymbol{F}_{Ax}$、$\boldsymbol{F}_{Ay}$。图 2-8(a)所示物体系整体的受力图如图 2-8(b)所示。

(2)分别画各分离体的受力图。

作物体系中各分离体受力图时，一般应从直接承受荷载作用的物体开始，按力的传递顺序依次选取研究对象，分别作出各物体的受力图。

重物：作用于重物 H 上的主动力即为其重力 $\boldsymbol{W}$，约束力是绳索 GH 的拉力 $\boldsymbol{F}_{T1}$，受力图为图 2-8(c)所示。

定滑轮：作用于定滑轮上的主动力是绳索 GH 对重物的拉力 $\boldsymbol{F}'_{T1}$，$\boldsymbol{F}'_{T1}$ 与 $\boldsymbol{F}_{T1}$ 是作用与反作用关系；约束力分别为绳索 EF 的拉力 $\boldsymbol{F}_{T2}$、铰 B 的约束力分量 $\boldsymbol{F}_{Bx}$ 和 $\boldsymbol{F}_{By}$。定滑轮的受力图如图 2-8(d)所示。

杆 ADB：它所受到的主动力是定滑轮作用于铰 B 上的力 $\boldsymbol{F}'_{Bx}$、$\boldsymbol{F}'_{By}$，它们与 $\boldsymbol{F}_{Bx}$ 和 $\boldsymbol{F}_{By}$ 是作用与反作用关系；约束力分别为固定铰支座 A 的两个约束力分量 $\boldsymbol{F}_{Ax}$、$\boldsymbol{F}_{Ay}$，二力杆 CD 的约束力 $\boldsymbol{F}_D$。杆 ADB 的受力图如图 2-8(e)所示。

杆 CD：由于杆 CD 两端灰铰拉且自重不计，中间又未受任何外力作用，故为二力杆。杆 CD 的 D 端所受的力为 $\boldsymbol{F}'_D$ 是杆 ADB 通过铰 D 对它的作用力，与 $\boldsymbol{F}_D$ 是作用与反作用关系，可视为主动力；其 C 端是铰支座的约束力 $\boldsymbol{F}_C$，$\boldsymbol{F}_C$ 与 $\boldsymbol{F}'_D$ 是二力平衡关系。杆 CD 的受力图如图 2-8(f)所示。

2.3　习题答案及选解

2.3.1　习题答案

2-1　$\begin{cases}F_{1x}=0\\F_{1y}=F_1\end{cases}$；$\begin{cases}F_{2x}=0.6F_2\\F_{2y}=-0.8F_2\end{cases}$；$\begin{cases}F_{3x}=-\dfrac{\sqrt{2}}{2}F_3\\F_{3y}=\dfrac{\sqrt{2}}{2}F_3\end{cases}$；$\begin{cases}F_{4x}=F_4\\F_{4y}=0\end{cases}$

2-2　(a) $\sum F_x=0$,　$\sum F_y=F_A+F_B-10$;(b) $\sum F_x=0$, $\sum F_y=0$

2-3　(a) 0;(b) F_1;(c) $-Fb$;(d) $Fl\sin\theta$;(e) $F\sqrt{l^2+b^2}\sin\beta$;(f) $F(l+r)$

2-4　(a) $\begin{cases}\sum M_A=F_B\times 8-6-10\times 3=8F_B-36\\\sum M_B=-F_A\times 8+10\times 5-6=44-8F_A\end{cases}$

(b) $\begin{cases}\sum M_A=-m_1+m_2-m_3=-8(\text{kN}\cdot\text{m})\\\sum M_B=-m_1+m_2-m_3=-8(\text{kN}\cdot\text{m})\end{cases}$

2.3.2　习题选解

【题 2-9】

解:(1)作物体系整体的受力图如图 2-9(a_1)所示。

(2)分别取动滑轮、定滑轮、杆 DE、杆 AB 为研究对象,作它们的受力图如图 2-9(a_2)、(a_3)、(a_4)、(a_5)所示。

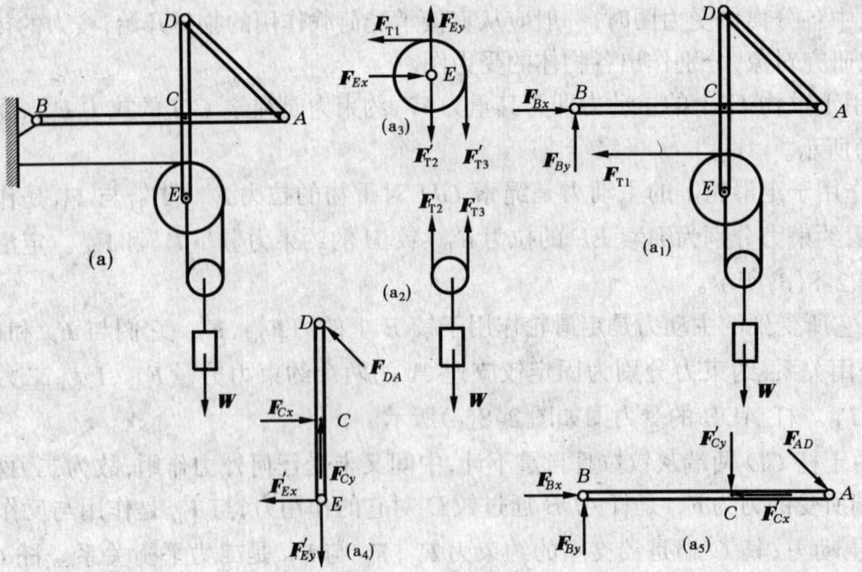

图 2-9

2.4　复习思考题

2-1　说明下列式子的意义和区别：

(1) $\boldsymbol{F}_1=\boldsymbol{F}_2$；(2) $F_1=F_2$；(3)力 $\boldsymbol{F}_1$ 等效于力 $\boldsymbol{F}_2$。

2-2　二力平衡条件、作用与反作用定律、力偶，都涉及到大小相等、方向相反的两个力，试比较它们的异同？

2-3　为什么说二力平衡公理、加减平衡力系原理和力的可传性都只能使用于刚体？

2-4　合力是否一定比分力大？

2-5　图2-10所示两个力三角形中三个力之间的关系是否一样？为什么？

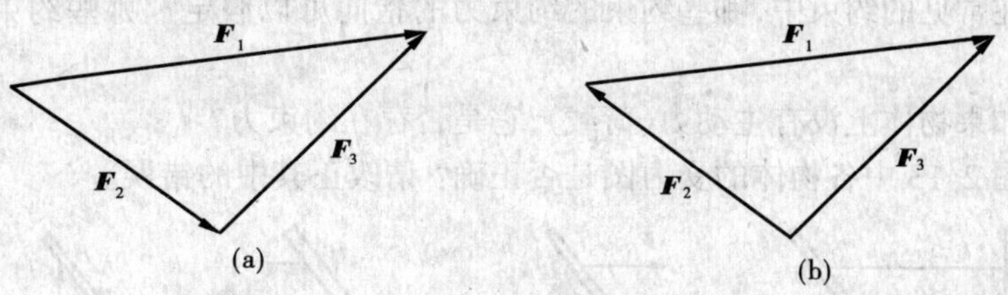

图2-10

2-6　试分别画出图2-11所示力 $\boldsymbol{F}$ 在给定条件下的两个分力：

(1)对图(a)求两个正交分力。

(2)求按图(b)方向分解的两个分力。

(3)对图(c)求另一分力 $\boldsymbol{F}_1$。

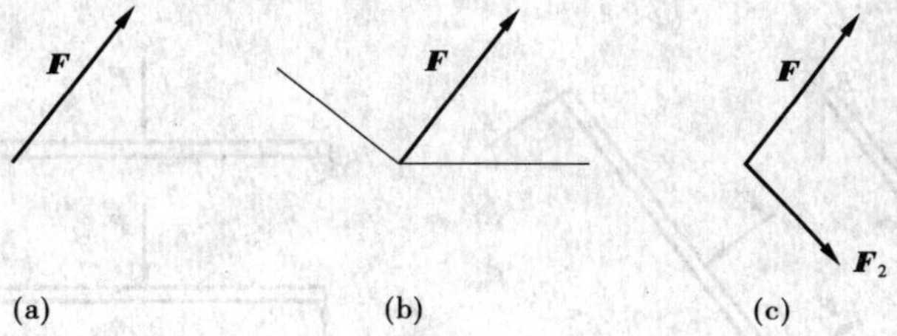

图2-11

2-7　三力汇交于一点，但不共面，这三个力能互相平衡吗？

2-8　试区别 $\boldsymbol{F}_R=\boldsymbol{F}_1+\boldsymbol{F}_2$ 和 $F_R=F_1+F_2$ 两个等式代表的意义。

2-9　力沿坐标轴方向的分力与该力在同一坐标轴上的投影有何区别？

2-10　图2-12所示的力 $\boldsymbol{F}$ 和力偶($\boldsymbol{F}'$，$\boldsymbol{F}''$)对轮的作用有何不同？设轮的半径均为 r，且 $F'=\dfrac{F}{2}$。

2-11　阿基米德说，"如果能给我一个支点，我就能撬起地球。"此话的理论依据是什么？

2-12　力和力偶都能够使得物体发生转动，为什么不能用力替代力偶的作用？

2-13　力矩和力偶矩具有相同的表达式，相同的单位及正负号规定，它们的主要区别

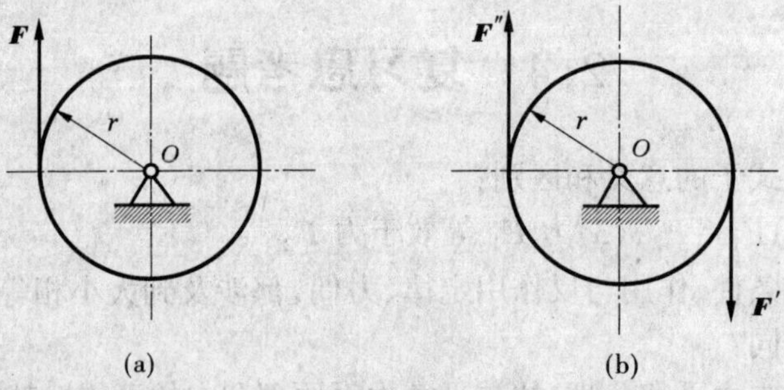

图 2-12

是什么？

2-14　在常见的约束中，哪些约束的约束力的指向可以假定？哪些约束力的指向不能假定？

2-15　如果物体上没有主动力（荷载），它是否存在约束力？

2-16　图 2-13 中各物体的受力图是否正确？请改正其中的错误。

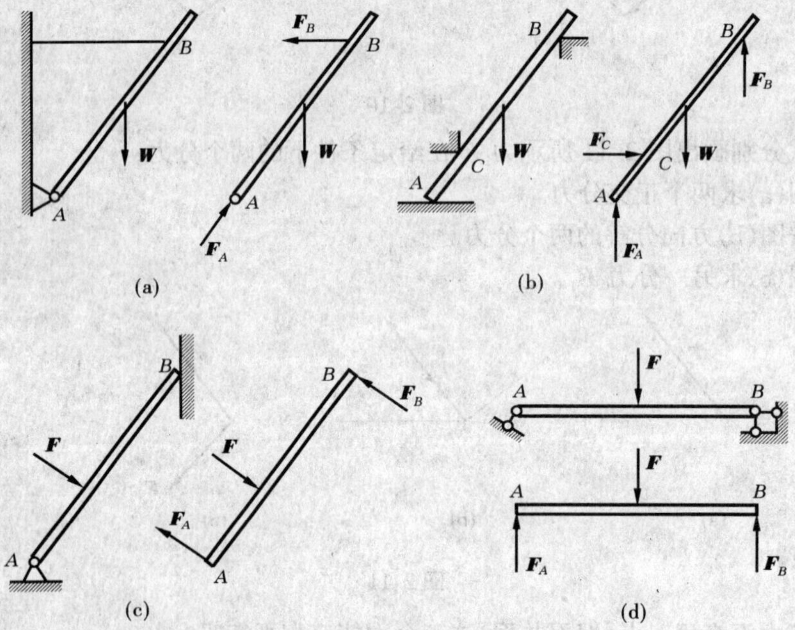

图 2-13

第 3 章　力系的合成与平衡

3.1　内容与要求

3.1.1　基本内容

本章的基本内容是平面汇交力系、平面力偶系、平面一般力系的合成与平衡,考虑滑动摩擦时物体的平衡问题,以及物体重心、平面图形的形心及截面的几何性质等。空间力系问题只作简单介绍。

本章的学习重点是平面汇交力系和平面一般力系的合成与平衡计算,难点是力系平衡方程式的建立和考虑摩擦时物体平衡问题的求解。

3.1.2　学习本章的基本要求

(1)熟练掌握力系合力的计算和表示方法。

(2)弄清平面力系平衡条件及平衡方程式的意义,熟练掌握投影方程和力矩方程的建立方法。

(3)熟练掌握运用力系的平衡条件,解决平面力系平衡问题,特别是单个物体平衡问题。

(4)了解摩擦的概念,掌握考虑滑动摩擦物体的平衡问题解法,熟练掌握对物体进行抗滑稳定性校核。

(5)掌握力在空间坐标轴上的投影和力对轴之矩的计算方法,了解空间力系平衡问题的解法。

(6)弄清物体重心与形心的概念,掌握平面图形形心位置的确定方法,掌握面积矩、惯性矩的计算方法。

3.2　学习与理解

3.2.1　平面力系合成的理论、方法与结果

按照力系中各力作用线在空间的相对位置,工程力学中将力系分为空间力系和平面力系两大类。在空间力系和平面力系中,汇交力系、平行力系及力偶系,都是一般力系的特殊情形。力系的合成,就是求力系的合力。力系的合力就是该力系的等效力。

平面力系合成的基本理论是:合力投影定理、合力矩定理、力的平移定理。其中,力的平移定理的适用条件是刚体。该定理可以由加减平衡公理和力偶的概念加以证明。力平

移后"附加力偶"的转向,就是原力使物体绕平移点转动时的转向。这个"附加力偶"的力偶矩,在数值上等于原力对平移点的矩,即附加力偶矩是一个与矩心(平移点)的位置相关的力矩,即

$$m_O = M_O(\boldsymbol{F}) \tag{3-1}$$

这就是"附加力偶"与"力偶"的根本区别。也正是由于这一点,可以由合力矩定理确定平面一般力系向 O 点简化时的附加合力偶矩,即

$$M_O = \sum M_O(\boldsymbol{F}) \tag{3-2}$$

从理论上讲,将平面一般力系向某指定点 O(称为简化中心)简化时,先应运用力的平移定理将力系中各力向 O 点平移,对平移后得到的特殊力系进行合成。由于力系主矢量的大小和方向与简化中心的位置无关,而主矩在数值上又等于原力系中各力对 O 点之矩的代数和,故在实际计算中无须经过力的平移过程,而直接按以下步骤完成力系的合成:

(1)由式(3-3)

$$\left.\begin{aligned} F'_{Rx} &= \sum F_x \\ F'_{Ry} &= \sum F_y \end{aligned}\right\} \tag{3-3}$$

计算出力系主矢量 $\boldsymbol{F}'_R$ 的投影,它们分别等于原力系中各力对两投影轴投影的代数和。再由式(3-4)

$$\left.\begin{aligned} F'_R &= \sqrt{(\sum F_x)^2 + (\sum F_y)^2} \\ \alpha &= \arctan\left|\frac{\sum F_y}{\sum F_x}\right| \end{aligned}\right\} \tag{3-4}$$

求出主矢量的大小和方位角。

(2)由式(3-2)计算出力系的主矩。

(3)如果主矢量和主矩都不为零时,需按力的平移定理反求力系的合力。

由于合力 $\boldsymbol{F}_R$ 与主矢量 $\boldsymbol{F}'_R$ 大小相等、方向相同,只需由式(3-5)

$$d = \frac{|M_O|}{F'_R} \tag{3-5}$$

确定 $\boldsymbol{F}_R$ 的作用点位置,并将 $\boldsymbol{F}_R$ 作用在这个确定的点上即可。

为了便于读者学习与比较,特将平面力系的合成结果列入表 3-1 中。

【例 3-1】 求图 3-1(a)所示拉环上各已知力的合力。已知 $F_1 = 12\text{kN}$, $F_2 = 20\text{kN}$, $F_3 = 18\text{kN}$。

解:由图 3-1(a)可见,各已知力的汇交点在拉环中心 O,是一个平面汇交力系。

(1)以拉环中心 O 为坐标原点,建立坐标系,并由式(3-3)计算合力的投影。

$$\begin{aligned} F_{Rx} &= F_{1x} + F_{2x} + F_{3x} = 12\cos60^\circ + 20\cos0^\circ + 18\cos45^\circ \\ &= 12 \times 0.5 + 20 \times 1 + 18 \times 0.707 = 38.726(\text{kN}) \\ F_{Ry} &= F_{1y} + F_{2y} + F_{3y} = 12\sin60^\circ + 20\sin0^\circ - 18\sin45^\circ \\ &= 12 \times 0.866 + 20 \times 0 - 18 \times 0.707 = -2.334(\text{kN}) \end{aligned}$$

表 3-1　平面力系的合成结果

类型	简化结果	合成的最后结果
汇交力系	$F_R = \sqrt{(\sum F_x)^2 + (\sum F_y)^2}$ $\alpha = \arctan\left\|\dfrac{\sum F_y}{\sum F_x}\right\|$	合力 $\boldsymbol{F}_R$ 作用于各分力的汇交点，其所在象限位置由 $\sum F_x$、$\sum F_y$ 的正负号来确定
平行力系	$F'_R = \sum F$ $M_O = \sum M_O(\boldsymbol{F})$	合成的最后结果为一个与原力系平行的合力 $\boldsymbol{F}_R$，其作用点与简化中心的距离为 $d = \dfrac{\|M_O\|}{\sum F}$
一般力系	$F'_R = \sqrt{(\sum F_x)^2 + (\sum F_y)^2}$ $M_O = \sum M_O(\boldsymbol{F})$	合成的最后结果为一个合力 $\boldsymbol{F}_R$，其作用点与简化中心的距离为 $d = \dfrac{\|M_O\|}{\sum F'_R}$

(2)由式(3-4)计算合力的大小和方位角。

合力的大小

$$F_R = \sqrt{F_{Rx}^2 + F_{Ry}^2} = \sqrt{(38.726)^2 + (-2.334)^2} = 38.8(\text{kN})$$

合力方位角

$$\alpha = \arctan\left|\frac{F_{Ry}}{F_{Rx}}\right| = \arctan\left|\frac{-2.334}{38.726}\right| = 3°26'56''$$

合力在环上的作用位置如图 3-1(b)所示。

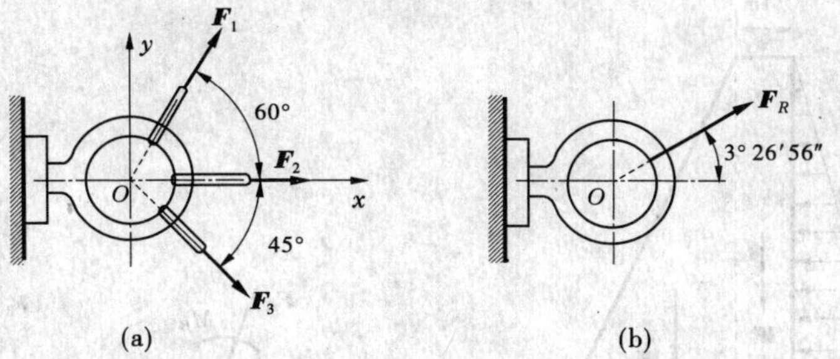

图 3-1

【例 3-2】 计算图 3-2(a)所示分布荷载的合力及其作用点位置。

解:(1)计算分布荷载合力的大小。

对于图 3-2(a)所示与 y 轴平行的线性分布荷载，距坐标原点 A 为 x 处的分布荷载集度为 $q(x)$，为了求得其合力，在 x 处取微分分布长度 dx，dx 长度上的分布荷载可按均匀分布考虑，则 dx 长度上的分布荷载的合力 $d\boldsymbol{F}$ 的大小等于微分面积 $q(x)dx$，即 $dF = q(x)dx$，于是该分布荷载的合力大小为

$$F = \int dF = \int q(x)dx = \int_0^l \frac{q_0}{l}x dx = \frac{q_0}{2}l$$

即线性分布荷载合力的大小,等于此荷载分布图的面积,或等于最大荷载集度与分布长度乘积的一半。

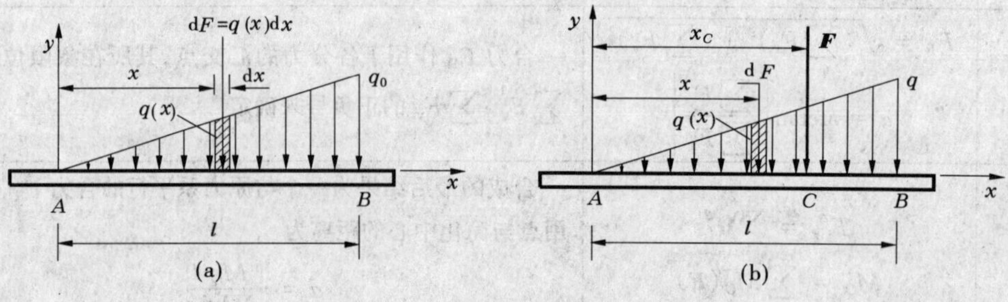

图 3-2

(2)求分布荷载合力的作用位置。

如图 3-2(b)所示,设合力 **F** 作用线与坐标原点 A 的距离为 x_C,由合力矩定理知

$$F \cdot x_C = \int_0^l \mathrm{d}F \cdot x = \int_0^l \frac{q_0}{l} x^2 \mathrm{d}x$$

则

$$x_C = \frac{q_0}{Fl}\int_0^l x^2 \mathrm{d}x = \frac{2}{3} l$$

此计算结果说明,**线性分布荷载合力的作用点距分布荷载零值点间的距离为该荷载分布长度的** 2/3。或者说,线性分布荷载合力的作用线通过该荷载分布图(面积)的形心。

【例 3-3】 对于图 3-3(a)所示重力坝,坝前分布荷载表示坝前水压力作用情况,坝体单位长度(1m)的自重分别为 $W_1 = 184\text{kN}$, $W_2 = 276\text{kN}$。求各力向基面 B 点的简化结果。

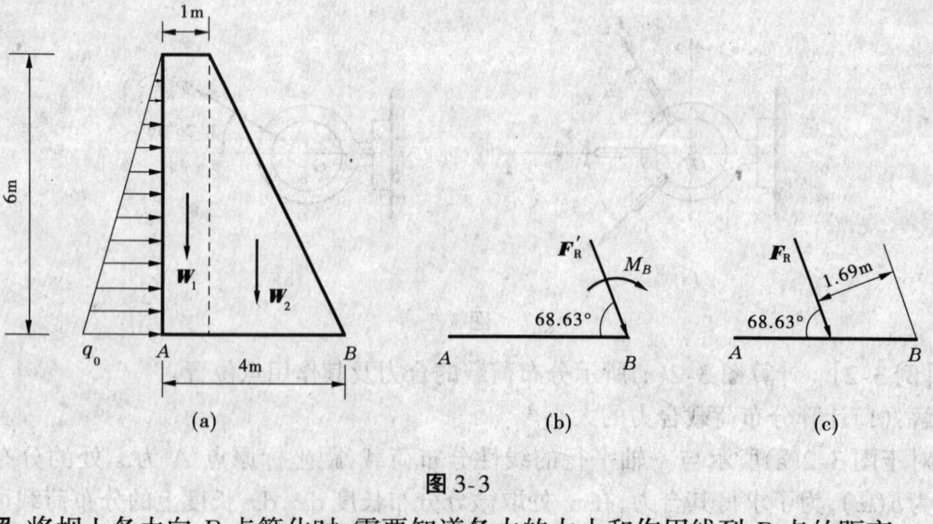

图 3-3

解:将坝上各力向 B 点简化时,需要知道各力的大小和作用线到 B 点的距离。

(1)计算作用于坝体上各力的大小及作用线到 B 点的垂直距离。

由例 3-2 可知,坝前水压力的合力大小为

$$F = \frac{q_0}{2}h = 3q_0$$

q_0 为坝底 A 点的静水压强，取水的密度为 $\gamma = 10\text{kN/m}^3$，则 $q_0 = \gamma h = 10 \times 6 = 60$(kN/m)，因此

$$F = 3q_0 = 3 \times 60 = 180(\text{kN})$$

F 作用线到 B 点的垂直距离为 $d = h/3 = 2\text{m}$，坝体重力作用线到 B 点的垂直距离分别为 $d_1 = 4\text{m} - 0.5\text{m} = 3.5\text{m}$，$d_2 = 3\text{m} \times 2/3 = 2\text{m}$。

(2)求各力向 B 点的简化结果，设 x 轴向右为正，y 向下为正。因

$$F'_{Rx} = F = 180\text{kN}, \quad F'_{Ry} = W_1 + W_2 = 460\text{kN}$$

故主矢 $\boldsymbol{F}'_R$ 的大小和方位角分别为

$$F'_R = \sqrt{180^2 + 460^2} = 493.96(\text{kN})$$

$$\alpha = \arctan\left|\frac{460}{180}\right| = 68.63°$$

力系的主矩为

$$M_B = -F \times d + W_1 \times d_1 + W_2 \times d_2$$
$$= -180 \times 2 + 184 \times 3.5 + 276 \times 2 = 836(\text{kN})$$

各力向 B 点的简化结果如图 3-3(b)所示。

(3)若作进一步简化，即求出力系的合力 $\boldsymbol{F}_R$，则合力 $\boldsymbol{F}_R$ 作用线到 B 点的垂直距离为

$$d = \frac{M_B}{F'_R} = \frac{836}{493.96} = 1.69(\text{m})$$

合力 $\boldsymbol{F}_R$ 的作用位置如图 3-3(c)所示。

3.2.2　平面力系的平衡条件与平衡方程式

就总体而言，**合力为零是力系平衡的必要与充分条件**。由于不同的力系有不同简化结果，因而也有各自不同的平衡条件，根据平衡条件可以得到平衡方程的不同形式。现将不同类型平面力系的平衡方程式形式列入表 3-2 中，供学习和比较。

表 3-2　平面力系的平衡方程式

力系类型	平衡条件	平衡方程式	说明
汇交力系	$F_R = 0$	$\sum F_x = 0, \quad \sum F_y = 0$	
平行力系	$F'_R = 0, M_O = 0$	$\sum F = 0, \quad \sum M_O = 0$　(1) 或 $\sum M_A = 0, \quad \sum M_B = 0$　(2)	(2) 中投影轴与力的作用线平行
力偶系	$m_R = 0$	$\sum m = 0$	
一般力系	$F'_R = 0, M_O = 0$	$\sum F_x = 0, \sum F_y = 0, \sum M_O = 0$　(1) 或 $\sum F_x = 0, \sum M_A = 0, \sum M_B = 0$　(2) 或 $\sum M_A = 0, \sum M_B = 0, \sum M_C = 0$　(3)	(2) 中 x 不与 A、B 连线垂直；(3) 中 A、B、C 三点不在同一直线上

注：为简便起见，将力矩方程 $\sum M_O(\boldsymbol{F}) = 0$，简写为 $\sum M_O = 0$，其他亦然。

表 3-2 中,每种力系的平衡方程式中各方程之间都是相互独立的,每组方程的方程个数即为该力系可求解的未知量(力)个数。

3.2.3 平面力系的平衡问题的解

3.2.3.1 单个物体的平衡

物体的平衡问题,主要是计算杆件或杆件结构在荷载作用下的约束力。

单个物体平衡问题求解的步骤一般为:

(1)作出物体的受力图;

(2)根据受力图上力系的类型,建立坐标系并写出平衡方程式;

(3)解方程,求出未知力(也可以是其他未知量)。

为了避免解联立方程,尽量使所建立的方程中所含的未知力个数最少。最好是使一个方程中只含一个未知力。如果一个方程上只含一个未知力,则以上第(2)、(3)两步可合为一步。

减少方程中未知力个数的措施是:

(1)在建立坐标系时,应尽量使得坐标轴与某未知力垂直,使得该未知力在与之垂直的坐标轴上的投影等于零,从而减少投影方程中的未知力个数。

(2)在选择矩心时,应尽量将矩心选在未知力作用线的交点上,使得某些(或某个)未知力对该矩心的力矩为零,从而减少力矩方程中的未知力个数。

【例 3-4】 重 1kN 的物体,用两根钢丝绳 AB、AC 悬挂在如图 3-4(a)所示位置。设钢丝绳自重不计,求钢丝绳的拉力。

解:(1)以重物为研究对象,作受力图如图 3-4(b)所示。

(2)建立坐标系,列平衡方程式,求钢丝绳的拉力。

由受力图可见,作用于重物上的力系是一个平面汇交力系,各力的汇交点为 A 点。为了避免解联立方程,建立如图 3-4(b)所示坐标系,则

由

$$\sum F_y = 0,\quad F_{T2}\cos(90^\circ - 30^\circ - 45^\circ) - W\sin30^\circ = F_{T2}\cos15^\circ - 1\times\sin30^\circ = 0$$

解得

$$F_{T2} = 0.518\text{kN}$$

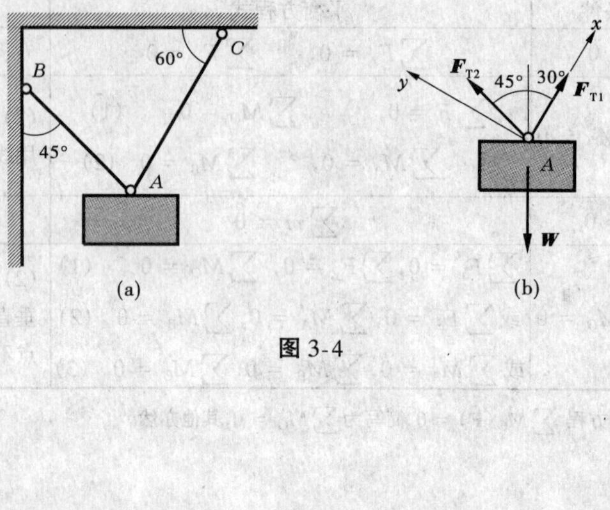

图 3-4

由

$$\sum F_x = 0,\quad F_{T1} + F_{T2}\cos75^\circ - W\cos30^\circ = F_{T1} + 0.518\times0.259 - 1\times0.866 = 0$$

解得
$$F_{T1} = 0.732\text{kN}$$

【例 3-5】 简易起重架可借绕定滑轮 A 的钢丝绳将重力 $W=2\text{kN}$ 的重物匀速吊起，如图 3-5(a)所示。滑轮 A 与杆 AB、AC 在 A 处用铰链联接，且杆 AB 垂直于杆 AC。不计杆件自重及各处的摩擦，也不计滑轮大小及重量。试求连杆 AB 和 AC 所受的力。

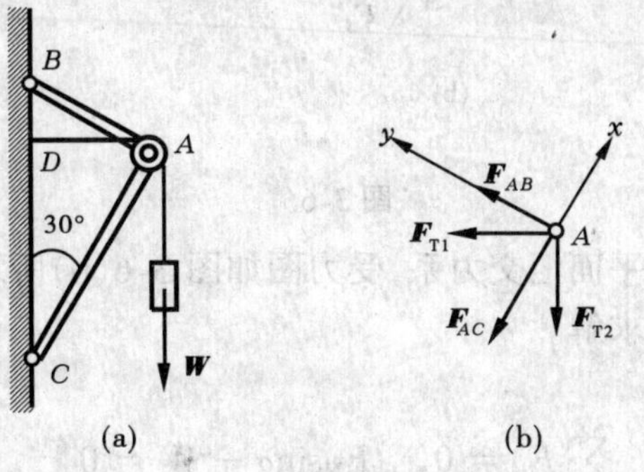

图 3-5

解：(1)取研究对象，作受力图。由于杆 AB、杆 AC 联接于铰 A，故以铰 A 为研究对象。杆件 AB 和杆件 AC 两端为铰链联接，由于此二杆中间不受外荷载作用，只在两端受力，故均为二力杆。此二杆对铰 A 的约束力分别用 $\boldsymbol{F}_{AB}$ 和 $\boldsymbol{F}_{AC}$ 表示。由于不计定滑轮 A 的摩擦，所以平衡时，滑轮两边的绳索拉力大小都等于起吊物重 W，即 $F_{T1}=F_{T2}=W$；又由于定滑轮 A 的大小不计，故作用于滑轮上的四个力可视做一平面汇交力系。其受力图如图 3-5(b)所示。

(2)取如图 3-5(b)所示坐标系，列平衡方程并求出未知力。

由
$$\sum F_x = 0,\ -F_{AC} - F_{T1}\sin30^\circ - F_{T2}\cos30^\circ = 0$$

解得
$$F_{AC} = -F_{T1}\sin30^\circ - F_{T2}\cos30^\circ = -2\times(0.5+0.866) = -2.732(\text{kN})(\text{压力})$$

由
$$\sum F_y = 0,\quad F_{AB} + F_{T1}\cos30^\circ - F_{T2}\sin30^\circ = 0$$

解得
$$F_{AB} = F_{T2}\sin30^\circ - F_{T1}\cos30^\circ = 2\times(0.5-0.866) = -0.732(\text{kN})(\text{压力})$$

$\boldsymbol{F}_{AB}$ 和 $\boldsymbol{F}_{AC}$ 均为与受力图中假定方向相反的压力。

【例 3-6】 压路碾磙如图 3-6(a)所示，$R=600\text{mm}$，$h=100\text{mm}$，不计拉杆 OB 的自重及各处的摩擦。(1)求将碾磙拉过物块时水平力 $\boldsymbol{F}$ 的大小；(2)求将碾磙拉过物块时所需的最小拉力 $\boldsymbol{F}_{\min}$ 的大小和方向。

解：(1)求将碾磙拉过物块时水平力 $\boldsymbol{F}$ 的大小。

因不计摩擦及拉杆 OB 的自重，考虑碾磙处于绕 A 点转动的临界状态，故地面对碾磙的约束力为零。于是由碾磙的重力 $\boldsymbol{W}$、拉杆的水平拉力 $\boldsymbol{F}$、物块对碾磙的约束力 $\boldsymbol{F}_N$

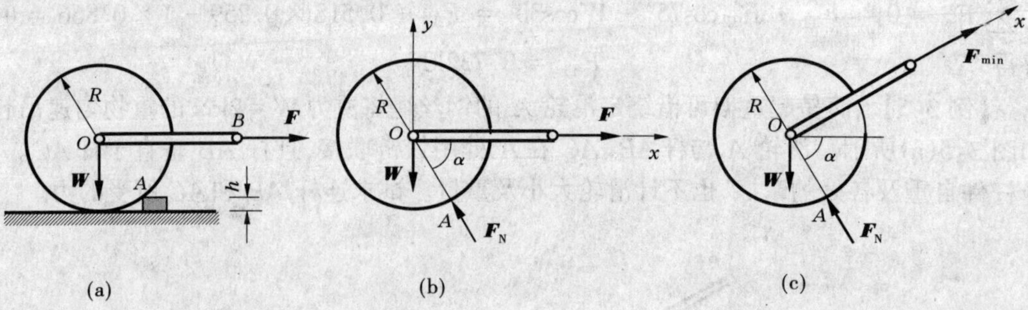

图 3-6

(光滑面约束力),构成一个平面汇交力系,受力图如图 3-6(b)所示。建立如图 3-6(b)所示的坐标系,列平衡方程并求解。

由

$$\sum F_y = 0,\quad F_N \sin\alpha - W = 0$$

其中

$$\sin\alpha = \frac{R-h}{R} = \frac{600-100}{600} = \frac{5}{6},\quad \alpha = 56°26'33''$$

解得

$$F_N = \frac{6}{5}W = 1.2W$$

由

$$\sum F_x = 0,\quad F - F_N \cos\alpha = 0$$

解得

$$F = F_N \cos\alpha = 1.2W \times \cos 56°26'33'' = 1.2W \times 0.553 = 0.664W$$

由于只需求水平拉力 $\boldsymbol{F}$ 的大小,若选择约束力 $\boldsymbol{F}_N$ 作用点 A 为力矩中心,则只需一个力矩平衡方程便求得 $\boldsymbol{F}$ 的大小。即

$$\sum M_A = 0,\quad WR\cos\alpha - F(R-h) = 0$$

解得

$$F = \frac{R\cos\alpha}{R-h}W = \frac{600 \times \cos 56°26'33''}{600-100}W = 1.2W \times 0.533 = 0.664W$$

与汇交力系投影方程所解结果相同,但此处只需一个方程,显得简捷了很多。

(2)求将碾碌拉过物块时所需最小拉力 $\boldsymbol{F}_{min}$ 的大小和方向。

由图 3-6(b)及力矩平衡条件知,当拉力 $\boldsymbol{F}$ 的作用线与 OA 垂直,即图 3-6(c)所示受力状态时,$F = F_{min}$。仍由力矩方程求 $\boldsymbol{F}_{min}$ 的大小,其方向如图 3-6(c)。$\boldsymbol{F}_{min}$ 的大小为

由

$$\sum M_A = 0,\quad WR\cos\alpha - F_{min}R = 0$$

解得

$$F_{min} = W\cos\alpha = 0.553W$$

【例 3-7】 某水闸的弧形闸门的计算简图如图 3-7(a)所示。已知闸门自重 $W=50\text{kN}$,作用于闸门板上的水压力为 $F_P=120\text{kN}$,其作用线通过铰 A。试求闸门开启时钢丝绳的拉力 $\boldsymbol{F}_T$ 的大小,以及此时铰支座 A 的约束力。

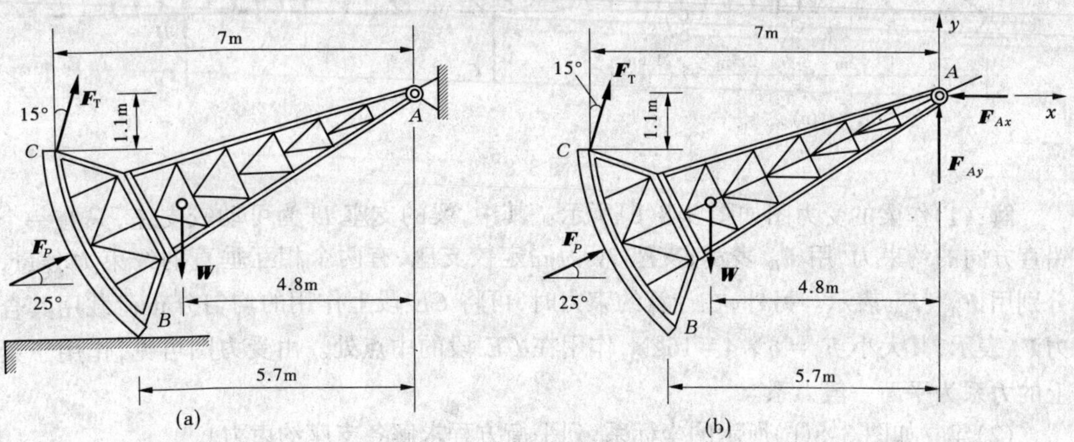

图 3-7

解:(1)闸门的支座为固定铰支座约束,考虑闸门处于开启的临界状态时,闸底板对闸门的约束力为零,闸门的受力图如图 3-7(b)所示。作用于闸门上的力系为平面一般力系。

(2)建立如图 3-7(b)所示坐标系,列平衡方程求解未知力。

为避免解联立方程,先以铰 A 为矩心列力矩平衡方程,求出 $\boldsymbol{F}_T$ 的大小,再建立投影方程求 A 支座约束力 $\boldsymbol{F}_{Ax}$、$\boldsymbol{F}_{Ay}$。

由

$$\sum M_A = 0,\quad F_T\sin15^\circ \times 1.1 - F_T\cos15^\circ \times 7 + W \times 4.8 = 0$$

解得

$$F_T = \frac{W \times 4.8}{7 \times \cos15^\circ - 1.1\sin15^\circ} = \frac{50 \times 4.8}{7 \times 0.966 - 1.1 \times 0.259} = 37.05(\text{kN})$$

由

$$\sum F_x = 0,\quad F_T\sin15^\circ + F_P\cos25^\circ - F_{Ax} = 0$$

$$F_{Ax} = F_T\sin15^\circ + F_P\cos25^\circ$$

$$= 37.05 \times 0.259 + 120 \times 0.906 = 118.32(\text{kN})$$

由

$$\sum F_y = 0,\quad F_{Ay} + F_T\cos15^\circ + F_P\sin25^\circ - W = 0$$

解得

$$F_{Ay} = W - (F_T\cos15^\circ + F_P\sin25^\circ)$$

$$= 50 - (37.05 \times 0.966 + 120 \times 0.423) = -36.55(\text{kN})$$

F_{Ay} 的实际方向与受力图中的假定方向相反。

【例 3-8】 求图 3-8(a)所示外伸梁的支座约束力。

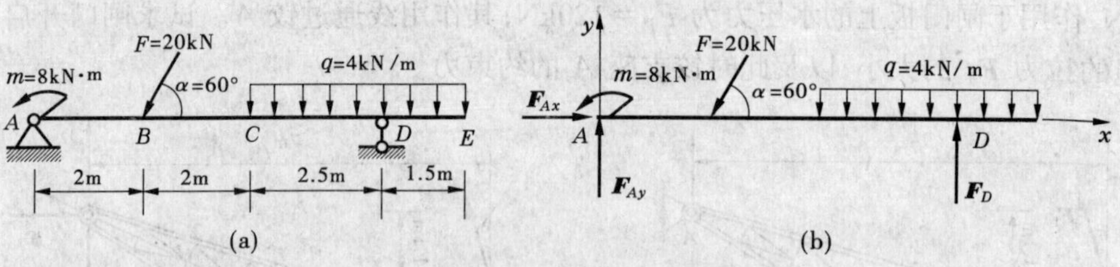

图 3-8

解:(1)作梁的受力图如图 3-8(b)所示。其中,梁的支座 D 为可动铰支座,只有一个铅直方向的约束力,用 $\boldsymbol{F}_D$ 表示;支座 A 为固定铰支座,有两个相互垂直的约束力分量,分别用 $\boldsymbol{F}_{Ax}$、$\boldsymbol{F}_{Ay}$ 表示。另外,在计算约束力时,可将 CE 段上作用的均匀分布荷载用其合力 $\boldsymbol{F}_q$ 表示,其大小 $F_q = q\times4 = 16\text{kN}$,作用在 CE 段的中点处。由受力图可见,作用于梁上的力系为平面一般力系。

(2)建立如图 3-8(b)所示的坐标系,列平衡方程求解各支座约束力。

由

$$\sum F_x = 0,\quad F_{Ax} - F\cos60^\circ = 0$$

解得

$$F_{Ax} = F\cos60^\circ = 20\times0.5 = 10(\text{kN})$$

由

$$\sum M_A = 0,\quad F_D\times6.5 - F_q\times(4+4/2) - F\sin60^\circ\times2 + m = 0$$

解得

$$\begin{aligned} F_D &= \frac{1}{6.5}(F_q\times6 + F\sin60^\circ\times2 - m) \\ &= \frac{2}{13}(16\times6 + 20\times0.866\times2 - 8) = 18.87(\text{kN}) \end{aligned}$$

由

$$\sum F_y = 0,\quad F_{Ay} + F_D - F\sin60^\circ - F_q = 0$$

解得

$$\begin{aligned} F_{Ay} &= F\sin60^\circ + F_q - F_D \\ &= 20\times0.866 + 16 - 18.87 = 14.45(\text{kN}) \end{aligned}$$

如果不将均匀分布荷载 q 简化为集中力 $\boldsymbol{F}_q$,则应以 $q\times4$ 替代以上各式中的 F_q。

3.2.3.2 物体系的平衡

对于物体系的平衡问题,解题的关键在于选择合适的研究对象,或取整体,或取部分,或取单个物体。研究对象到底应怎样选取,必须根据题意进行具体分析。物体系一般都由几部分组成(至少有两个部分),为了尽量减少方程的联立或数值回代,建议读者根据物体系的不同特征,按不同的顺序选择研究对象:

(1)若物体系中各物体间的关系是主从关系(可以是一主多从,或一从二主),则应先取“从属部分”为研究对象,后以“主体部分”或整体为研究对象。

(2)若物体系中各物体间是相互依赖关系,则应先取物体系整体为研究对象,再取其中的单个物体为研究对象。

需要再次强调的是,在画物体系中单个物体的受力图时,要注意物体内约束力间的作用与反作用关系。

【例 3-9】 求图 3-9(a)所示两跨静定梁的支座约束力。

解:对于图 3-9(a)所示三跨静定梁,由 AB、BE、EF 三个单跨梁组成。梁 AB 和梁 EF 都要依靠梁 BE 的支撑,才能承受外力并保持平衡,因而此梁属于主从型,即中间的 BE 为主体部分,两侧的 AB、EF 为从属部分。求解时先分别以 AB、EF 为研究对象,而后再以 BE 为研究对象。

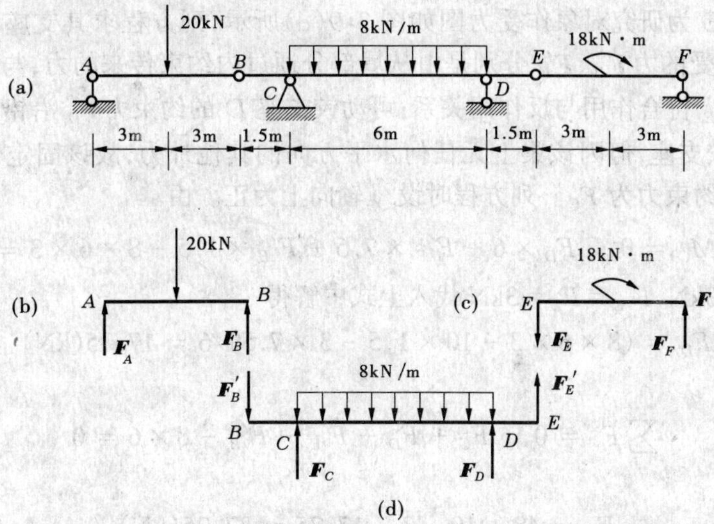

图 3-9

(1)分别以梁 AB、EF 为研究对象,求出它们的支座约束力。因这两个梁段上的支座 A、F 为可动铰支座,其约束力 $\boldsymbol{F}_A$、$\boldsymbol{F}_F$ 沿铅直方向作用;又因此二梁段上无水平方向的荷载,故固定铰支座 B 和 E 约束处没有水平约束力,只有竖向约束力 $\boldsymbol{F}_B$ 和 $\boldsymbol{F}_E$,且因梁 EF 上的荷载为力偶 m,根据力偶系的平衡条件知,$\boldsymbol{F}_F$ 与 $\boldsymbol{F}_E$ 方向相反。由此可见,梁段 AB 为平面平行力系,梁 EF 为平面力偶系。作梁 AB、EF 的受力图如图 3-9(b)、(c)所示。对于梁 AB,设 y 轴向上为正,则由

$$\sum M_B = 0, \quad 20 \times 3 - F_A \times 6 = 0$$

解得

$$F_A = \frac{1}{6} \times (20 \times 3) = 10(\text{kN})$$

由

$$\sum F_y = 0, \quad F_A + F_B - 20 = 0$$

解得

$$F_B = 20 - F_A = 20 - 10 = 10(\text{kN})$$

对于梁 EF：

由

$$\sum M_E = 0,\quad F_F \times 6 - 18 = 0$$

解得

$$F_F = \frac{18}{6} = 3(\text{kN})$$

由力偶的性质知

$$F_E = F_F = 3\text{kN}$$

当然，F_E 值也可以由投影平衡条件求得。

(2)以梁 BE 为研究对象作受力图如图 3-9(d)所示，列方程求其支座约束力。受力图中 B、E 处所受的力 $\boldsymbol{F}'_B$、$\boldsymbol{F}'_E$ 分别是由从属部分通过内约束传来的力，与相应从属部分的约束力 $\boldsymbol{F}_B$、$\boldsymbol{F}_E$ 符合作用与反作用关系；可动铰支座 D 的约束力 $\boldsymbol{F}_D$ 沿铅直方向。支座 C 虽然为固定铰支座，但因该梁上无任何水平方向的其他外力，故该固定铰支座无水平约束力，其竖向约束力为 $\boldsymbol{F}_C$。列方程时设 y 轴向上为正。由

$$\sum M_C = 0,\quad F_D \times 6 + F'_E \times 7.5 + F'_B \times 1.5 - 8 \times 6 \times 3 = 0$$

将 $F'_B = F_B = 10\text{kN}$，$F'_E = F_E = 3\text{kN}$ 代入上式中解得

$$F_D = (8 \times 6 \times 3 - 10 \times 1.5 - 3 \times 7.5)/6 = 17.75(\text{kN})$$

由

$$\sum F_y = 0,\quad F_C + F_D + F'_E - F'_B - 8 \times 6 = 0$$

解得

$$F_C = 48 + 10 - 3 - 17.75 = 37.25(\text{kN})$$

【例 3-10】 求图 3-10(a)所示两跨静定梁的支座 A、C 的约束力和铰 B 的约束力。

解：这是一个主从型两跨静定梁，主体部分是梁 AB，从属部分是梁 BC。

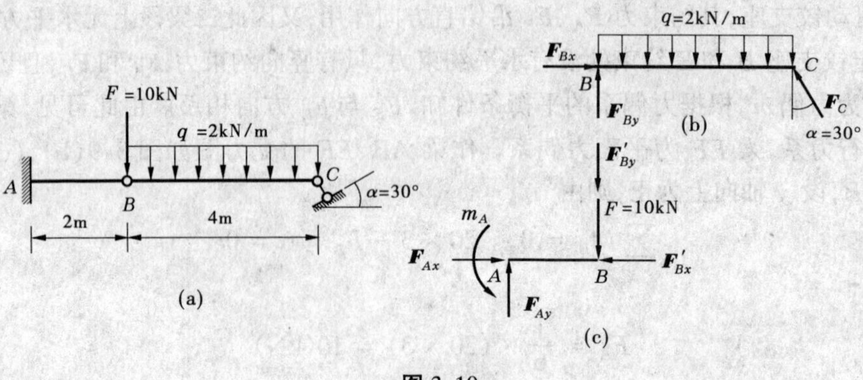

图 3-10

(1)先以梁 BC 为研究对象，作受力图如图 3-10(b)所示。设投影轴 x 向右为正，y

向上为正，列平衡方程计算支座 C 的约束力和铰 B 所受的力。

由

$$\sum M_B = 0,\quad F_C\cos30^\circ \times 4 - q \times 4 \times 2 = 0$$

解得

$$F_C = \frac{q \times 8}{4\cos30^\circ} = \frac{2 \times 8}{4 \times \frac{\sqrt{3}}{2}} = \frac{8\sqrt{3}}{3} = 4.62(\text{kN})$$

由

$$\sum F_x = 0,\quad F_{Bx} - F_C\sin30^\circ = 0$$

解得

$$F_{Bx} = F_C\sin30^\circ = 4.62 \times 0.5 = 2.31(\text{kN})$$

由

$$\sum F_y = 0,\quad F_{By} + F_C\cos30^\circ - q \times 4 = 0$$

解得

$$F_{By} = q \times 4 - F_C\cos30^\circ = 2 \times 4 - 4.62 \times 0.866 = 4(\text{kN})$$

(2)以梁 AB 为研究对象，作受力图如图 3-10(c)所示，其中 $\boldsymbol{F}'_{Bx}$ 与 $\boldsymbol{F}_{Bx}$ 及 $\boldsymbol{F}'_{By}$ 与 $\boldsymbol{F}_{By}$ 是作用与反作用关系。列平衡方程求固定端支座约束力。

由

$$\begin{cases} \sum F_x = 0, & F_{Ax} - F'_{Bx} = 0 \\ \sum F_y = 0, & F_{Ay} - F - F'_{By} = 0 \\ \sum M_A = 0, & m_A - F \times 2 - F'_{By} \times 2 = 0 \end{cases}$$

式中，$F'_{Bx} = F_{Bx} = 2.31\text{kN}$，$F'_{By} = F_{By} = 4\text{kN}$，代入上式联立解得 A 支座约束力为

$$\begin{cases} F_{Ax} = F'_{Bx} = 2.31\text{kN} \\ F_{Ay} = F + F_{By} = 14\text{kN} \\ m_A = (10 \times 2 + 2 \times 4)\text{kN} \cdot \text{m} = 28\text{kN} \cdot \text{m} \end{cases}$$

3.2.4　考虑滑动摩擦时物体平衡问题的解法

3.2.4.1　概念与公式

1)摩擦力与摩擦定律

两个相互接触的物体，如果沿接触面的公切线有相对滑动或有相对滑动趋势，则在接触面间就会产生阻碍彼此滑动的力，这种阻力称为滑动摩擦力。它作用在物体的接触表面，其方向和滑动的方向相反。摩擦力的大小，由平衡条件决定，但有一范围，即

$$0 \leqslant F_f \leqslant F_{fmax} \tag{3-6}$$

式中，F_{fmax} 称为最大静滑动摩擦力。最大静滑动摩擦力是物体处于临界平衡状态时，摩擦力达到的最大值，其值由下式确定：

$$F_{fmax} = f \cdot F_N \tag{3-7}$$

式(3-7)称为静摩擦定律。式中,f 是与材料性质等因素有关的静摩擦系数,$\boldsymbol{F}_N$ 为接触面上接触点处沿公法线方向作用的约束力,称为法向约束力。

对于动滑动摩擦,也有与式(3-7)相似的关系,即

$$F'_f = f' \cdot F_N \tag{3-8}$$

式中,f'称为动滑动摩擦系数,其值小于静摩擦系数。

2)摩擦角与自锁

当有摩擦时,支承面对物体的约束力,包括法向约束力 $\boldsymbol{F}_N$ 与摩擦力 $\boldsymbol{F}_f$,它们的合力 $\boldsymbol{F}_R$ 称为全反力,它与支承面的法线成一角度 φ,如图 3-11(a)所示。由图可见

$$\tan\varphi = \frac{F_f}{F_N} \tag{3-9}$$

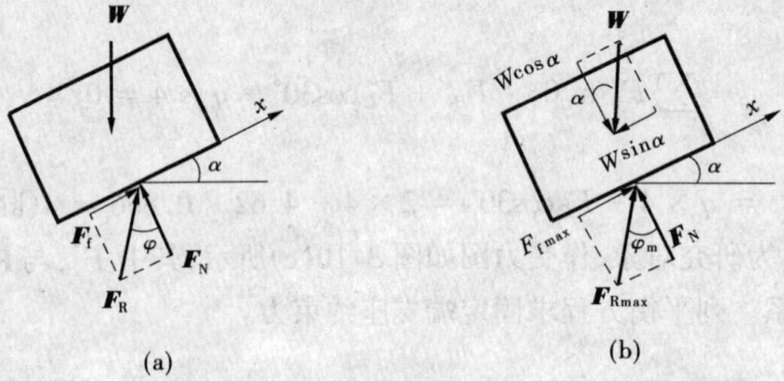

图 3-11

当摩擦力 $\boldsymbol{F}_f$ 达到最大静摩擦力 $\boldsymbol{F}_{fmax}$,此时全反力 $\boldsymbol{F}_R$ 也达到最大值 $\boldsymbol{F}_{Rmax}$,它与支承面的法线所成夹角 φ 也达到最大值 φ_m,如图 3-11(b)所示,φ_m 称为摩擦角。由此可得

$$\tan\varphi_m = \frac{F_{fmax}}{F_N} \text{ 或 } F_{fmax} = F_N \cdot \tan\varphi_m \tag{3-10}$$

将式(3-10)与式(3-7)比较,便知

$$f = \tan\varphi_m \tag{3-11}$$

此式表明,静摩擦系数在数值上等于摩擦角的正切。

物体平衡时,全反力 $\boldsymbol{F}_R$ 与支承面法线间的夹角 φ 一定小于或等于摩擦角 φ_m,即

$$\varphi \leqslant \varphi_m$$

只要全反力 $\boldsymbol{F}_R$ 的作用线在摩擦角内,物体总是平衡的。如果作用在物体上的主动力 $\boldsymbol{W}$(或几个主动力的合力)的作用线在摩擦角内,如图 3-11(b)所示,因为物体平衡时 $\boldsymbol{W}$ 与 $\boldsymbol{F}_R$ 一定是等值、反向、共线,由此得出结论:

作用在物体上主动力的合力不论大小如何,只要其作用线与接触面法线的夹角小于摩擦角 φ_m,则物体必定处于平衡状态。力学中将这种现象称为自锁。

3.2.4.2 考虑摩擦时物体的平衡

对于考虑摩擦时物体的平衡问题,也是用平衡条件来解决,只是在受力分析时必须考

虑摩擦力及其方向，而大小由平衡条件来确定。在考虑摩擦时物体的平衡问题中，通常只对物体处于临界平衡状态进行分析，且要将摩擦定律作为求解时的补充方程。需要注意的是：

(1)最大摩擦力的方向应与相对滑动趋势的方向相反，而不能任意假设。

(2)由于静摩擦力在 $0 \leqslant F_f \leqslant F_{fmax}$ 范围内，故物体的平衡位置或所受的主动力也有一个范围。

【例 3-11】 如图 3-12(a)所示结构，水平杆 AB 长 $l=0.2$m，杆 BC 垂直于 AB。滑块 D 重为 $W=1$kN，紧靠在铅直的墙面上，它与墙面之间的摩擦角 $\varphi_m=30°$，不计各杆的自重。求系统平衡时作用于铰 C 的水平力 $\boldsymbol{F}$ 的大小。

解：本题为求解平衡范围问题。此时可按物体将动而未动的临界平衡问题来分析。根据摩擦力的性质，这时摩擦力达到最大值，其大小为 $F_f = F_{fmax} = f \cdot F_N$，而其方向必须根据物体的运动趋势给出真实方向，不能任意假定。由本题意知，物块在重力 $\boldsymbol{W}$ 和杆 CD 对它的作用力 $\boldsymbol{F}_{CD}$ 的共同作用下可沿铅垂墙面向上或向下滑动。因此，应根据这两种情况的临界平衡问题来求解平衡范围。

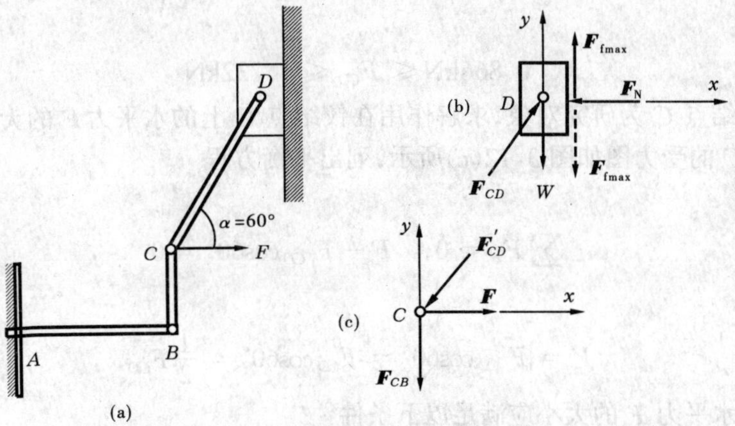

图 3-12

(1)首先取物块 D 为研究对象，求出杆 CD 对物块的作用力 $\boldsymbol{F}_{CD}$。

当考虑物块处于即将下滑的临界状态时最大摩擦力 $\boldsymbol{F}_{fmax}$ 的方向应该向上，如图 3-12(b)的实线所示。根据此受力图列平衡方程

由

$$\sum F_x = 0,\quad F_{CD}\cos 60° - F_N = 0$$

得

$$F_{CD} = \frac{F_N}{\cos 60°} \tag{a}$$

由

$$\sum F_y = 0,\quad F_{CD}\sin 60° + F_{fmax} - W = 0$$

得

$$F_{CD} = \frac{W - F_{fmax}}{\sin 60°} \tag{b}$$

考虑临界状态可列补充方程

$$F_{fmax} = f \cdot F_N = F_N \tan\varphi_m \tag{c}$$

由式(a)、(b)有

$$F_{fmax} = W - F_N \tan 60° \tag{d}$$

由式(c)、(d)解得

$$F_N = 0.433\text{kN}$$

将 $F_N = 0.433\text{kN}$ 代入式(a)得

$$F_{CD} = 2F_N = 0.866\text{kN}$$

当考虑滑块处于上滑的临界状态时,最大摩擦力 $\boldsymbol{F}_{fmax}$ 的方向应向下,如图 3-12(b)中虚线所示。这样,在以上的式(c)、(d)中只需将 F_{fmax} 改为负号,即可解得

$$F_{CD} = 1.732\text{kN}$$

根据上面的分析计算可见,欲使滑块保持静止,杆 CD 的作用力 $\boldsymbol{F}_{CD}$ 的大小必须满足以下条件:

$$0.866\text{kN} \leqslant F_{CD} \leqslant 1.732\text{kN}$$

(2)再取结点 C 为研究对象,求解作用在铰结点 C 上的水平力 $\boldsymbol{F}$ 的大小。

作结点 C 的受力图如图 3-12(c)所示,列出平衡方程

由

$$\sum F_x = 0, \quad F - F'_{CD}\cos 60° = 0$$

解得

$$F = F'_{CD}\cos 60° = F_{CD}\cos 60° = \frac{1}{2}F_{CD}$$

系统平衡时,水平力 $\boldsymbol{F}$ 的大小应满足以下条件:

$$0.433\text{kN} \leqslant F \leqslant 0.866\text{kN}$$

3.2.5 空间力系的合成与平衡

3.2.5.1 空间力系的合成结果

空间力系的合成与平衡的计算,在方法上与平面力系相同。合成时,是将力系中各力向空间坐标系内一点 O(称为简化中心)进行平移,求力系的主矢和主矩,主矢是平移后所得空间汇交力系的矢量和,即

$$\boldsymbol{F}'_R = \sum \boldsymbol{F}' = \sum \boldsymbol{F} \tag{3-12}$$

其大小和方位角为

$$\left.\begin{aligned} F'_R &= \sqrt{(\sum F_x)^2 + (\sum F_y)^2 + (\sum F_z)^2} \\ \alpha = \arctan\left|\frac{\sum F_x}{F'_R}\right|, &\quad \beta = \arctan\left|\frac{\sum F_y}{F'_R}\right|, \quad \gamma = \arctan\left|\frac{\sum F_z}{F'_R}\right| \end{aligned}\right\} \tag{3-13}$$

主矩等于平移后所得各附加力偶矩的矢量和,即

$$M_O = \sum M_O(\boldsymbol{F}) \tag{3-14}$$

其大小分别用力系中各力对三个坐标轴之矩的代数和来表示,即

$$\left.\begin{aligned} M_{Ox} &= \sum M_x(\boldsymbol{F}) \\ M_{Oy} &= \sum M_y(\boldsymbol{F}) \\ M_{Oz} &= \sum M_z(\boldsymbol{F}) \end{aligned}\right\} \tag{3-15}$$

力系的主矢与简化中心的位置无关,主矩与简化中心的位置有关。

3.2.5.2　空间力系的平衡条件与平衡方程式

空间力系的平衡条件是:力系的主矢 $\boldsymbol{F}'_{\mathrm{R}}=0$,力系对任意一点的主矩 $\boldsymbol{M}_O=0$。由此条件结合式(3-13)和式(3-15)可得空间一般力系的平衡方程式为

$$\left.\begin{aligned} \sum F_x &= 0 \\ \sum F_y &= 0 \\ \sum F_z &= 0 \\ \sum M_x(\boldsymbol{F}) &= 0 \\ \sum M_y(\boldsymbol{F}) &= 0 \\ \sum M_z(\boldsymbol{F}) &= 0 \end{aligned}\right\} \tag{3-16}$$

其中,空间汇交力系和空间平行力系是一般力系的特殊情形,其平衡方程式分别为

汇交力系

$$\left.\begin{aligned} \sum F_x &= 0 \\ \sum F_y &= 0 \\ \sum F_z &= 0 \end{aligned}\right\} \tag{3-17}$$

平行力系

$$\left.\begin{aligned} \sum F_z &= 0 \\ \sum M_x(\boldsymbol{F}) &= 0 \\ \sum M_y(\boldsymbol{F}) &= 0 \end{aligned}\right\} \tag{3-18}$$

实际应用时,力矩式中的括号部分可省略。

对于空间一般力系的平衡方程式,除了以上一般形式外,还可以有多力矩式(四力矩式、五力矩式、六力矩式),只不过要找出如此多力矩式的使用条件(或限制条件)比较麻烦,这里不加讨论。在使用多力矩式时,矩轴可以不是坐标轴,而是任意一条直线。在选择矩轴时,要尽可能使更多的未知力的作用线通过或平行于该轴,这样可以少解或不解联立方程。下面以一例说明空间平衡问题的解法。

【例 3-12】　图 3-13(a)所示 L 形折杆 ABC 由球铰 A 和钢索 BD、BE 和 CF 维持于水

平位置，作用于 G 点的铅垂力 $W=5\text{kN}$。不计钢索的重量，试求球铰 A 的约束力和每根钢索的拉力。

解：(1)选折杆 ABC 为研究对象，画出受力图如图 3-13(b)所示。

(2)建立空间坐标系，列平衡方程式并解出未知力。

由于已知折杆在空间一般力系作用下处于平衡状态，因此可列出力系对任意轴的力矩平衡方程，这些方程只要能解出未知量，则一定是独立的。下面，先由几何关系求出 α 的函数值，再用六矩式来求解受力图中各未知力。由图中几何关系可得：

$$\sin\alpha = \frac{1.25}{\sqrt{(3)^2 + (1.25)^2}} = 0.384$$

$$\cos\alpha = \frac{3}{\sqrt{(3)^2 + (1.25)^2}} = 0.923$$

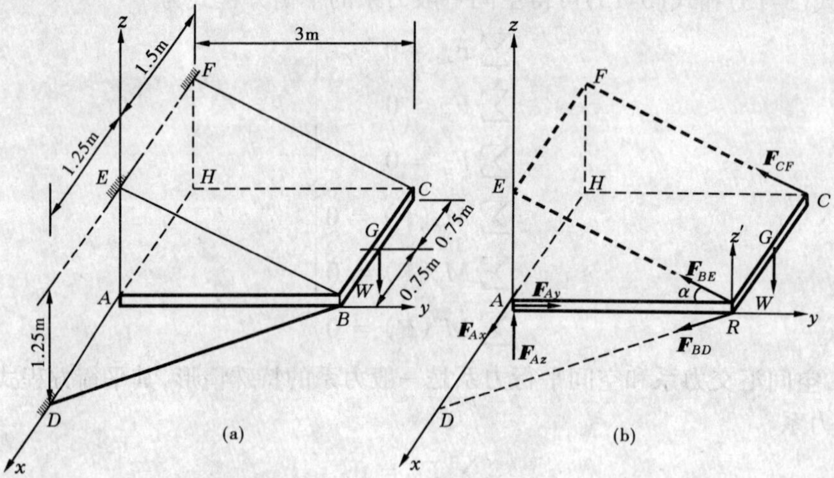

图 3-13

分别列力矩方程，求解未知力：

由

$$\sum M_{AB} = 0,\quad -W \times 0.75 + F_{CF}\sin\alpha \times 1.5 = 0$$

$$\sum M_{BC} = 0,\quad F_{Az} \times 3 = 0$$

$$\sum M_{HA} = 0,\quad F_{BE}\sin\alpha \times 3 + F_{CF}\sin\alpha \times 3 - W \times 3 = 0$$

$$\sum M_{C'} = 0,\quad F_{Ax} \times 3 + F_{CF}\cos\alpha \times 1.5 = 0$$

$$\sum M_{AE} = 0,\quad F_{CF}\cos\alpha \times 1.5 - F_{BD}\sin\alpha \times 3 = 0$$

$$\sum M_{HF} = 0,\quad F_{Ay} \times 1.5 - F_{BE}\cos\alpha \times 1.5 - F_{BD}\cos\alpha \times 1.5 = 0$$

解得

$$F_{CF} = 6.5\text{kN},\quad F_{BE} = 6.5\text{kN},\quad F_{BD} = 7.8\text{kN}$$

$$F_{Ax} = -3\text{kN},\quad F_{Ay} = 13.2\text{kN},\quad F_{Az} = 0$$

为了确保计算结果的正确性,需要进行计算结果的校核。

$$\sum M_x = F_{BE}\sin\alpha \times 3 + F_{CF}\sin\alpha \times 3 - W \times 3 = (2 \times 6.5 \times 0.384 - 5) \times 3 \approx 0$$

说明以上计算结果是正确的。至于校核式中的一点点误差,是由于三角函数值的进位造成的。请读者用其他方法计算本例的各约束力。

3.2.6　物体重心及平面图形的形心

物体重心是物体受地心引力作用所产生的重力在物体内的作用点。物体的形心则是该物体的几何中心。对于匀质物体,其重心和形心重合于物体内的同一点。

正确地计算出物体的重力,确定工程结构中各物体的重心或形心位置,是对该物体或物体系进行受力和变形分析的重要环节。

确定平面图形形心位置,就是计算该图形的形心在一定坐标系中的坐标。简单平面图形的形心坐标可以用积分法、几何法或试验法来确定。组合平面图形的形心坐标须采用公式

$$\left\{\begin{aligned} x_C &= \frac{\sum A_i x_i}{A} \\ y_C &= \frac{\sum A_i y_i}{A} \end{aligned}\right.$$

来确定。当采用负面积法计算形心坐标时,负面积应以负号代入公式。

3.2.7　截面的面积矩和惯性矩

这里所说的截面,是专指杆件的横截面(平面)。面积矩是指截面上某部分面积对该截面上某一坐标轴的矩,即将这部分面积乘以该面积的形心到某坐标轴的距离。面积矩是代数量,其单位是长度的三次方。特别指出的是,平面图形对通过该图形形心轴的面积矩等于零。截面的惯性矩有两种,一种是截面对某点(如截面的形心)的极惯性矩,另一种是截面对某轴(如通过截面形心的轴)的惯性矩。惯性矩的单位是长度的四次方。

在计算面积矩和轴惯性矩时,要注意是哪部分面积对截面上哪个轴的矩。对于面积矩还要注意正负号。对于组合截面,在计算轴惯性矩时,需要先将截面分割成若干个简单截面,利用惯性矩的平行移轴公式分别计算出每个简单截面对指定的惯性矩,再按照组合截面惯性矩计算公式计算出该组合截面对指定轴的惯性矩。

组合截面的面积矩计算公式为:

$$\left.\begin{aligned} S_z &= \sum S_{zi} = \sum A_i y_i \\ S_y &= \sum S_{yi} = \sum A_i z_i \end{aligned}\right\} \tag{3-19}$$

惯性矩的平行移轴公式为

$$\left.\begin{aligned} I_{z1} &= I_{zc} + a^2 A \\ I_{y1} &= I_{yc} + b^2 A \end{aligned}\right\} \tag{3-20}$$

组合截面惯性矩的计算公式为

$$\left.\begin{aligned} I_z &= \sum I_{zi} \\ I_y &= \sum I_{yi} \end{aligned}\right\} \tag{3-21}$$

3.3 习题答案及选解

3.3.1 习题答案

3-1 $F_R = 669.41\text{kN}$， $\alpha = 34.865° = 34°51'54''$(第四象限)。

3-2 $F_R = 161.25\text{N}$， $\alpha = 60°15'18''$(第一象限)。

3-3 $F_R = 4\,998.38\text{N}$， $\alpha = 38°26'26''$(第三象限)。

3-4 $F_{CB} = 5\text{kN}$， $F_A = 5\text{kN}$。

3-5 $F_{CB} = 5\text{kN}$(拉力)， $F_{CA} = 10\text{kN}$(压力)。

3-6 (a)$F_A = \dfrac{m}{l}(\downarrow)$， $F_B = \dfrac{m}{l}(\uparrow)$；

(b)$F_A = \dfrac{m}{l\cos\alpha}$(右下斜向)， $F_B = \dfrac{m}{l\cos\alpha}$(左上斜向)。

3-7 $F_R = F'_R = 466.4\text{N}$， $\alpha = 20°17'32''$， $M_O = 53.43\text{N·m}$，合力 $\boldsymbol{F}_R$ 在 x 轴上的作用点位于坐标原点左侧且距坐标原点 O 的距离为 $x = 0.33\text{m}$。

3-8 $F'_R = 8\,027\text{kN}$， $\alpha = 87°37'20''$位于第三象限内，$M_O = 6\,121\text{kN·m}$，力系的合力作用线与简化中心 O 的距离为 $d = 0.763\text{m}$。

3-9 $F_A = F + ql(\uparrow)$， $m_A = Fl + \dfrac{ql^2}{2}$(逆时针转向)。

3-10 $F_{Ax} = 6\text{kN}(\rightarrow)$， $F_{Ay} = 6\text{kN}(\uparrow)$， $m_A = 18\text{kN·m}$(逆时针转向)。

3-11 (a)$\begin{cases} F_A = \dfrac{F}{2} + \dfrac{m}{2a}(\downarrow) \\ F_B = 1.5F + \dfrac{m}{2a}(\uparrow) \end{cases}$； (b)$\begin{cases} F_A = 0.5F - 1.25qa + \dfrac{m}{2a}(\text{假定}\uparrow) \\ F_B = 1.5F - 0.25qa + \dfrac{m}{2a}(\text{假定}\uparrow) \end{cases}$。

3-12 $F_A = 56.67\text{kN}(\uparrow)$， $F_B = 33.33\text{kN}(\uparrow)$。

3-13 绳子对桩的拉力为 80kN。

3-14 (a)$F_C = 0.5qa$(个)， $F_{Ax} = 0$， $F_{Ay} = 2.5qa(\uparrow)$， $m_A = 2.5qa^2$(逆时针转向)；

(b)$F_A = \dfrac{4}{9a}(qa^2 - 3m)(\uparrow)$， $F_B = \dfrac{4}{9a}(3m + 2qa^2)(\uparrow)$， $F_D = \dfrac{m}{a}(\downarrow)$。

3-15 $F_{TD} = \dfrac{aF}{2h}\cos\alpha$。

3-16 $F_{Ax} = 0$， $F_{Ay} = 1\,360\text{N}$， $m_A = 6\,540\text{N·m}$(逆时针转向)， $F_D = 2\,725\text{N}$(压力)。

3-17 $\begin{cases}\text{当 } F=10\text{kN}, F=20\text{kN 时处于静止平衡状态,摩擦力分别为 10N、20N。} \\ \text{当 } F=40\text{N 时,物体已滑动,摩擦力为 30N。}\end{cases}$

3-18　$F_f=32.9$N,物块下滑。

3-19　(1)绳子的拉力分别为 22kN、25kN 时料斗与滑道间的摩擦力分别为 1.49N、1.51N。

(2)上升时 $F=26.01$kN,下降时 $F=20.92$kN。

3-20　$W=500$N。

3-21　$F_1=F_2\geqslant 800$N。

3-22　$F_{1z}=100$N,　$F_{2x}=-166.41$N,　$F_{2y}=249.62$N,　$F_{3x}=-178.89$N,　$F_{3z}=-89.44$N。

3-23　$F_{OA}=1\,414$N,　$F_{OB}=F_{OC}=707$N。

3-24　(a)$x_C=16.67$cm, $y_C=56.67$cm;　(b)$x_C=20.91$cm, $y_C=70$cm;　(c)$x_C=0$, $y_C=45$cm。

3-25　$x_C=259.71$cm(距左端), $y_C=0$。

3-26　$S_z=56\,250\text{mm}^3$。

3-27　$I_z=533.333\,3\times10^4\text{cm}^4$。

3-28　$I_z=6\,326.36\times10^4\text{cm}^4$。

3.3.2　习题选解

【题 3-4】

解法 1:作图 3-14(b)所示受力图,由平面一般力系平衡条件计算撑杆 BC 的内力及铰支座 A 处的约束力:

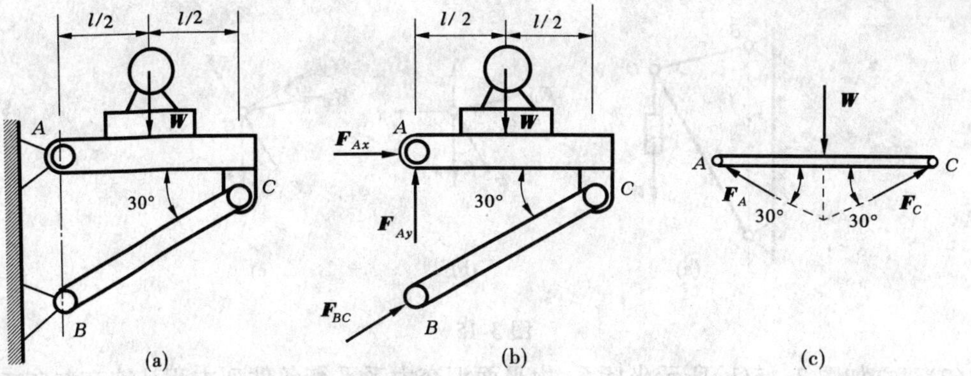

图 3-14

由

$$\sum M_A=0,\quad F_{BC}\sin30^\circ\times l-W\times\frac{l}{2}=0$$

解得

$$F_{BC} = W = 5\text{kN}(\text{压力})$$

由

$$\sum F_x = 0, \quad -F_{Ax} + F_{BC}\cos 30^\circ = 0$$

解得

$$F_{Ax} = 4.33\text{kN}$$

由

$$\sum F_y = 0, \quad F_{Ay} + F_{BC}\sin 30^\circ - W = 0$$

解得

$$F_{Ay} = 2.5\text{kN}$$

若需计算铰支座 A 的总约束力,则其总约束力为

$$F_A = \sqrt{F_{Ax}^2 + F_{Ay}^2} = \sqrt{4.33^2 + 2.5^2} = 5(\text{kN})$$

解法 2:作如图 3-14(c)所示受力图,由平面一般汇交平衡条件计算撑杆 BC 的内力及铰支座 A 处的约束力:

由

$$\begin{cases} \sum F_x = 0, & F_C\cos 30^\circ - F_A\cos 30^\circ = 0 \\ \sum F_y = 0, & F_A\sin 30^\circ + F_C\sin 30^\circ - W = 0 \end{cases}$$

解得

$$F_C = 5\text{kN}, \quad F_A = 5\text{kN}$$

由此可见,物体平衡问题的解法并不是唯一的,但计算结果却相同。

【题 3-5】

解:(1) 取图 3-15(a)中结点 C 为研究对象,作受力图如图 3-15(b)所示。

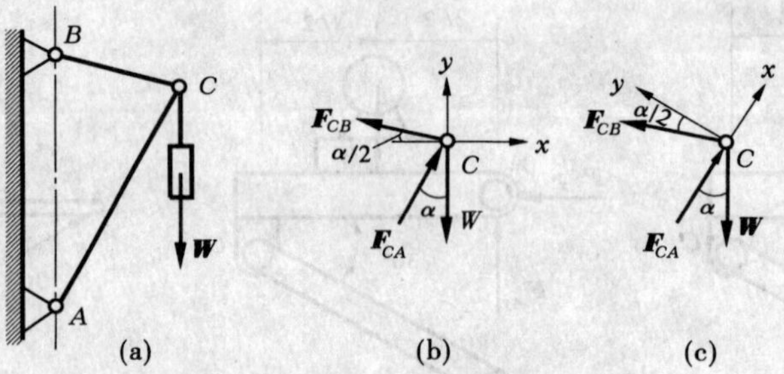

图 3-15

(2)建立如图 3-15(b)所示坐标系,由平面汇交力系平衡条件列方程计算两杆所受的力:

$$\begin{cases} \sum F_x = 0, & -F_{CB}\cos\dfrac{\alpha}{2} + F_{CA}\sin\alpha = 0 \\ \sum F_y = 0, & F_{CB}\sin\dfrac{\alpha}{2} + F_{CA}\cos\alpha - W = 0 \end{cases}$$

式中 α 可由图中几何关系求得 $\alpha = 28^\circ 57' 18''$, $W = 10\text{kN}$,代入上式联立解得

$$F_{CB} = 5\text{kN}(拉力), F_{CA} = 10\text{kN}(压力)$$

若取图 3-15(c)所示坐标系,则

由

$$\sum F_y = 0, \quad F_{CB}\cos\frac{\alpha}{2} - W\sin\alpha = 0$$

$$\sum F_x = 0, \quad F_{CA} - F_{CB}\sin\frac{\alpha}{2} - W\cos\alpha = 0$$

解得

$$F_{CB} = 5\text{kN}, F_{CA} = 10\text{kN}$$

【题 3-7】 求图 3-16(a)所示力系向 O 点的简化结果。

解:(1)计算力系向 O 点简化时的主矢量及其方位角。

主矢在两坐标轴上的投影

$$F'_{Rx} = -F_1 \times \frac{\sqrt{2}}{2} - F_2 \times \frac{1}{\sqrt{10}} - F_3 \times \frac{2}{\sqrt{5}}$$
$$= -150 \times 0.707 - 200 \times 0.316 - 300 \times 0.894 = -437.45(\text{N})$$

$$F'_{Ry} = F_3 \times \frac{1}{\sqrt{5}} - F_1 \times \frac{\sqrt{2}}{2} - F_2 \times \frac{3}{\sqrt{10}}$$
$$= 300 \times 0.447 - 150 \times 0.707 - 200 \times 0.949 = -161.75(\text{N})$$

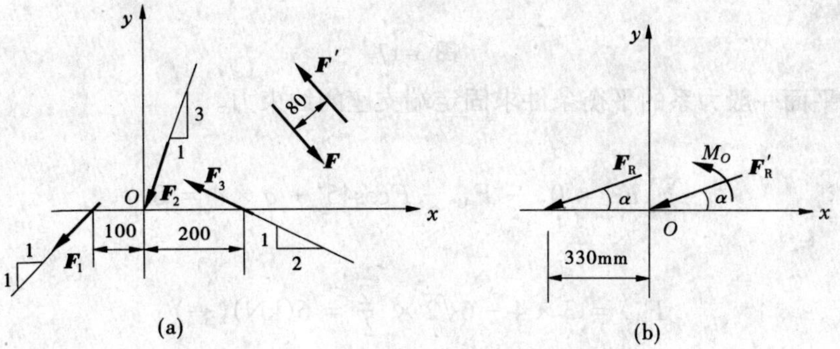

图 3-16

主矢的大小

$$F'_R = \sqrt{F'^2_{Rx} + F'^2_{Ry}} = \sqrt{(-437.45)^2 + (-161.75)^2} = 466.4(\text{N})$$

主矢的方位角

$$\alpha = \arctan\left|\frac{F'_{Ry}}{F'_{Rx}}\right| = \arctan\left|\frac{-161.75}{-437.45}\right| = 20°17'32''$$

主矢量位于第三象限内。

(2)计算力系向 O 点简化时的主矩。

$$M_O = \sum M_O = F_3 \times \frac{1}{\sqrt{5}} \times 0.2 + F_1 \times \frac{\sqrt{2}}{2} \times 0.1 + 200 \times 0.08$$
$$= 300 \times 0.447 \times 0.2 + 150 \times 0.707 \times 0.1 + 16 = 53.43(\text{N}\cdot\text{m})$$

主矢量和主矩的方向如图 3-16(b)所示。

(3)求力系简化的最后结果。

由于力系向 O 点简化后的主矢和主矩均不等于零，故还需对简化结果作进一步的合成，即求出力系的合力及其作用点位置。

力系合力 $F_R = F'_R = 466.4\text{N}$，方向仍如图 3-16(b)中所示。

合力 $\boldsymbol{F}_R$ 在 x 轴上的作用点位于坐标原点左侧且距坐标原点 O 的距离为

$$x = \frac{\left|\dfrac{M_O}{F'_R}\right|}{\sin\alpha} = \frac{\left|\dfrac{53.43}{466.4}\right|}{0.347} = 0.33(\text{m})$$

【题 3-10】 求图 3-17(a)所示刚架的支座约束力。

解：(1)作刚架的受力图如图 3-17(b)所示。

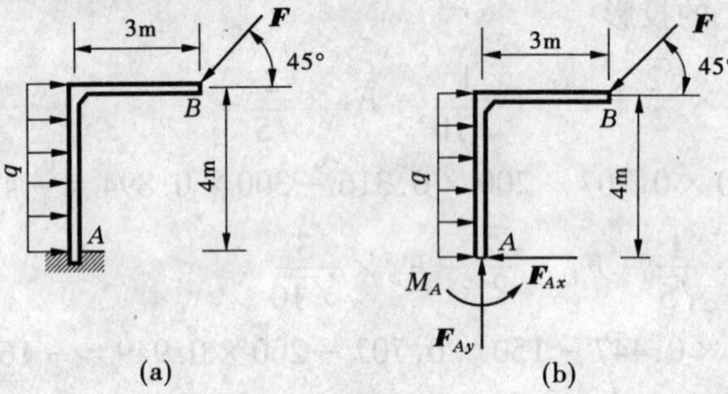

图 3-17

(2)由平面一般力系的平衡条件求固定端支座的约束力。

由

$$\sum F_x = 0,\ -F_{Ax} - F\cos45^\circ + q \times 4 = 0$$

解得

$$F_{Ax} = 3 \times 4 - 6\sqrt{2} \times \frac{\sqrt{2}}{2} = 6(\text{kN})(\leftarrow)$$

由

$$\sum F_y = 0,\ F_{Ay} - F\sin45^\circ = 0$$

解得

$$F_{Ay} = 6\sqrt{2} \times \frac{\sqrt{2}}{2} = 6(\text{kN})(\uparrow)$$

由

$$\sum M_A = 0,\quad m_A - q \times 4 \times \frac{4}{2} - F\sin45^\circ \times 3 + F\cos45^\circ \times 4 = 0$$

解得

$$m_A = 24 - 6 = 18(\text{kN}\cdot\text{m})$$

【题 3-12】

解：(1)作吊车梁的受力图如图 3-18 所示，该梁所示的力系为平面平行力系。

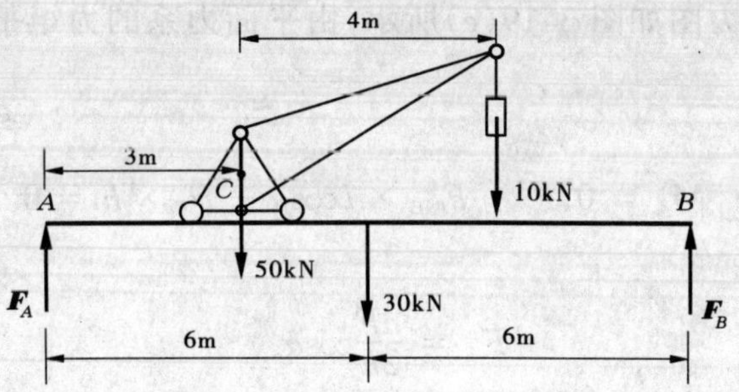

图 3-18

(2)列平衡方程求解支座约束力。

由

$$\sum M_A = 0,\quad F_B \times 12 - 10 \times 7 - 50 \times 3 - 30 \times 6 = 0$$

解得

$$F_B = 33.33\text{kN}(\uparrow)$$

由

$$\sum F_y = 0,\quad F_A + F_B - 10 - 50 - 30 = 0$$

解得

$$F_A = 56.67\text{kN}(\uparrow)$$

【题 3-16】

解:图 3-19(a)所示人字梯是一个由相互依赖的两部分组成的体系平衡问题,计算时先按整体平衡求出 F_{NB},再由 AB 杆的平衡求出绳索的拉力。

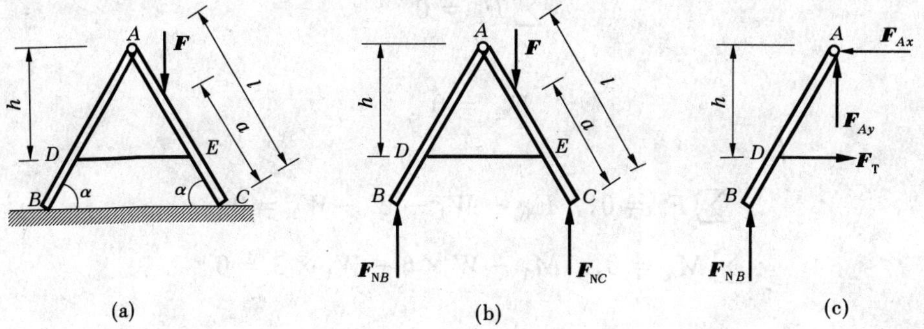

图 3-19

(1)作整体受力图如图 3-19(b)所示,由平面平行力系的平衡条件求出光滑面约束力。

由

$$\sum M_C = 0,\quad -F_{NB} \times 2l\cos\alpha + F \times a\cos\alpha = 0$$

解得

$$F_{NB} = \frac{aF}{2l}$$

(2)作 AB 杆的受力图如图 3-19(c)所示,由平面力系的力矩平衡条件求出绳索拉力。

由

$$\sum M_A = 0, \quad -F_{NB} \times l\cos\alpha + F_T \times h = 0$$

将 F_{NB} 代入后解得

$$F_T = \frac{aF}{2h}\cos\alpha$$

【题 3-17】

解:(1)作图 3-20(a)所示结构的整体受力图如图 3-20(b)所示,由平面一般力系的平衡条件求固定端 A 的约束力。

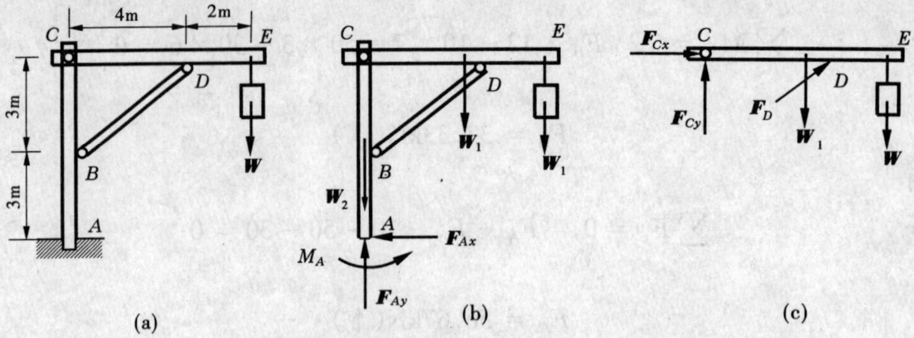

图 3-20

由

$$\sum F_x = 0$$

得

$$F_{Ax} = 0$$

由

$$\sum F_y = 0, \quad F_{Ay} - W_1 - W - W_2 = 0$$

$$\sum M_A = 0, \quad M_A - W \times 6 - W_1 \times 3 = 0$$

得

$$F_{Ay} = 1\,000 + 2 \times 30 \times 6 = 1\,360(\text{N})$$

$$M_A = W \times 6 + W_1 \times 3 = 1\,000 \times 6 + 30 \times 6 \times 3 = 6\,540(\text{N} \cdot \text{m})$$

(2)取横杆连同重物为研究对象,作受力图如图 3-20(c)所示,由平面一般力系的力矩平衡条件求杆 BD 所受的力。

由

$$\sum M_C = 0, \quad F_D \times \frac{3}{5} \times 4 - W_1 \times 3 - W \times 6 = 0$$

解得

$$F_D = \frac{5}{12}(30 \times 6 \times 3 + 1\,000 \times 6) = 2\,725(\mathrm{N})(\text{压力})$$

【题 3-21】

解:这是一个考虑滑动摩擦时物体的临界平衡问题。作鼓轮的受力图如图 3-21(b)所示,利用平衡条件及摩擦定律求平衡时重物 C 的最大重量 W_1。

由

$$\sum M_O = 0, \quad W_1 \times r - F_{\mathrm{fmax}} \times R = 0$$

其中

$$F_{\mathrm{fmax}} = (W_1 + W) \times f = 0.25W_1 + 125, \ r = 100\mathrm{mm}, \ R = 200\mathrm{mm},$$

解得

$$W_1 = 500\mathrm{N}$$

即当重物 C 的最大重量 $W_1 = 500\mathrm{N}$ 时,鼓轮处于平衡状态。

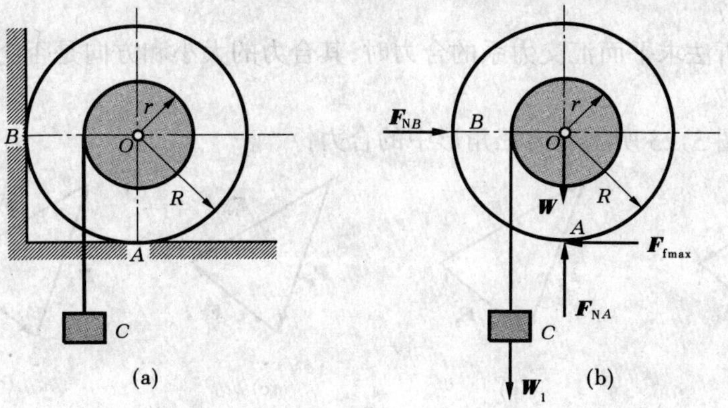

图 3-21

【题 3-23】

解:由于图 3-22(a)所示挂物架各杆间为铰接且不计各杆的自重,外荷载又作用在结点上,故作用于结点上的力系是空间汇交力系。取结点 O 为研究对象,作受力图如图 3-22(b)所示,由空间汇交力系的平衡条件求杆 OC、OB、OA 所受的力。

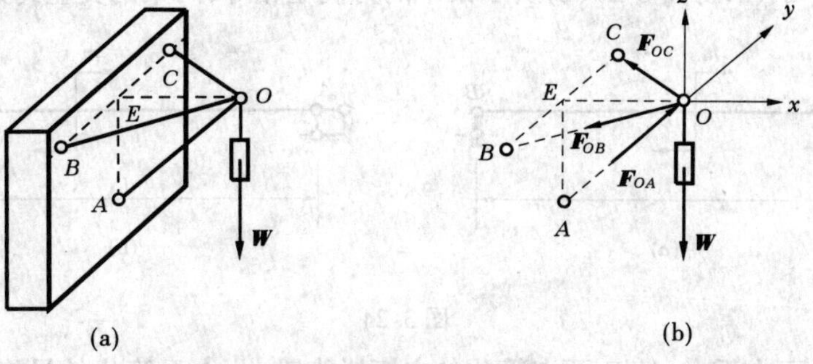

图 3-22

由

$$\begin{cases}\sum F_x = 0, & F_{OA}\sin45^\circ - (F_{OB} + F_{OC})\sin45^\circ = 0 \\ \sum F_y = 0, & (F_{OC} - F_{OB})\cos45^\circ = 0 \\ \sum F_z = 0, & F_{OA}\cos45^\circ - W = 0\end{cases}$$

联立解上式得

$$F_{OA} = 1\ 414\text{N}, \quad F_{OB} = F_{OC} = 707\text{N}$$

3.4　复习思考题

3-1　三力汇交于一点，但不共面，这三个力能互相平衡吗？

3-2　用几何法求平面汇交力系合力时，如何确定合力的大小和方向？

3-3　用几何法求平面汇交力系合力时，合力的大小和方向是否与力多边形中各分力的先后顺序有关？

3-4　用解析法求平面汇交力系的合力时，其合力的大小和方向是否会因所选坐标系的不同而不同呢？

3-5　指出图 3-23 所示各力三角形中的合力：

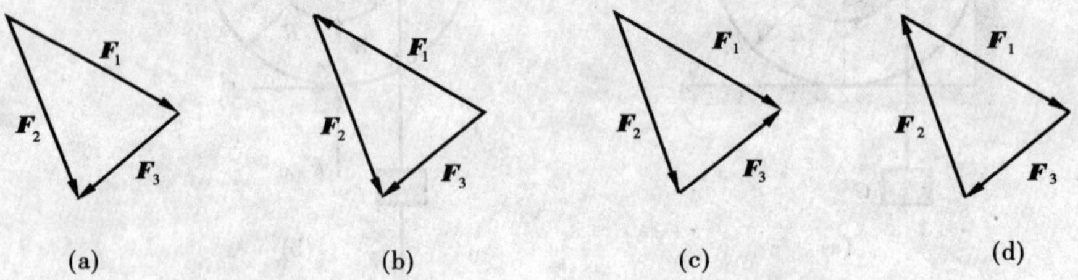

图 3-23

3-6　能否用两个矩方程 $\sum M_A(\boldsymbol{F}) = 0$ 与 $\sum M_B(\boldsymbol{F}) = 0$，求解平面汇交力系的平衡问题？为确保合力 $\boldsymbol{F}_R = 0$，矩心 A、B 与汇交点 O 之间有何限制条件？能否用一个投影方程 $\sum F_x = 0$ 及一个矩方程 $\sum M_A(\boldsymbol{F}) = 0$，求解平面汇交力系的平衡问题？

3-7　图 3-24(a)与图 3-24(b)所示梁中的力偶矩相等，两梁的支座约束力是否相等？

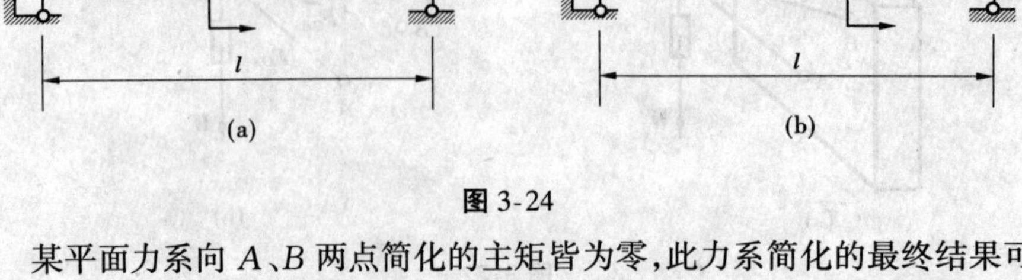

图 3-24

3-8　某平面力系向 A、B 两点简化的主矩皆为零，此力系简化的最终结果可能是一力吗？可能是一个力偶吗？可能平衡吗？

3-9　平面汇交力系向汇交点以外一点简化，其结果可能是一个力吗？可能是一个力偶吗？可能是一个力和一个力偶吗？

3-10　力系如图 3-25 所示，且 $F_1=F_2=F_3=F_4$。问力系向点 A 和点 B 简化的结果是什么？两者是否等效？

3-11　在简化一已知平面一般力系时，选取不同的简化中心，其主矢和主矩是否相同？力系简化的最后结果是否相同？

3-12　对于由 n 个物体组成的物体系，是否可以列出 $3n$ 个独立的平衡方程？

3-13　计算主从型和互利型物体系的约束力与计算单个物体的约束力有何区别？

3-14　静摩擦力与最大静摩擦力有何区别和联系？

3-15　重为 W 的物块放置在粗糙的水平面上，如图 3-26 所示，要使物块沿水平面向右滑动，可采用图 3-26(a)和图 3-26(b)所示两种施力方式，试问在这两种方式中，哪种方式省力？

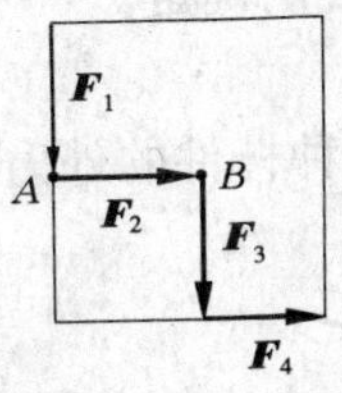

图 3-25

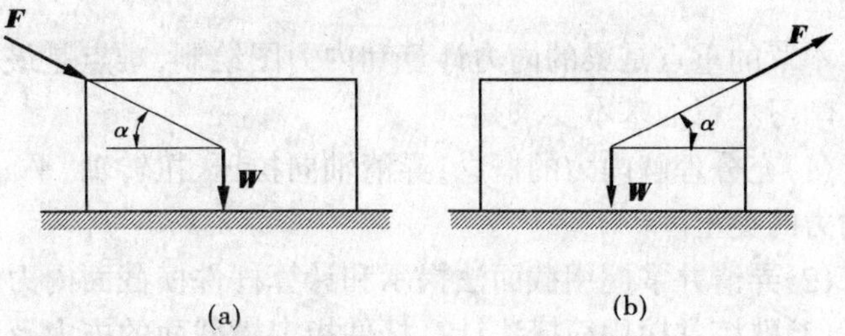

图 3-26

3-16　为什么力在坐标轴上的投影是代数量，而力向平面投影则是矢量？

3-17　物体重心或形心在物体中的位置，是否与该物体在坐标系中的位置有关？

3-18　物体重心或形心坐标，是否与该物体在坐标系中的位置有关？

3-19　什么情况下物体的重心和形心是重合的？

第 4 章　杆件的内力与内力图

4.1　内容与要求

本章的基本内容由两部分组成：一是轴向拉压杆、扭转圆轴、平面弯曲梁受静力恒载作用时的内力计算及内力图的绘制；二是简支梁在移动荷载作用下支座约束力、内力影响线和弯矩包络图的绘制问题，最不利荷载作用位置及绝对最大弯矩及其截面位置的确定问题。

本章的重点是梁的内力计算和内力图绘制，难点是最不利荷载位置的确定。

学习本章的基本要求是：

(1)充分理解内力的概念，弄清轴向拉压、扭转轴、平面弯曲梁等各种杆件的外力特征和内力的类型。

(2)弄清并掌握用截面法揭示和计算杆件横截面内力的要领。

(3)熟练掌握用简捷法计算杆件指定横截面的内力及建立任意截面内力的方程式。

(4)熟练掌握杆件内力图的绘制方法，特别是用简捷法作梁的内力图，以及确定危险截面的位置。

(5)弄清移动荷载作用时，简支梁约束力与指定截面内力的变化规律，会绘制约束力影响线和内力影响线。

(6)掌握移动荷载最不利位置的确定方法，特别是要会判别荷载系列中的临界力。

(7)掌握简支梁弯矩包络图的方法，会计算简支梁的绝对最大弯矩。

4.2　学习与理解

4.2.1　内力的概念

任何物体内各质点间都存在着相互作用力，正是因为这种相互作用力的存在，才保证了这一物体是一个连续体。又知，当物体受到外力作用(也可以是其他因素作用)时，质点之间原有的相互作用力就会发生改变。在力学中，剔开物体未受外因影响时，物体内质点间相互作用力，将由于外力的作用而引起的质点间相互作用力的改变量，视为质点间的“相互作用力”，并将这种相互作用力称为**分布内力**。而将这种分布内力的合力，称为截面上的**内力**。

针对杆件的某个截面而言，介于此截面的左、右两部分间也一定存在着相互作用力，并且这种相互作用力表现在所研究截面的每一点，即相互作用力是连续分布在所研究截面的整个面积上的。这种“相互作用力”在截面上是一种分布力。虽然并不知道这种分布力的大小、方向和分布规律，但却知道这截面两部分间的相互作用力一定满足作用力与反作用力定律，即杆件的右部分对左部分的作用力与左部分对右部分的反作用力等值、反号。

在毗邻于所研究截面的两部分杆件中，假如作用在其中一部分上的外力已知，那么即便不知道截面上分布内力的大小、方向和分布规律，也不影响确定这些分布内力的合力。因为这种分布内力的合力必定与这部分上所作用的外力构成平衡力系，可以根据该力系的平衡条件计算出截面上的内力。这就是可以用截面法求内力的基本依据。

在杆件的内力与内力图一章中全面讲述了轴向拉压杆、扭转轴、平面弯曲梁等三种基本变形杆件的内力计算和内力图绘制方法。

杆件内力的计算方法有两种，一种是截面法，另一种是简捷法。

4.2.2　内力计算的截面法——揭示和计算内力的基本方法

所谓截面法，就是用一个假想的平面在需要求取内力的位置将杆件截为(分隔成)两部分，作出其中一部分的受力图，利用该受力图上力系的平衡条件计算出截面上的内力。

在用截面法揭示和计算截面上内力时，要充分理解并牢固建立以下两个概念：

(1)整体平衡，局部必然平衡。就是说一个杆件受力后处于整体平衡状态，则这杆件中的任何一个局部也一定处于平衡状态。

(2)内力总是与截面一侧所作用的外力平衡，即在由截面法截取并作出的部分杆件的受力图中，截面上的内力与这部分杆件上的外力构成一个平衡力系。

由于在被截开的两部分之间的截面上，内力是作用与反作用关系，且每个部分上的力系都是平衡力系，故在计算该截面的内力时，无论取这两部分中的哪一部分来计算，其结果都是相同的。在这里要特别注意的是，无论要计算多少个截面的内力，每次都必须是从杆件的整体上截开。必须记住，所使用的截面是“假想的截面”，并没有真实地将杆件切断。

截面法计算截面内力的步骤为：

截　确定研究对象，并取其为脱离体。

画　在脱离体上画出它受到的主动力，在截面上按正号方向画出相应的内力。

平　根据受力图的力系平衡条件，列平衡方程并求出截面上的内力值。列投影方程时可采用默认坐标系(x 向右为正，y 向上为正)，也可以自定义坐标系；列力矩方程时，力矩的转向一般以逆时针为正，当然也可以自定义顺时针为正，这并不影响计算结果。

轴向拉压杆、扭转轴、平面弯曲梁的外力及横截面内力特征如表 4-1 所示。

4.2.3　内力计算的简捷法——内力计算的常用方法

简捷法是根据截面一侧杆件上的外力直接计算截面内力的方法。轴力杆、扭转轴、平面弯曲梁上 K 截面的内力与 K 截面一侧杆件上外力的关系式分别为

轴力杆：$F_{NK} = K$ 截面任意一侧杆件上轴向外力的代数和。

以 K 左侧计算时，向左的外力取正号，向右的外力取负号；若以 K 右侧计算，则向右的外力取正号，向左的外力取负号。

扭转轴：$T_K = K$ 截面任意一侧杆件上外力偶矩的代数和。

以 K 左侧计算时，向上的外力偶矩取正号，向下的外力偶矩取负号；若以 K 右侧计算，则向下的外力取正号，向上的外力取负号。

表 4-1　基本变形杆件的受力特征

杆件类别	受力图	受力特征	
		杆件上的外力	横截面的内力
轴向拉压杆	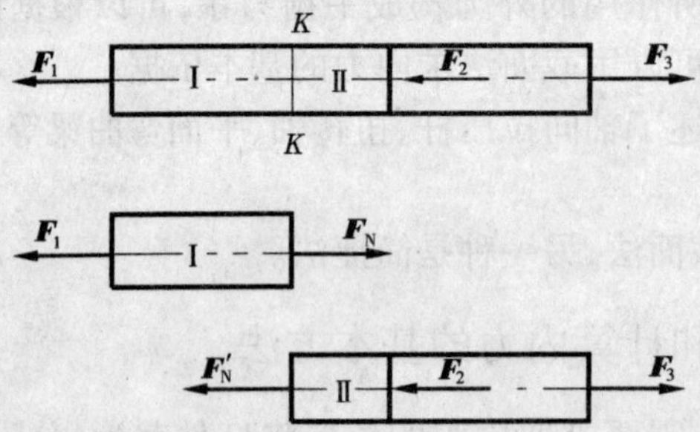	杆件上只受到作用线与杆件的轴线重合的集中力(或合力为与杆轴线重合的集中力)作用	内力是与截面垂直且过截面形心的集中力 $\boldsymbol{F}_N$，称为轴力，且以拉为正，压力为负
扭转圆轴	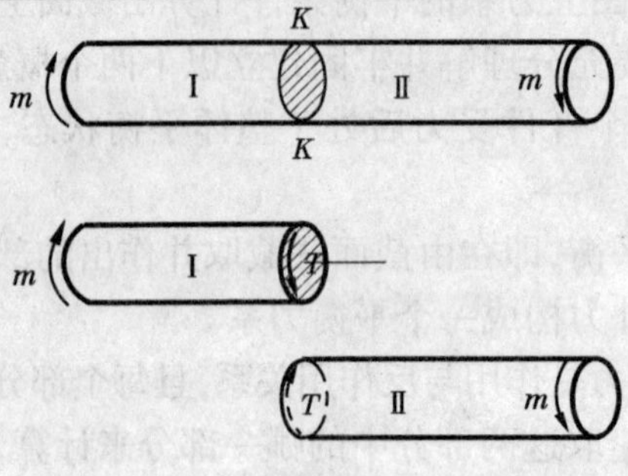	在截面两侧的杆件上只受到作用面与横截面平行的力偶作用	内力是与横截面重合且绕截面法线转动的力偶矩 T，称为扭矩，以绕截面外法线逆时针方向转动时为正，反之为负
平面弯曲梁	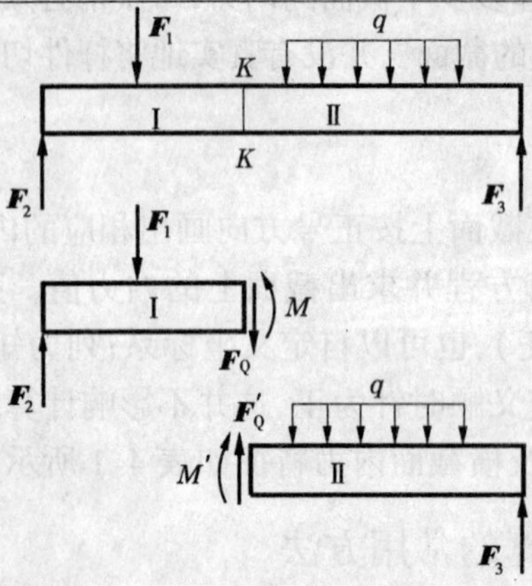	横截面两侧杆件上作用着与杆件轴线垂直的力或作用面平行于杆轴的力偶，且所有外力都作用在杆件的纵向对称平面内	一种是截面的切向力 $\boldsymbol{F}_Q$，称为剪力，以绕截面内一点顺时针转向为正；另一种是绕截面的中性轴转动的力偶矩 M，称为弯矩，以使杆件下侧纤维受拉时为正

注：表中截面上的内力均为正号方向。在用截面法求内力时，截面上的内力应设为正方向。

平面弯曲梁：$F_{QK}=K$ 截面任意一侧杆件上横向外力的代数和。

以 K 左侧计算时，向上的外力取正号，向下的外力取负号；若以 K 右侧计算，则向下的外力取正号，向上的外力取负号。

$M_K=K$ 截面任意一侧杆件上的外力对 K 截面形心(即 K 点)力矩的代数和。

以 K 左侧计算时，绕 K 顺时针转向的外力矩取正号，逆时针的外力矩取负号；若以

K 右侧计算，则绕 K 逆时针转向的外力矩取正号，顺时针转向的外力矩取负号。

【例 4-1】 分别用截面法和简捷法求图 4-1(a)所示杆件 1－1、2－2、3－3 截面上的内力。已知 $F_1=4\text{kN}, F_2=12\text{kN}, F_3=10\text{kN}$。

解：(1)求固定端 A 的约束力 $\boldsymbol{F}_A$。

由

$$\sum F_x = 0,\quad F_3 - F_2 + F_1 - F_A = 0$$

解得

$$F_A = F_1 + F_3 - F_2 = 4 + 10 - 12 = 2(\text{kN})$$

(2)用截面法计算各指定截面的内力如表 4-2 所示。

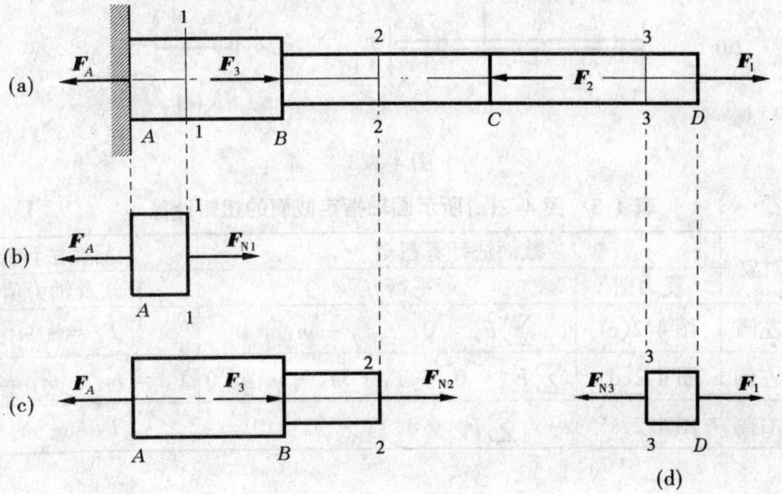

图 4-1

(3)用简捷法计算各指定截面的内力，各截面轴力的表达式及轴力的计算结果如表 4-2 所示。

表 4-2　图 4-1(a)所示直杆指定截面的轴力计算

截面	研究对象	截面法计算轴力		简捷法计算轴力
		受力图	平衡方程	算式及轴力值(kN)
1－1	1－1 左侧	图 4-1(b)	$\sum F_x = 0, F_{N1} - F_A = 0$	$F_{N1} = F_A = 2$
2－2	2－2 左侧	图 4-1(c)	$\sum F_x = 0, F_{N2} + F_3 - F_A = 0$	$F_{N2} = F_A - F_3 = -8$(压力)
3－3	3－3 右侧	图 4-1(d)	$\sum F_x = 0, F_1 - F_{N3} = 0$	$F_{N3} = F_1 = 4$

【例 4-2】 分别用截面法和简捷法计算图 4-2(a)所示圆形截面扭转轴 1－1、2－2、3－3截面的内力。

解：(1)对于扭转轴，可将外力偶以力矢量的形式表示：符合右手定则正方向的力偶向上，反之向下。为此，先将图 4-1(a)以图 4-1(b)所示的形式表示。

(2)用截面法计算各指定截面的扭矩，并列入表 4-3。

(3)用简捷法计算各指定截面的扭矩，各截面扭矩表达式及计算结果如表 4-3 所示。

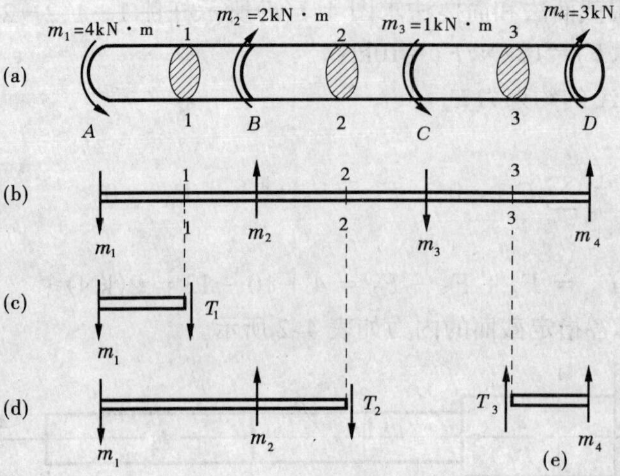

图 4-2

表 4-3　图 4-2(a)所示圆轴指定截面的扭矩计算

截面	研究对象	截面法计算扭矩		简捷法计算扭矩
		受力图	平衡方程	算式及轴力值(kN·m)
1-1	1-1 左侧	图 4-2(c)	$\sum F_y = 0,\ -T_1 - m_1 = 0$	$T_1 = -m_1 = -4$
2-2	2-2 左侧	图 4-2(d)	$\sum F_y = 0,\ -T_2 + m_2 - m_1 = 0$	$T_2 = m_2 - m_1 = 2 - 4 = -2$
3-3	3-3 右侧	图 4-2(e)	$\sum F_y = 0, T_3 + m_4 = 0$	$T_3 = -m_4 = -3$

【例 4-3】　分别用截面法和简捷法计算图 4-3(a)所示梁 1-1、2-2、3-3、4-4 截面的内力。

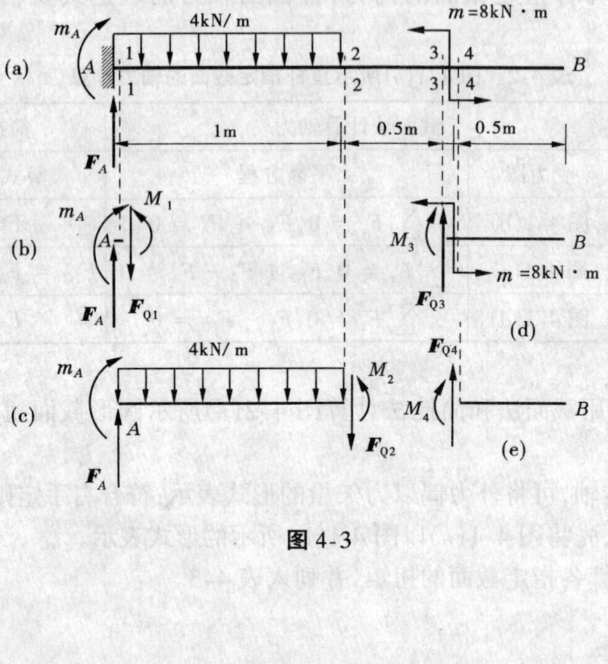

图 4-3

解:(1)在悬臂梁固定端支座 A 上画出约束力,并用平衡条件计算之。由

$$\sum F_y = 0,\quad F_A - q \times 1 = 0$$

$$\sum M_A = 0,\quad -m_A - q \times 1 \times 0.5 + m = 0$$

解得

$$F_A = q \times 1 = 4 \times 1 = 4(\text{kN})$$

$$m_A = m - q \times 1 \times 0.5 = 8 - 4 \times 1 \times 0.5 = 6(\text{kN} \cdot \text{m})$$

(2)用截面法计算各指定截面的剪力和弯矩,并列入表4-4。

表4-4 图4-3(a)所示悬臂梁指定截面的内力计算

截面	研究对象	截面法计算剪力和弯矩		简捷法计算剪力和弯矩
		受力图	平衡方程	算式及内力值 V(kN), M(kN·m)
1-1	1-1左侧	图4-3(b)	$\sum F_y = 0,\quad -F_{Q1} + F_A = 0$ $\sum M_1 = 0,\quad M_1 - m_A = 0$	$F_{Q1} = F_A = 4$ $M_1 = m_A = 6\text{kN} \cdot \text{m}$(下拉)
2-2	2-2左侧	图4-3(c)	$\sum F_y = 0,\ -F_{Q2} + F_A - q \times 1 = 0$ $\sum M_2 = 0,$ $M_2 - F_A \times 1 - m_A + q \times 1 \times 0.5 = 0$	$F_{Q2} = F_A - q \times 1 = 4 - 4 \times 1 = 0$ $M_2 = 4 \times 1 + 6 - 4 \times 1 \times 0.5$ $= 8\text{kN} \cdot \text{m}$(下拉)
3-3	3-3右侧	图4-3(d)	$\sum F_y = 0,\quad -F_{Q3} = 0$ $\sum M_3 = 0,\quad -M_3 + m = 0$	$F_{Q3} = 0$ $M_3 = m = 8\text{kN} \cdot \text{m}$(下拉)
4-4	4-4右侧	图4-3(e)	$\sum F_y = 0,\quad F_{Q4} = 0$ $\sum M_4 = 0,\quad M_4 = 0$	$F_{Q4} = 0$ $M_4 = 0$

4.2.4 杆件的内力图

内力图是反映杆件截面内力变化规律的函数图形。绘制内力图的常见方法有以下三种。

(1)函数法:根据截面内力与截面位置变量 x 间函数关系的表达式——内力方程来绘制内力图的方法。这是绘制内力图的基本方法,此方法概念清楚,表达明确。

(2)简捷法:用简捷法计算控制截面的内力值,由内力与荷载集度间的微分关系确定图线形状的绘制方法。这是一种绘制内力图的实用方法,此方法方便快捷,运用灵活。

(3)叠加法:根据叠加原理绘制内力图的方法。用此法作杆件的内力图时,必须对单一荷载作用下杆件的内力图形状及特征值非常熟悉,否则不便用此法作图。

4.2.4.1　函数法作内力图

函数法，就是根据杆件截面内力与截面位置坐标 x 之间的函数关系式——内力方程来绘制内力图的方法。轴力杆、扭转轴、平面弯曲梁的内力方程形式分别为

轴力杆 $F_N = F_N(x)$

扭转轴 $T = T(x)$

平面弯曲梁 $F_Q = F_Q(x), M = M(x)$

以上各式表明，截面上的内力是截面位置变量 x 的函数。

用函数法绘制内力图的步骤是：

(1)求出杆件的约束力。

(2)建立坐标系，用前述计算截面内力值的简捷法列出各杆段任意截面的内力方程并注明自变量 x 的定义域。实际应用中，一般采用默认坐标系：以杆件的左端为原点，x 轴向右为正(竖杆以上端为原点，x 向下为正)。

(3)根据内力方程，计算出各杆段两端截面的内力值。

(4)按规定画出相应内力图的坐标系，由已知的内力值及内力方程所表达的函数图形特征(常数为水平线，一次函数为斜直线，二次函数为抛物线等)，按同一比例分别画出各杆段的内力图形。在内力图中，除应注明各控制截面的内力值及其单位，其中 F_N、T、F_Q 图内还应标出正负号，还应在图包围的区域内均匀地画出与杆件轴线平行的内力竖标线(细实线)。

在达到一定的熟练程度后，第(3)、(4)两步可以合并。

【例 4-4】　用函数法绘制图 4-4(a)所示轴力杆的轴力图。

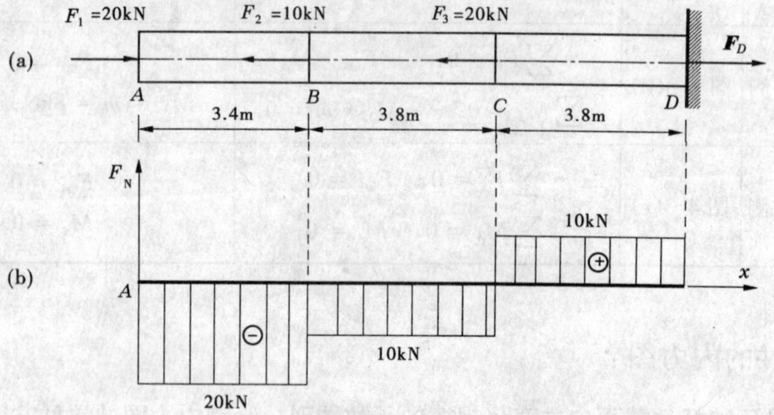

图 4-4

解：(1)图 4-4(a)所示轴力杆的右端为固定端，设其约束力为如图所示的 $\boldsymbol{F}_D$，计算杆件的支座约束力(对于一端固定另一端自由的臂杆，也可以不求约束力)。

由

$$\sum F_x = 0,\quad F_D + F_1 - F_2 - F_3 = 0$$

解得

$$F_D = 10\text{kN}$$

(2)列各段杆件在默认坐标系下的轴力方程。此杆被外力分为三个杆段,这三段的轴力方程分别为:

AB 段　$F_N(x) = -F_1 = -20\text{kN}$　$(0 < x < 3.4\text{m})$

BC 段　$F_N(x) = -F_1 + F_2 = -10\text{kN}$　$(3.4\text{m} < x < 7.2\text{m})$

CD 段　$F_N(x) = F_D = 10\text{kN}$　$(7.2\text{m} < x < 11.0\text{m})$

(3)建立轴力图坐标系并作轴力图。由方程可见,各杆段的内力均为常数,故各段的轴力图线均为水平直线,轴力图由三个矩形组成,如图 4-4(b)所示。

【例 4-5】 用函数法作图 4-5(a)所示传动轴 $ABCD$ 的内力图。已知轴的转速 $n = 300\text{r/min}$,B 轮的输入功率 $P_B = 40\text{kW}$,A、C、D 轮的输出功率分别为 $P_A = 15\text{kW}$,$P_C = 15\text{kW}$,$P_D = 10\text{kW}$。

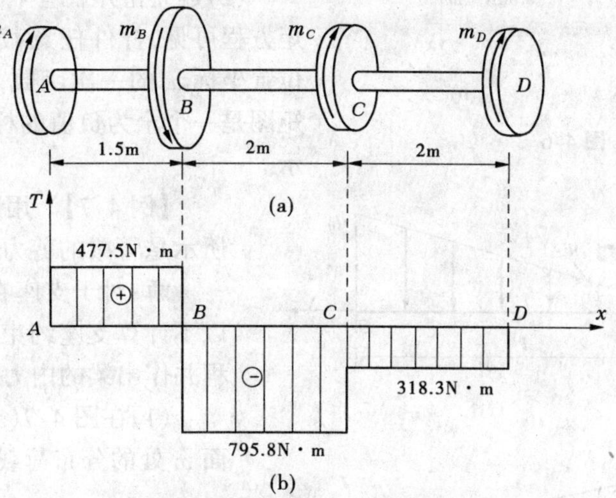

图 4-5

解:作图 4-5(a)所示传动轴的扭矩图之前,应先计算各传动轮给传动轴施加的外力偶矩,再列出各轴段的扭矩方程,而后作出扭矩图。

(1)各传动轮上的外力偶矩分别为

$$m_A = 9\,550\,\frac{P_A}{n} = \frac{9\,550}{300} \times 15 = 31.83 \times 15 = 477.5(\text{N}\cdot\text{m})$$

$$m_B = 9\,550\,\frac{P_B}{n} = \frac{9\,550}{300} \times 40 = 31.83 \times 40 = 1\,273.3(\text{N}\cdot\text{m})$$

$$m_C = 9\,550\,\frac{P_C}{n} = \frac{9\,550}{300} \times 15 = 31.83 \times 15 = 477.5(\text{N}\cdot\text{m})$$

$$m_D = 9\,550\,\frac{P_D}{n} = \frac{9\,550}{300} \times 10 = 31.83 \times 10 = 318.3(\text{N}\cdot\text{m})$$

(2)在默认坐标系下列各轴段的扭矩方程:

AB 段　$T(x) = m_A = 477.5\text{N}\cdot\text{m}$　$(0 < x < 1.5)$

BC 段　　$T(x)=m_A-m_B=477.5-1\ 273.3=-795.8(\text{N}\cdot\text{m})\quad(1.5<x<3.5)$

CD 段　　$T(x)=-m_D=-318.3\text{N}\cdot\text{m}\quad(3.5<x<5.5)$

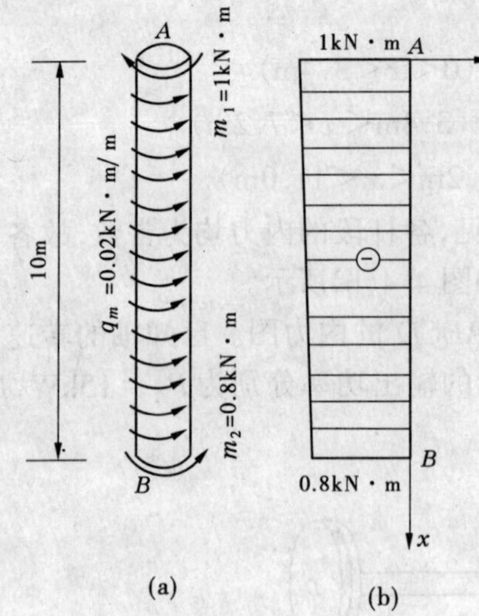

图 4-6

(3)建立扭矩图坐标系，作扭矩图。由各轴段的扭矩方程可见，每个轴段上各截面的扭矩均为常数，因此该传动轴的扭矩图系由三个矩形构成，如图 4-5(b)所示。

【例 4-6】 用函数法作图 4-6(a)所示某地质钻探中 *AB* 钻杆的扭矩图。

解:(1)以 *A* 端为原点，x 坐标竖直向下为正，列扭矩方程：

$$T(x)=-1+q_m x=0.02x-1\quad(0<x<10)$$

(2)建立扭矩图坐标系作扭矩图。由扭矩方程可见，杆件任意截面上的扭矩是截面位置坐标 x 的一次函数，因此该段钻杆的扭矩图是一个全为负值的梯形，如图 4-6(b)所示。

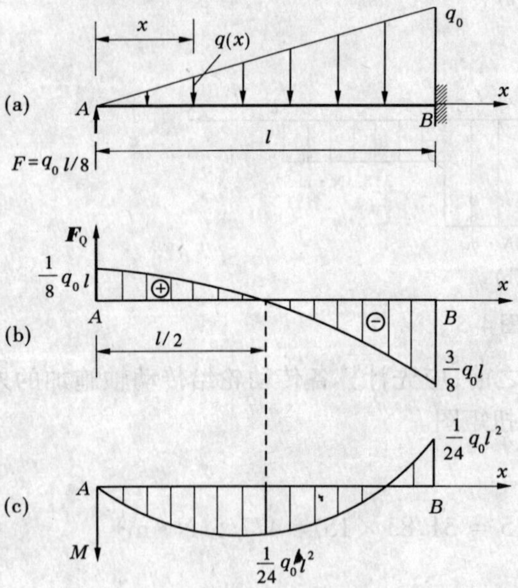

图 4-7

【例 4-7】 用函数法作图 4-7(a)所示悬臂梁的剪力图和弯矩图。

解:对于支座在右端的悬臂梁，可以不计算支座约束力而直接列内力方程并作出梁的内力图。

(1)在图 4-7(a)所示坐标系下，截面 x 处的分布荷载集度为

$$q(x)=\frac{x}{l}q_0$$

剪力方程为

$$F_Q(x)=F-\frac{q(x)}{2}\cdot x$$

$$=\frac{q_0 l}{8}-\frac{q_0}{2l}x^2\quad(0<x<l)$$

弯矩方程为

$$M(x)=F\cdot x-\frac{q(x)}{2}\cdot x\cdot\frac{x}{3}$$

$$=\frac{q_0 l}{8}x-\frac{q_0}{6l}x^3\quad(0\leqslant x<l)$$

(2)建立剪力图坐标系，由剪力方程作剪力图。由于剪力方程为二次函数，故剪力图为二次抛物线。画出此二次曲线，至少需确定三个截面的剪力值，即确定曲线上的三个点的坐标。将 $x=0$、$x=l/2$、$x=l$ 分别代入剪力方程，得到 *A*、*B* 端截面和跨中截面($x=$

$l/2$ 的截面)的剪力值分别为

当 $x=0$ 时，

$$F_Q(x) = F_{QAB} = F$$

当 $x=l/2$ 时，

$$F_Q(x) = F_{QAB}^{中} = \frac{q_0 l}{8} - \frac{q_0}{2l}\left(\frac{l}{2}\right)^2 = 0$$

当 $x=l$ 时，

$$F_Q(x) = F_{QBA} = \frac{q_0 l}{8} - \frac{q_0}{2l}l^2 = -\frac{3q_0 l}{8}$$

由此作出剪力图如图 4-7(b)所示。

(3)建立弯矩图坐标系，由弯矩方程作弯矩图。由于弯矩方程为三次函数，故弯矩图为三次抛物线。画出此三次曲线，同样至少需确定三个截面的弯矩值，即确定曲线上的三个点的坐标。将 $x=0$、$x=l/2$、$x=l$ 分别代入剪力方程，得到 A、B 端截面和跨中截面($x=l/2$ 的截面)的弯矩值分别为

当 $x=0$ 时，

$$M(x) = M_{AB} = 0$$

当 $x=l/2$ 时，

$$M(x) = M_{AB}^{中} = \frac{q_0 l}{8}\cdot\frac{l}{2} - \frac{q_0}{6l}\left(\frac{l}{2}\right)^3 = \frac{q_0 l^2}{24}(下拉)$$

当 $x=l$ 时，

$$M(x) = M_{BA} = \frac{q_0 l}{8}\cdot l - \frac{q_0}{6l}\cdot l^3 = -\frac{q_0 l^2}{24}(上拉)$$

由此作出弯矩图如图 4-7(c)所示。

4.2.4.2　用简捷法作杆件的内力图

用简捷法作杆件的内力图时，控制截面的内力值容易算得，而各杆段的内力图线形需要由微分关系确定。这里不再复述如何求控制截面内力值的问题，只对微分关系及其应用问题作进一步的讨论。

教材中在讨论杆件内力与荷载之间微分关系时，是以平面弯曲梁为研究对象的，所得到的弯矩、剪力与荷载集度 q 三者间的关系为

$$\frac{dF_Q(x)}{dx} = q(x),\quad \frac{dM(x)}{dx} = F_Q(x),\quad \frac{dM^2(x)}{dx^2} = q(x) \tag{4-1}$$

事实上，轴力杆和扭转杆件的内力与荷载集度间也存在这种关系：

$$\frac{dF_N(x)}{dx} = q_w(x) \tag{4-2}$$

$$\frac{dT(x)}{dx} = q_m(x) \tag{4-3}$$

式(4-2)中，$q_w(x)$为轴力杆沿杆长分布的轴向分布荷载(且以拉为正)，式(4-3)中，$q_m(x)$为沿扭转轴长度分布的扭转分布力偶，例如图 4-8 所示。

通过对式(4-1)～式(4-3)所表述的内力与荷载集度之间的微分关系进行分析，可以

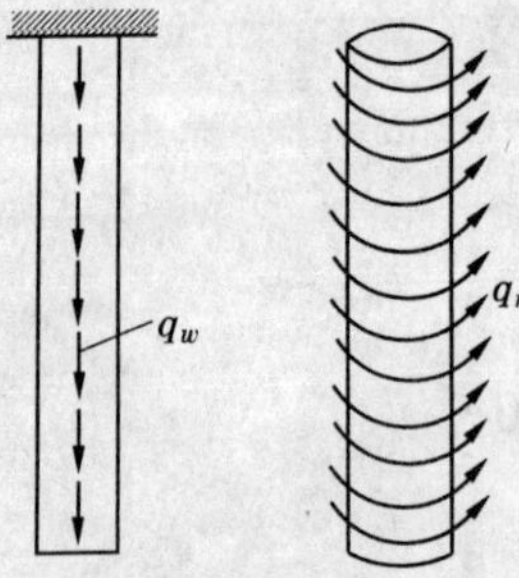

图 4-8

得到表 4-5 所示内力图线形特征。

用简捷法作杆件的内力图时，要注意以下三个方面的问题：

(1)为配合表 4-5，须选择从左向右的顺序依次画各杆段的内力图。

(2)作图时可以不画出内力图坐标系，但必须画出与杆件同长度且截面对应的一条直线作为画图的基准线，图的竖标由零开始到零结束，即所画出的内力图线与基准线围成完全封闭的几何图形。

表 4-5　杆段上荷载与内力图线形间的对应关系

荷载 / 内力图	分布荷载 q 作用段		无荷载作用段		集中力作用截面		集中力偶作用截面	
	q↑	q↓			$\boldsymbol{F}$↑	$\boldsymbol{F}$↓	m↷	m↶
F_Q 图			⊕	⊖	向上 F	F 向下	无影响	无影响
M 图	或	或					m 向下	向上 m
T 图	当 q_m↑	当 q_m↓	与轴线平行	与轴线平行	……	……	当 m↑ 向上 m	当 m↓ m 向下
F_N 图	当←q_w	当→q_w	与轴线平行	与轴线平行	当←$\boldsymbol{F}$ 向上 F	当→$\boldsymbol{F}$ F 向下	……	……

注：q_m 表示作用于扭转轴上的分布力偶，m、q_m ↑表示绕轴的左端逆时针方向转动；q_w 表示作用于轴力杆沿杆轴的分布荷载，$\boldsymbol{F}$、q_w 均以向左(使截面产生拉力)时为正；集中力和力偶作用截面的内力图突变方向是以从左向右的作图顺序画出的。

(3)受分布荷载作用梁段内的弯矩图是曲线。在受分布荷载作用梁段，除计算两端截面的弯矩值外，还须算出"**第三个截面**"的弯矩值，方能画出该段的弯矩图。这第三个截面一般选择弯矩极值的所在截面(即该段内剪力等于零的截面)。当然也可以选择中间截面。弯矩极值出现的截面位置 x 由式(4-4)确定，令分布荷载作用段内剪力最大值为 F_{Qmax}，F_{Qmax}所在截面至 $F_Q=0$ 的截面间的距离为 x，则根据 F_Q 与 q 的积分关系有

$$x = \frac{F_{Qmax}}{q} \tag{4-4}$$

【例 4-8】　用简捷法作图 4-9(a)所示轴力杆的轴力图。

解：用简捷法作轴力杆的轴力图时，除分布荷载作用段的末截面需要计算一个轴力值外，其他截面的轴力值根本用不着计算。此例中轴力图的作图全过程如下：

(1)作一与杆件同长度且两端对齐的直线 $ABCD$，取一作图的比例尺，如 10mm:10kN；

(2)从 A 点出发($N=0$)开始画轴力图。

因 $F_1=10\text{kN}$ 且向左,轴力应向上突变 10kN。则自 A 点向上画一段长度等于 10mm(代表 10kN)的直线至 a 点(该点的轴力值为 10kN),此为第一个轴力突变截面。

AB 段内无分布力作用,自 a 点始画水平线段至 B 截面处的 b 点。

因 B 截面处作用有向右的集中力 $\boldsymbol{F}_2$,轴力图在此处应向下突变 5kN。故自 b 点向下画一段长度等于 5mm(代表 $F_2=5\text{kN}$)的铅直线段至 c 点(该点的轴力值为 5kN),此为第二个轴力突变截面。

BC 段内无分布荷载作用,自 c 点始画水平线段至 C 截面处的 d 点。

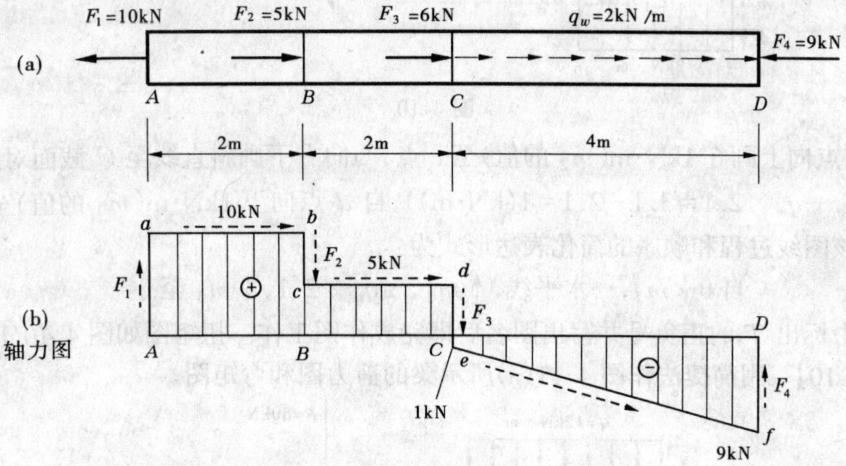

图 4-9

因 C 截面处作用有向右的集中力 $\boldsymbol{F}_3$,轴力图在此截面上应向下突变 6kN。故自 d 点向下画一段长度等于 6mm(代表 $F_3=6\text{kN}$)的铅直线段至 e 点(该点的轴力值为 -1kN),此为第三个轴力突变截面。

CD 段有向右的分布荷载作用,段内右端截面(即 D 左截面)的轴力值为 $-1-q_w\times4=-9\text{kN}$,自 e 点画一向右下方向的斜直线至 f 点(该点的轴力为 -9kN)。

自 f 点向上画铅直线至 D 点(这段直线的长度恰好等于作用于 D 截面处集中力 $\boldsymbol{F}_4$ 的大小,因 $\boldsymbol{F}_4$ 向左,故向上突变),这是第四个轴力突变的截面。D 点的轴力为零。

画出该图线过程和顺序的简化表达形式为:

自 0 $\uparrow F_1$,→水平线,$\downarrow F_2$,→水平线,$\downarrow F_3$,$\searrow q_w\times4$,$\uparrow F_4$ 至 0。

在各段的控制截面上标出轴力值及其单位,在图内标出轴力的正负号,画上图名。至此作图结束。轴力图如图 4-9(b)所示。

整个轴力图线的画出顺序如图 4-9(b)虚线箭头所指,箭头作提示之用,读者画图时不要画出这些箭头。

【例 4-9】 用简捷法绘制图 4-10(a)所示圆形截面扭转轴的扭矩图。

解:依照例 4-8,先画出扭矩图基线 $ABCD$,选择画扭矩图的比例,再从 A 点开始画图。

自 A 点 $\downarrow 3\text{kN}\cdot\text{m}$($m_1$ 的值)至 a 点,→自 a 点向右画水平线至 B 截面对应位置 b

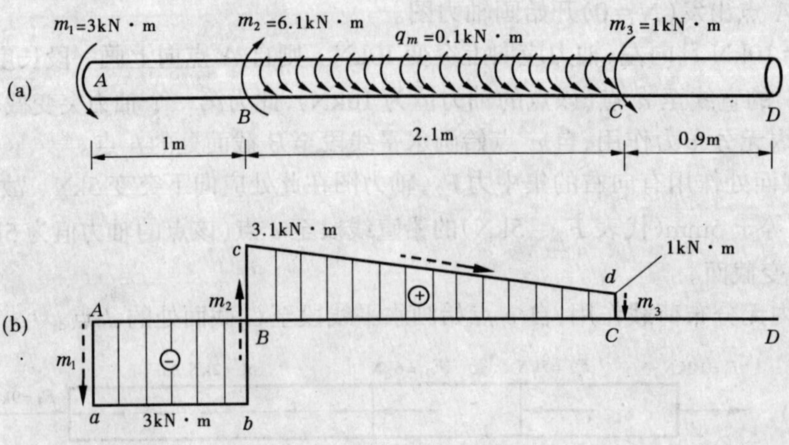

图 4-10

点，↑自 b 点向上画 6.1kN·m(m_2 的值)至 c 点，↘向右下画斜直线至 C 截面对应位置 d 点($T_d=T_c-q_m\times2.1=3.1-2.1=1$(kN·m))，自 d 点向下 1kN·m(m_3 的值)至 C 点。

画出该图线过程和顺序的简化表达形式为：

自 0↓m_1，→水平线，↑m_2，↘$q_m\times2.1$，↓m_3 至 0。

在图中标出 T 的正负号并写出图名后即完成作图工作。扭矩图如图 4-10(b)所示。

【例 4-10】 用简捷法作图 4-11(a)所示梁的剪力图和弯矩图。

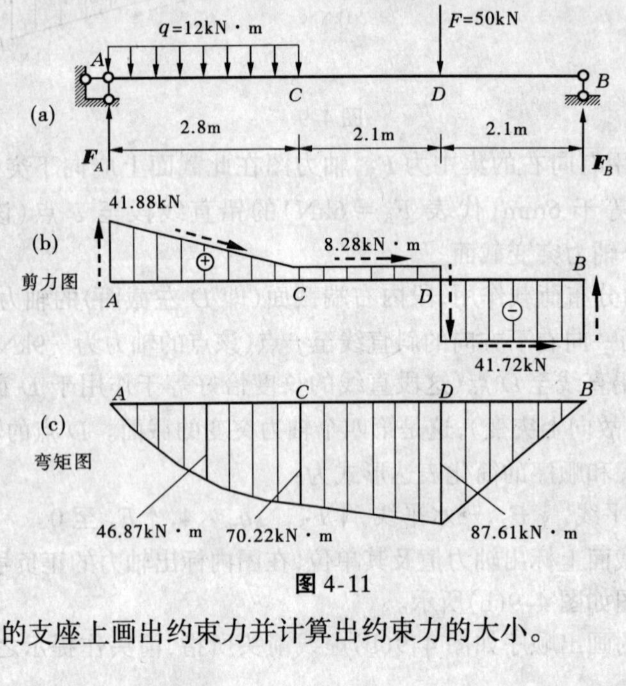

图 4-11

解：(1)在梁的支座上画出约束力并计算出约束力的大小。

由

$$\sum M_A=0,\quad F_B\times7-\frac{q\times2.8^2}{2}-F\times4.9=0$$

解得

$$F_B = \frac{1}{7}\left(\frac{12 \times 2.8^2}{2} + 50 \times 4.9\right) = 41.72(\text{kN})$$

由

$$\sum F_y = 0,\quad F_A + F_B - q \times 2.8 - F = 0$$

解得

$$F_A = 12 \times 2.8 + 50 - 41.72 = 41.88(\text{kN})$$

(2)画出剪力图基线取比例尺并作剪力图如图 4-11(b)。作图依据见表 4-6。

(3)画出弯矩图基线取比例尺并作弯矩图如图 4-11(c)。作图依据见表 4-6。其中受分布荷载作用的 AC 杆段的中点弯矩为

$$M_{AC}^{中} = F_A \times 1.4 - \frac{q}{2}\left(\frac{2.8}{2}\right)^2 = 46.87(\text{kN} \cdot \text{m})$$

表 4-6　图 4-11(a)所示结构内力图特征一览表

杆件内力的控制截面位置		剪力图：简捷法计算剪力值 F_Q (kN)	剪力图：突变值	剪力图：突变方向	剪力图：杆段剪力图线形状	弯矩图：弯矩值 (kN · m)	弯矩图：突变值	弯矩图：杆段弯矩图线形状
A	左	≡0	F_A	↑		≡0	无	
	右	$=F_A$=41.88				$F_A\times 0=0$		
					下斜			下凹
C	左	$=F_A-q\times 2.8$=8.28	无	无		$=F_A\times 2.8-q\times 2.8\times 1.4$ =70.22	无	
	右	$=F_A-q\times 2.8$=8.28				$=F_A\times 2.8-q\times 2.8\times 1.4$ =70.22		
					⊕			下斜
D	左	$=F_A-q\times 2.8$=8.28 (或=50$-F_B$=8.28)	F	↓		$=F_B\times 2.1$=87.61	无	
	右	$=-F_B$=−41.72				$=F_B\times 2.1$=87.61		
					⊖			上斜
B	左	$=-F_B$=−41.72	F_B	↑		$F_B\times 0=0$	无	
	右	≡0				≡0		

【例 4-11】　用简捷法作图 4-12(a)所示梁的剪力图和弯矩图。

解:(1)在梁的支座上画出约束力并计算出约束力的大小。

由

$$\sum M_A = 0,\quad F_B \times 8 + m - F \times 10 - q \times 4 \times 6 = 0$$

解得

$$F_B = 13\text{kN}$$

由

$$\sum F_y = 0,\quad F_A + F_B - F - q \times 4 = 0$$

解得

$$F_A = 5\text{kN}$$

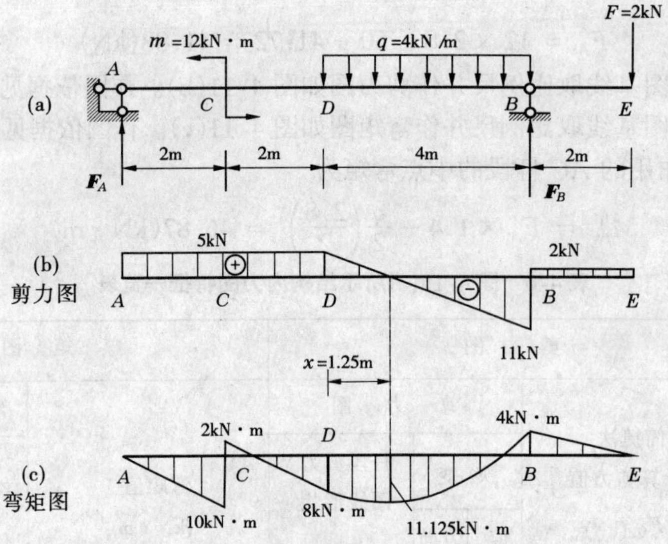

图 4-12

(2)画出剪力图基线取比例尺并作剪力图。作图依据见表 4-7,剪力图见图 4-12(b)。

表 4-7　图 4-12(a)所示结构内力图特征一览表

杆件内力的控制截面位置		剪力图：简捷法计算剪力值 F_Q(kN)	剪力图：突变值	剪力图：突变方向	剪力图：杆段剪力图线形状	弯矩图：简捷法计算弯矩值 M(kN·m)	弯矩图：突变值	弯矩图：突变方向	弯矩图：杆段弯矩图线形状
A	左	≡0	F_A	↑		≡0	无	无	
	右	$=F_A=5$			⊕	$=F_A\times0=0$			下斜
C	左	$=F_A=5$	无	无		$=F_A\times2=10$	m	↑	
	右	$=F_A=5$			⊕	$=F_A\times2-m=-2$			下斜
D	左	$=F_A=5$	无	无		$=F_A\times4-m=8$	无	无	
	右	$=F_A=5$			下斜	$=F_A\times4-m=8$			下凹
B	左	$=F_A-4\times q=-11$	F_B	↑		$=F_A\times8-m-q\times4\times2=-4$(或$=-F\times2=-4$)	无	无	
	右	$=-11+13=2$(或$=F=2$)			⊕	$=F_A\times8-m-q\times4\times2=-4$(或$=-F\times2=-4$)			下斜
E	左	$=-11+13=2$(或$=F=2$)	F	↓		$-F\times0=0$	无	无	
	右	≡0				≡0			

(3)画出弯矩图基线取比例尺并作弯矩图。作图依据见表 4-7,弯矩图见图 4-12(c)。

表中受分布荷载作用的 DB 杆段内的弯矩极值点位置 x 和弯矩极值分别为

$$x = 5/4 = 1.25(\mathrm{m})$$

$$M = F_A \times (4 + x) - m - \frac{q}{2}x^2 = 5 \times 5.25 - 12 - 2 \times 1.25^2 = 11.125(\mathrm{kN \cdot m})$$

对于梁的剪力图,其绘制过程和顺序也可以图中虚线箭头方向直接绘制出来。请读者依照作轴力图和扭矩图的过程和顺序简化表达形式,写出例 4-10、例 4-11 中剪力图作图过程和顺序的简化表达形式。

简捷法绘制梁的弯矩图,除利用以上介绍的微分法关系外,也可以用积分关系计算控制截面的弯矩值,每个梁段弯矩图图线形状均要由表 4-6 来确定。积分关系求弯矩是以剪力图及梁上作用的力偶为弯矩计算依据的。下面简要说明控制截面弯矩值的计算公式(4-5)的意义及用法。

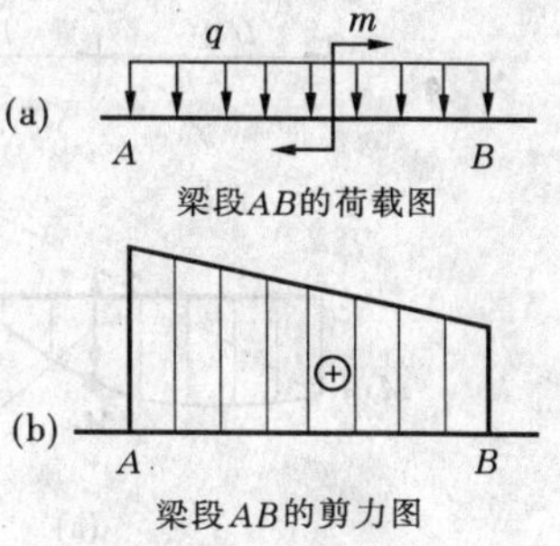

图 4-13

设图 4-13(a)梁段 AB 上受分布力和力偶共同作用时的剪力图如图 4-13(b)所示。则 B 截面上的弯矩为

$$M_B = M_A + \omega_{AB} + m \qquad (4\text{-}5)$$

式中,M_A、M_B 分别为 AB 杆段 A、B 截面上的弯矩值,以梁段下侧纤维受拉时取正号;ω_{AB} 为 AB 杆段的剪力图面积,其正负号与剪力相同;m 为 AB 杆段内作用的外力偶矩,以顺时针方向为正。

例如图 4-12(a)所示梁的剪力图为图 4-12(b)所示,则由式(4-5)计算各截面的弯矩值分别为

$$M_{AC} = 0, \quad M_{CA} = 5 \times 2 = 10(\mathrm{kN \cdot m})$$

$$M_{CD} = 10 - m = 10 - 12 = -2(\mathrm{kN \cdot m}), \quad M_{DC} = -2 + 5 \times 2 = 8(\mathrm{kN \cdot m})$$

$$M_{极} = 8 + 0.5 \times 5 \times 1.25 = 11.125(\mathrm{kN \cdot m})$$

$$M_B = 11.125 - \frac{1}{2} \times 2.75 \times 11 = 4(\mathrm{kN \cdot m}), \quad M_E = -2 + 1 \times 2 = 0$$

4.2.4.3　叠加法作梁段的弯矩图

叠加法有两种,一种是用“先分后合”的办法作单跨梁的整体弯矩图,另一种是只用于确定分布荷载或集中荷载作用梁段内的“第三截面”弯矩。这后一种方法称为**区段叠加法**。这里仅就区段叠加法的应用再作一点说明。

区段叠加法的原理仍然是叠加原理,它是将一个两端具有弯矩的梁段作为两端受与弯矩同向等值的力偶作用的“简支梁”看待,则此段梁的弯矩图是由这“简支梁”的力偶弯矩图叠加上该段上作用的单一荷载的弯矩图而形成。

对于受分布荷载和中间截面受集中力作用的梁段,其中间截面 C 的弯矩计算(叠加公式)分别为:

当如图 4-14(a)所示杆段内受均布荷载作用时

$$M_C = \frac{ql^2}{8} + \frac{1}{2}(M_{AB} + M_{BA}) \qquad (4\text{-}6)$$

当如图 4-14(b)所示杆段中间受集中荷载作用时

$$M_C = \frac{Fl}{4} + \frac{1}{2}(M_{AB} + M_{BA}) \tag{4-7}$$

式(4-6)、式(4-7)中，荷载方向向下为正，M_{AB}、M_{BA} 在基线下侧时为正(图 4-14 中 M_{BA} 为负值)。

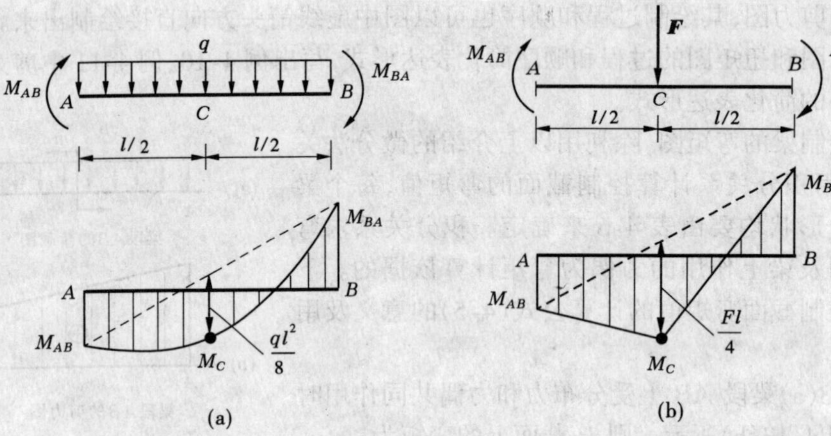

图 4-14

从理论上讲，当集中荷载偏离中间截面或杆段中受力偶作用时，也可以用区段叠加法作弯矩图，但实际应用时并不方便。因此用区段叠加法作弯矩图，适合于杆段内只受均布荷载和中间截面受集中荷载作用的两种情况。

【例 4-12】 用区段叠加法作图 4-15(a)所示梁的弯矩图。

解:对于图 4-15(a)所示梁，DA 段的弯矩图可由外力偶直接作出，受分布荷载和跨中受集中荷载作用的 AB 段中 B 截面弯矩等于零，故可在不求约束力的情况下计算 C 截面的弯矩值，并画出 AB 段的弯矩图如图 4-15(b)所示。其中 C 截面弯矩为

$$M_C = \frac{ql^2}{8} + \frac{Fl}{4} - \frac{1}{2}m = \frac{2 \times 8^2}{8} + \frac{18 \times 8}{4} - \frac{6}{2} = 49(\text{kN} \cdot \text{m})$$

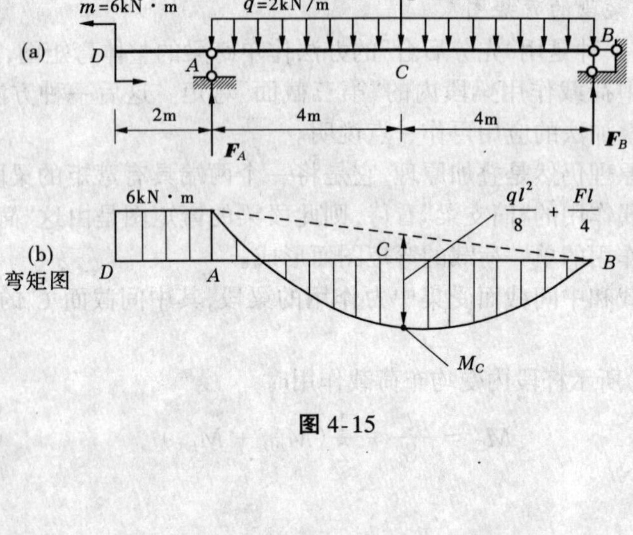

图 4-15

4.2.5　影响线的概念

影响线中的量值，是某指定支座的约束力、某截面的内力或位移。

当单位荷载 $F=1$ 在梁上移动时，表示某量值变化规律的图形，称为该量值的影响线。影响线是研究移动荷载作用效应的基本工具。

单位荷载 $F=1$ 是无量纲的单位力，而把力的量纲放在实际荷载中，故

$$\text{某量值影响线的量纲} = \frac{\text{该量值的量纲}}{\text{力的量纲}}$$

例如，梁的支座约束力和剪力影响线的纵坐标是无量纲的无名数，而弯矩影响线纵坐标的量纲是[长度]。

弯矩影响线与弯矩图是截然不同的两个概念。可用表 4-8 来说明二者之间的区别。

表 4-8　弯矩影响线与弯矩图的区别

名称	荷载	截面	横坐标	纵坐标
弯矩影响线	$F=1$ 的移动荷载	某一指定截面	$F=1$ 的位置	$F=1$ 移动到该位置时，指定截面的弯矩值
弯矩图	大小、位置固定的荷载	各个截面	截面位置	固定荷载作用下，该截面的弯矩值

4.2.6　影响线的绘制

静定梁影响线的绘制方法有两种：一是以静力平衡条件为依据的静力法。用静力法绘制影响线时，取坐标原点并以自变量 x(横坐标)表示 $F=1$ 的作用位置，由静力平衡方程将该量值表示为 x 的函数(即影响线方程)，再由影响线函数绘出的图线即为影响线。二是以虚功原理为依据的机动法。用机动法绘制影响线时，先去掉与量值相应的约束，变结构为机构，使机构在该量值的正方向上产生单位虚位移所得的虚位移图即为所求量值的影响线。静定结构的支座约束力、内力影响线是直线或折线。静定单跨梁影响线的具体做法在教材中已作详细讲述，这里仅对静定多跨梁影响线的绘制方法作简单介绍。

对于静定多跨梁，先要分清梁的基本部分和附属部分。由于这其中的每一部分都是单跨静定梁，故可利用已知的单跨梁影响线的绘制方法作出多跨梁的影响线。其具体过程是(见图 4-16)：

(1)绘出位于附属部分范围内某量值的影响线。

当单位移动荷载 $F=1$ 在附属部分范围内移动时，按相应静定单跨梁影响线的绘制方法给出它的影响线；当单位移动荷载 $F=1$ 不在此附属部分(或移出此附属部分时)，则影响线的纵标为零。

(2)绘出位于基本部分范围内某量值的影响线。

先按相应静定单跨梁影响线的绘制方法作出单位移动荷载 $F=1$ 在该基本部分范围内移动时的影响线，当 $F=1$ 在其附属部分范围移动时，则先找出两个控制截面的纵标距，再用直线连接。计算控制截面纵标距的控制点一般先在支座处或该基本部分与附属

部分的连接点(铰结点)处,故此控制截面的纵标距易于求得。

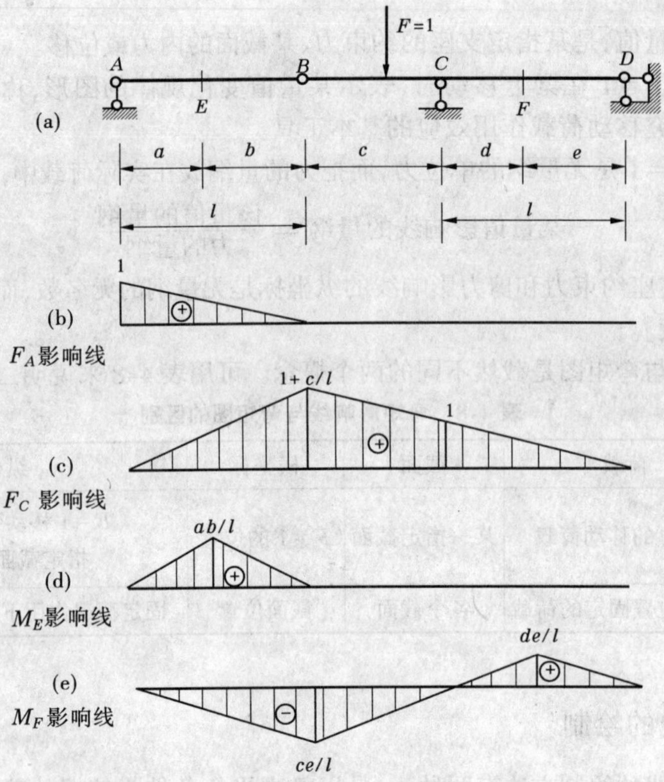

图 4-16　静定多跨梁影响线示例

4.2.7　求固定荷载作用下某量值的影响量

固定荷载作用下梁中某量值的计算公式为

$$S = \sum_{i=1}^{n} F_i y_i + \sum_{i=1}^{n} q_i \omega_i$$

式中,y_i 为集中荷载 $\boldsymbol{F}_i$ 的影响线纵坐标;ω_i 为均布荷载范围内影响线图的面积。

当一组平行力作用在影响线的同一直线段上时,这组力所产生的影响量等于其合力 $\boldsymbol{F}_{\mathrm{R}}$ 所产生的影响量,即

$$S = \sum_{i=1}^{n} F_i y_i = F_{\mathrm{R}} y_0$$

式中,y_0 为与合力 $\boldsymbol{F}_{\mathrm{R}}$ 相对应的影响线纵坐标。

4.2.8　荷载的最不利作用位置及最大量值 $S_{\max}$

下面仅对三角形影响线确定移动荷载的最不利位置及最大量值 $S_{\max}$ 作一介绍。

(1)对于单个移动的集中荷载,最不利位置是该荷载作用在影响线最大纵坐标 $y_{\max}$ 处,此时 $S_{\max} = F y_{\max}$。

(2)对于一组移动的集中荷载,可将较密集的荷载群中可能产生 S_{max} 的若干个荷载作为临界荷载 $\boldsymbol{F}_K$ 逐个作用在三角形影响线的顶点上,验算是否满足判别式

$$\frac{F_{R左}+F_K}{a} \geqslant \frac{F_{R右}}{b}$$

$$\frac{F_{R左}}{a} \leqslant \frac{F_{R右}+F_K}{b}$$

由上式可知,临界荷载 $\boldsymbol{F}_K$ 放在哪一边,哪边单位长度上的荷载就大。对满足判别式的,可由判别式求出相应的 S 值。当荷载有反向移动的可能时,还应算出反向移动时 S 的极值。最后,将所有各极值 S 进行比较,找出 S_{max}。

4.2.9　内力包络图及其绘制方法

将每跨梁分为若干等份,绘出各截面指定量值的影响线,计算该量值在各截面上的 S_{max}、S_{min} 值,将各截面的 S_{max} 值连成一条 S_{max} 曲线,各截面的 S_{min} 值连成一条 S_{min} 曲线,由这两条曲线所围成的图形称为该量值 S 的包络图。

4.2.10　简支梁的绝对最大弯矩的计算

简支梁的绝对最大弯矩是简支梁在移动荷载作用时所产生弯矩的最大值,产生绝对最大弯矩值的截面对称于梁的中点,且该截面到梁中点的距离为移动荷载 $\boldsymbol{F}_R$ 合力与临界荷载 $\boldsymbol{F}_K$ 之间距离的1/2。计算简支梁绝对最大弯矩的步骤是:

(1)按临界荷载的差别式确定使梁中点截面出现最大弯矩的临界荷载 $\boldsymbol{F}_K$,并将 $\boldsymbol{F}_K$ 与梁上全部移动荷载的合力 $\boldsymbol{F}_R$($\boldsymbol{F}_R$ 中包含 $\boldsymbol{F}_K$)对称地作用于梁中点的两侧,由此得到荷载的最不利位置。

(2)计算 $\boldsymbol{F}_K$ 作用截面上的弯矩 M_K 和 $\boldsymbol{F}_K$ 与 $\boldsymbol{F}_R$ 之间的距离 a。

(3)由下式计算梁的绝对最大弯矩值:

$$M_{max}=\frac{F_R}{4l}(l-a)^2-M_K$$

用上式计算梁的绝对最大弯矩时注意两点:

第一,M_K 是 $\boldsymbol{F}_K$ 作用点以左梁段上实际移动荷载对 $\boldsymbol{F}_K$ 作用截面之力矩的代数和。

第二,F_R 是梁上实有移动荷载合力 $\boldsymbol{F}_R$ 的大小。当荷载组作整体移动时,有些荷载可能来到梁上或离开梁的范围,这时应重新计算 F_R 和 a,比较各个临界荷载作用点处的最大弯矩,其中最大的一个,才是绝对最大弯矩。

4.3　习题答案及选解

4.3.1　习题答案

4-1　各轴力杆的轴力图分别如图4-17所示。

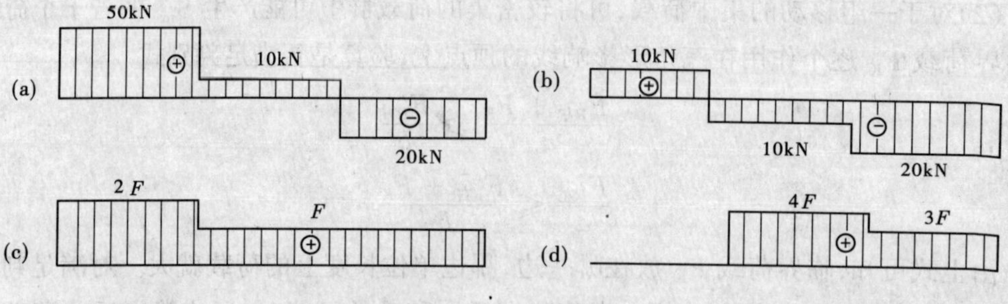

图 4-17

4-2　扭矩图如图 4-18 所示，$|T_{\max}|=1\ 000\text{N}\cdot\text{m}$。

4-3　扭矩图如图 4-19 所示。

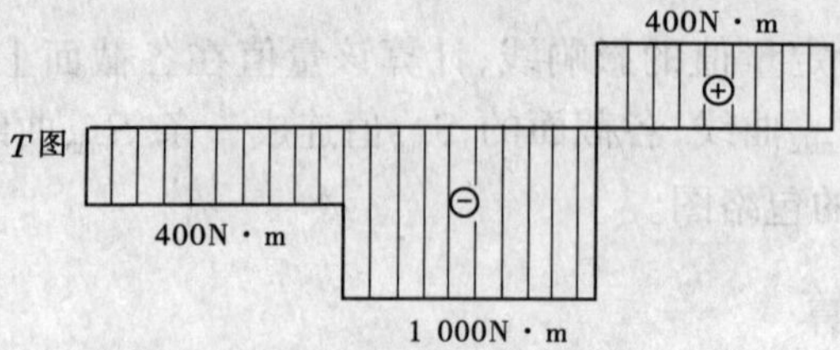

图 4-18

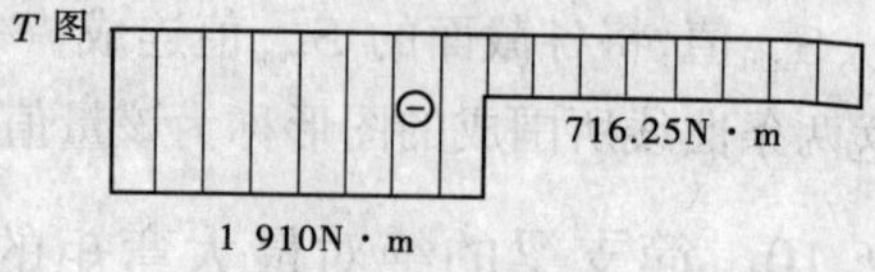

图 4-19

4-4　扭矩图如图 4-20 所示。

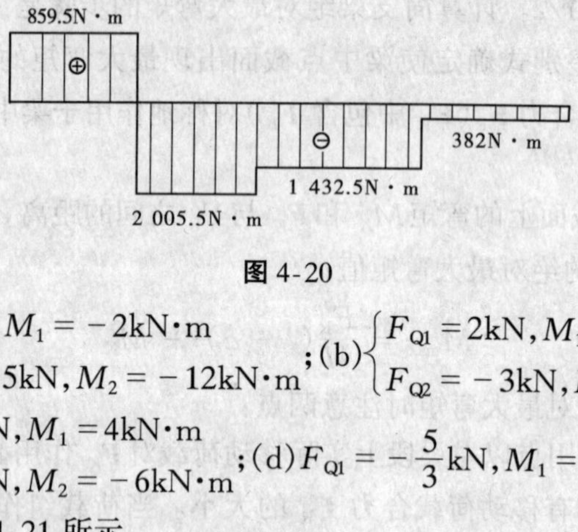

图 4-20

4-5　(a)$\begin{cases}F_{Q1}=0,M_1=-2\text{kN}\cdot\text{m}\\F_{Q2}=-5\text{kN},M_2=-12\text{kN}\cdot\text{m}\end{cases}$；(b)$\begin{cases}F_{Q1}=2\text{kN},M_1=6\text{kN}\cdot\text{m}\\F_{Q2}=-3\text{kN},M_2=6\text{kN}\cdot\text{m}\end{cases}$；

(c)$\begin{cases}F_{Q1}=4\text{kN},M_1=4\text{kN}\cdot\text{m}\\F_{Q2}=4\text{kN},M_2=-6\text{kN}\cdot\text{m}\end{cases}$；(d)$F_{Q1}=-\dfrac{5}{3}\text{kN},M_1=5\text{kN}\cdot\text{m}$。

4-6　内力图如图 4-21 所示。

4-7　内力图如图 4-22 所示。

4-8　内力图如图 4-23 所示。

4-9　见题解 。

4-10　题解略。

4-11　题解略，距跨中 C 0.183m 处的截面上有绝对最大弯矩，其值为 822.67 kN·m。

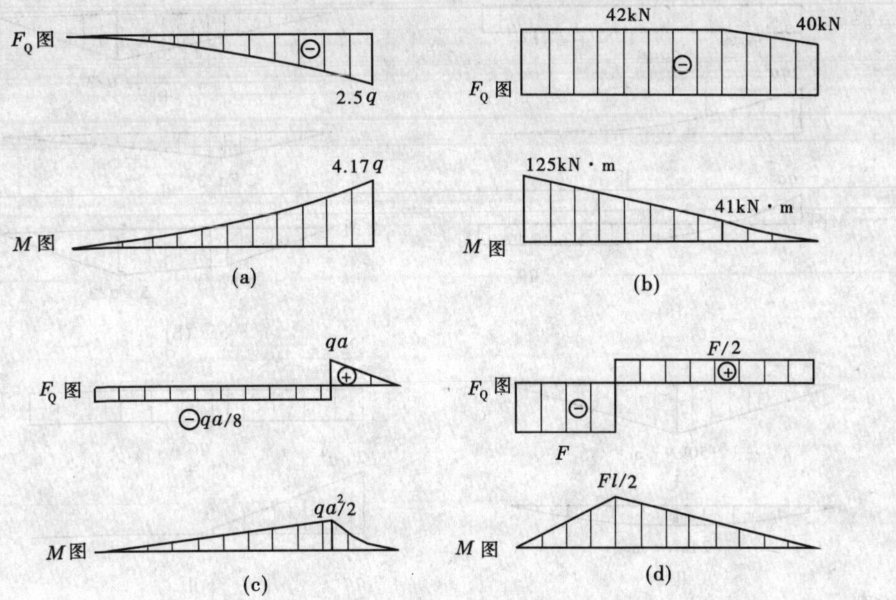

图4-21

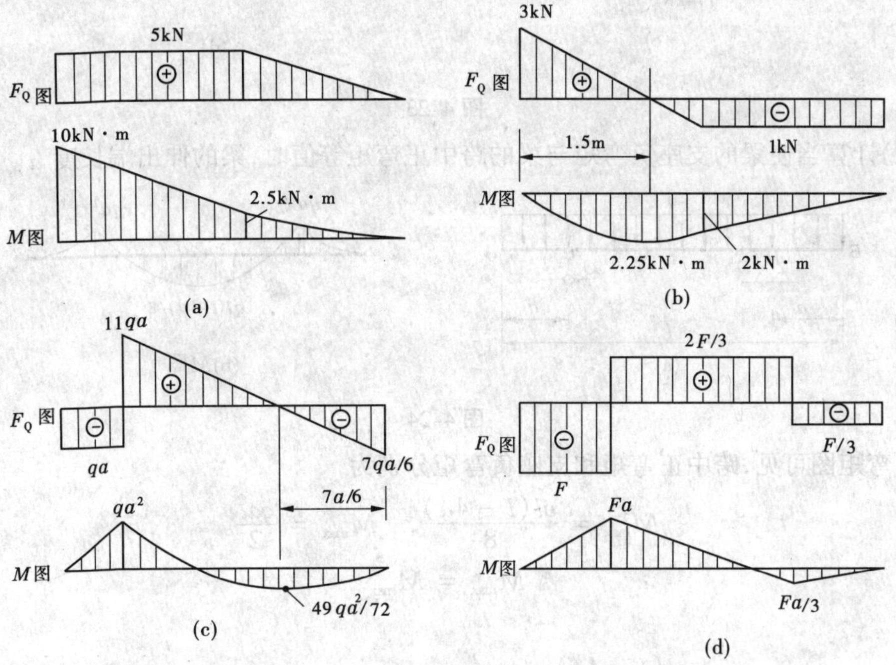

图4-22

4.3.2 习题选解

【题4-9】

解:(1)作图4-24(a)梁的弯矩图如图4-24(b)所示。

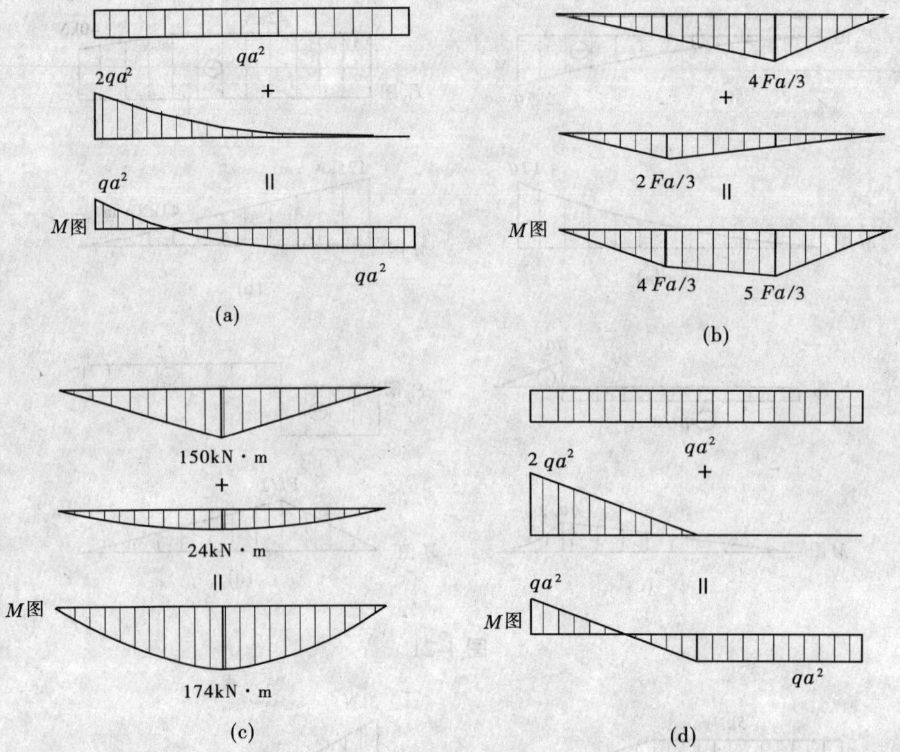

图 4-23

(2)计算当使梁的支座负弯矩与梁的跨中正弯矩等值时,梁的伸出端长度 a。

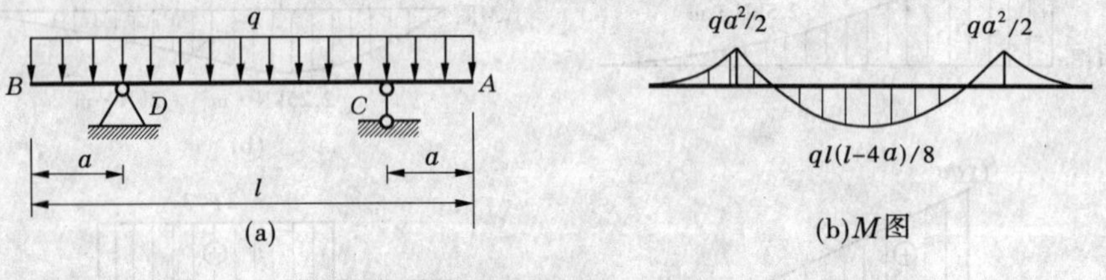

图 4-24

由弯矩图可见,跨中正弯矩和支座负弯矩分别为

$$M_{\max}^{+} = \frac{ql(l-4a)}{8},\quad M_{\max}^{-} = \frac{qa^2}{2}$$

令

$$M_{\max}^{+} = M_{\max}^{-}$$

得

$$\frac{ql(l-4a)}{8} = \frac{qa^2}{2} \Rightarrow 4a^2 + 4la - l^2 = 0$$

由此式解得

$$a = 0.207l$$

即当 $a = 0.207l$ 时,梁的支座负弯矩与梁的跨中正弯矩数值相等。

【题 4-11】

解:(1)作图 4-25(a)所示简支梁的跨中截面 M_C 影响线如图 4-25(b)所示,并判别临界荷载。

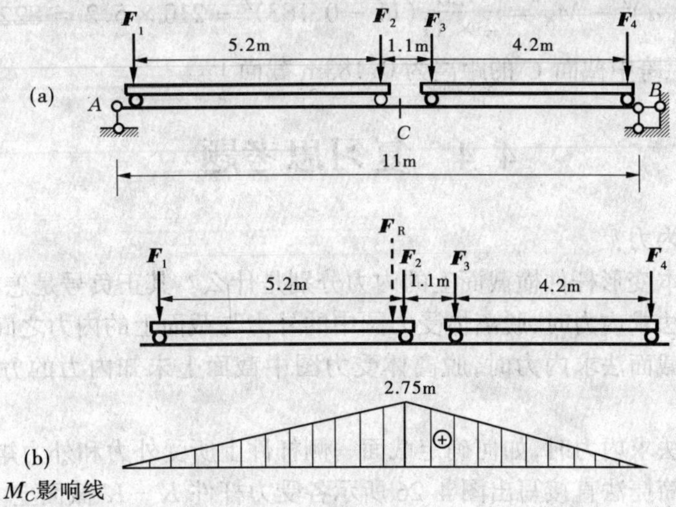

图 4-25

根据梁上移动荷载的分布情况,可以初步判定临界荷载只可能是 $\boldsymbol{F}_2$ 或 $\boldsymbol{F}_3$ 中的一个,由于 $\boldsymbol{F}_2$ 大于 $\boldsymbol{F}_3$,故 $\boldsymbol{F}_2$ 是临界荷载的可能性最大。下面用判别式(4-15)进行鉴别:

当 $\boldsymbol{F}_2$ 位于影响线顶点时

$$\begin{cases}\dfrac{210+210}{5.5}>\dfrac{300}{5.5}\\[2ex]\dfrac{210}{5.5}<\dfrac{210+300}{5.5}\end{cases}$$

符合条件。

当 $\boldsymbol{F}_3$ 位于影响线顶点时

$$\begin{cases}\dfrac{420+150}{5.5}>\dfrac{150}{5.5}\\[2ex]\dfrac{420}{5.5}>\dfrac{150+150}{5.5}\end{cases}$$

不符合条件。

因此判定,$\boldsymbol{F}_2$ 是临界荷载。

(2)求合力 $\boldsymbol{F}_R$ 及 $\boldsymbol{F}_R$ 与 $\boldsymbol{F}_2$ 之间的距离 a:

合力

$$F_R=\sum F=F_1+F_2+F_3+F_4=2\times210+2\times150=720(\text{kN})$$

设 $\boldsymbol{F}_R$ 位于 $\boldsymbol{F}_2$ 左侧,则由

$$F_Ra=F_1\times5.2-F_3\times1.1-F_4\times5.3=132(\text{kN}\cdot\text{m})$$

得

$$a = \frac{132}{720} = 0.183(\text{m})$$

(3)由式(4-16)计算得

$$M_{\max} = \frac{F_R}{4l}(l-a)^2 - M_K = \frac{720}{4\times 11}(11-0.183)^2 - 210\times 5.2 = 822.67(\text{kN}\cdot\text{m})$$

$M_{\max}$出现在距跨中截面 C 的距离为 0.183m 截面上。

4.4　复习思考题

4-1　什么是内力?

4-2　四种基本变形杆件横截面上的内力分别是什么？其正负号是怎样规定的?

4-3　用截面法求内力时,脱离体受力图中的外力与截面上的内力之间是什么关系?

4-4　为什么截面法求内力时,脱离体受力图中截面上未知内力的方向不可随意假定?

4-5　用简捷法求内力时,如何确定截面一侧杆件上所受外力和外力矩的正负号?

4-6　分别用简捷法直接写出图 4-26 所示各受力杆件 $K-K$ 截面上内力的表达式。

4-7　用简捷法写出图 4-26 中各杆件每个杆段任意截面的内力方程。

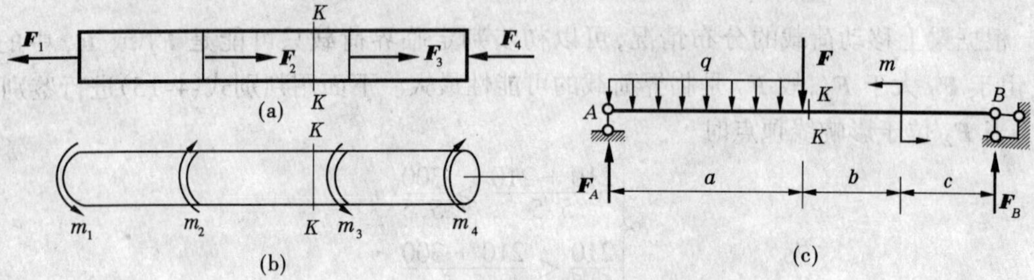

图 4-26

4-8　分布荷载作用段内“第三个截面”的弯矩值如何确定?

4-9　弯矩、剪力和荷载集度三者间的微分关系式,在集中力和集中力偶作用处能否适用?

4-10　(1)图 4-27(a)所示梁中,AC 段和 CB 段剪力图图线的斜率是否相同？为什么?

(2)图 4-27(b)所示梁集中力偶作用处左、右两段弯矩图线的切线斜率是否相同?

(3)图 4-27 所示梁中,如何确定内力突变截面的突变值和突变方向?

4-11　叠加法作梁的弯矩图时,任意截面上的弯矩值如何确定?

4-12　区段叠加法作梁段弯矩图的基本条件是什么?

4-13　如何绘制移动单位荷载作用时静定结构内力的影响线?

4-14　如何用机动法求静定梁和超静定梁的约束力和内力影响线?

4-15　在求剪力 V 的荷载临界位置时如何使用判别式?

4-16　移动荷载含有均布荷载时如何确定荷载最不利位置?

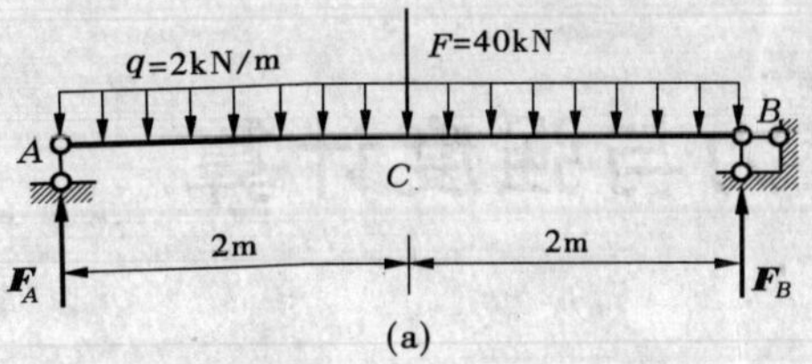

图 4-27

4-17　移动荷载含有均布荷载时如何确定简支梁绝对最大弯矩？

4-18　如何求静定多跨梁的绝对最大弯矩？

4-19　简支梁绝对最大弯矩与跨中截面的最大弯矩相差多少？

4-20　影响线是单位移动荷载作用下某量值的函数图形，为什么可以用它来计算恒载作用时的约束力和内力？

4-21　是否所有情况下梁的绝对最大弯矩都不在梁的跨中截面上？

第 5 章 杆件的应力与强度计算

5.1 内容与要求

5.1.1 本章的基本内容

杆件的应力与强度计算的基本内容包括：

应力的概念，材料的力学性能，轴向拉压杆的应力与强度计算，连接件的应力与剪切实用计算，圆轴扭转时的应力与强度计算，平面弯曲梁的应力与强度计算，组合变形构件的应力分析方法，解析法分析平面应力状态及强度理论的应用。

本章的重点是轴向拉压杆和平面弯曲梁的强度计算，难点是应力状态的分析。

5.1.2 学习本章的基本要求

(1)理解应力的概念，弄清四种基本变形构件横截面应力的作用形式、分布规律。

(2)了解塑性材料和脆性材料在轴向拉压时力学性能的测定和分析方法，掌握这两种不同性质材料的强度特性和破坏特征。

(3)弄清并掌握强度条件的物理意义及应用强度条件可以解决的强度计算问题。其中，重点掌握轴向拉压杆的强度计算和平面弯曲梁的正应力强度计算方法。

(4)对于杆件的几种常见截面形状，会确定它们的形心位置，会计算它们对形心主轴(特别是对中性轴)的面积矩和惯性矩。

(5)对于组合变形问题，掌握其内力和应力分析的基本方法。其中，对于弯压组合和偏心压缩问题，掌握其不出现拉应力的条件。

(6)了解单元体和应力状态的概念，了解如何用解析法分析平面应力状态。会确定平面弯曲梁的主应力方向及主平面位置，掌握对组合截面梁进行全面强度校核的方法。

5.2 学习与理解

5.2.1 应力与强度

5.2.1.1 应力的概念

应力是构件截面上分布内力在某点的集度，它只与截面上的内力和截面大小有关。在应力分析中，将作用于构件截面上应力用其法向分量和切向分量表示。法向应力分量称为正应力，记为 σ，且以拉为正、压为负；切向应力分量称为剪应力，记为 τ，以绕截面内侧任意点顺时针转向时为正。

5.2.1.2　四种基本变形杆件横截面的应力分布图

应力分布图——反映杆件横截面上应力分布情况的图形。常见截面形状的拉压杆、扭转轴、平面弯曲梁横截面的应力分布图如图 5-1 所示。

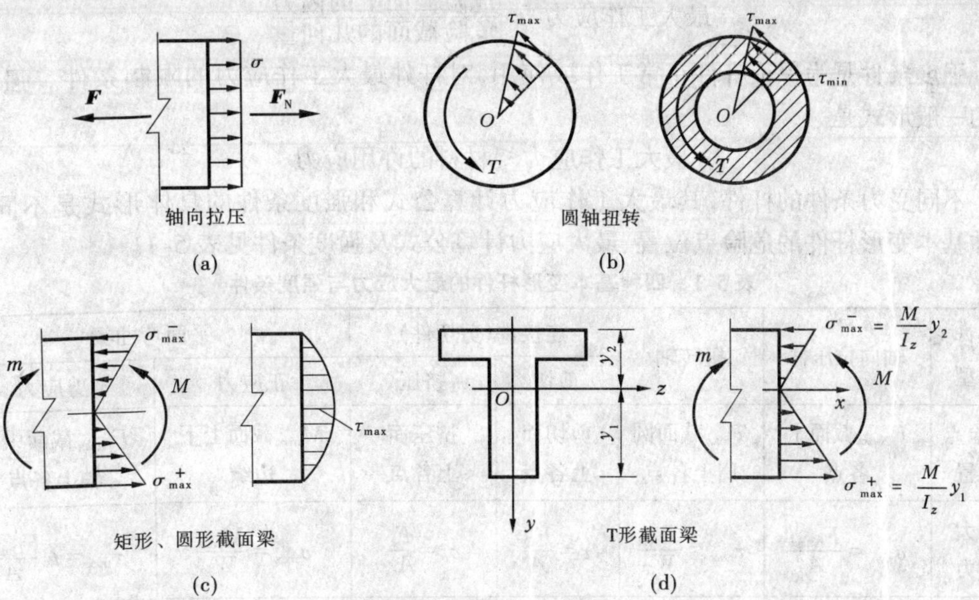

图 5-1　拉(压)、扭、弯的矩形、圆形截面杆件横截面应力分布图

5.2.1.3　极限应力、工作应力与最大工作应力、许用应力

极限应力是材料丧失承载能力前所能承受的最大应力，记为 σ^0。塑性材料的极限应力是其屈服极限 σ_s，这是因为当材料的应力超过此极限后，会因变形过大而导致构件不能继续使用(或已不能满足刚度要求)；脆性材料的极限应力就是它的强度极限 σ_b，一旦超过此应力，构件即产生破坏。

工作应力是构件在荷载作用下产生的实际应力。**最大工作应力**是指荷载作用下构件中应力危险点的实际应力。**许用应力**是为保障构件正常工作，构件内的最大应力的允许值。许用正应力记为$[\sigma]$，许用剪应力记为$[\tau]$。许用应力与材料性质、构件的使用条件等因素有关。实际选用时可参照相关的工程规范。

构件的最大工作应力、许用应力、极限应力之间的数值关系为

$$\text{最大工作应力} \leqslant \text{许用应力} < \text{极限应力}$$

5.2.2　杆件的强度条件及其应用

杆件的强度是指杆件对最大工作应力的承受能力，或者说它是杆件承受最大工作应力能力的量度。不同材质的杆件有不同的强度，强度高承载能力强，强度低则承载能力弱。例如塑性材料的抗拉强度远远高于脆性材料的抗拉强度，而脆性材料的抗压强度又远大于其抗拉强度。这就是为什么受拉杆件必须选用塑性材料，而受压构件宜选用脆性材料的主要原因。

5.2.2.1 杆件中危险点的应力与强度条件

危险点是杆件内应力值最大的点，**危险点的应力**是杆件中的最大工作应力，它是整个杆件中应力的最大值。最大工作应力计算公式的一般形式为

$$\text{最大工作应力} = \frac{\text{危险截面上的内力}}{\text{危险截面的几何量}}$$

强度条件是为保证杆件正常工作或使用，对杆件最大工作应力的限制条件。强度条件的一般形式是

$$\text{最大工作应力} \leqslant \text{材料的许用应力}$$

不同受力条件的杆件，其最大工作应力计算公式和强度条件的具体形式是不同的。四种基本变形杆件的危险点位置、最大应力计算公式及强度条件见表5-1。

表5-1 四种基本变形杆件的最大应力与强度条件

杆件类型	轴向拉压杆	扭转轴	连接件(剪切件)		平面弯曲梁	
			剪切	挤压	正应力	剪应力
危险点位置	F_{Nmax}截面上各点	T_{max}截面圆周上各点	剪切面上各点	挤压面上各点	M_{max}截面上下边缘	F_{Qmax}截面中性轴上各点
最大应力	$\sigma_{max}=\dfrac{F_{Nmax}}{A}$	$\tau_{max}=\dfrac{T_{max}}{W_T}$	$\tau=\dfrac{F_Q}{A}$	$\sigma_c=\dfrac{F_c}{A_c}$	$\sigma_{max}=\dfrac{M_{max}}{W_z}$	$\tau_{max}=k\dfrac{F_{Qmax}}{A}$
强度条件	$\dfrac{F_{Nmax}}{A}\leqslant[\sigma]$	$\dfrac{T_{max}}{W_T}\leqslant[\tau]$	$\dfrac{F_Q}{A}\leqslant[\tau]$	$\dfrac{F_c}{A_c}\leqslant[\sigma_c]$	$\dfrac{M_{max}}{W_z}\leqslant[\sigma]$	$k\dfrac{F_{Qmax}}{A}\leqslant[\tau]$
截面的几何量	A:横截面面积	W_T:抗扭截面系数	A:剪切面面积	A_c:计算挤压面面积	W_z:抗弯截面系数	k:截面形状系数 A:截面面积

5.2.2.2 强度条件的应用

强度条件的应用，就是利用强度条件解决杆件强度计算中的问题。杆件的强度计算问题，总体上分为三个方面：

(1)**强度校核** 已知荷载、截面形状和尺寸、材料性质，对杆件进行强度验算。

$$\frac{\text{最大内力}}{\text{截面几何量}}\text{是否小于(或等于)[材料的许用应力]?}$$

(2)**截面设计** 已知荷载、截面形状、材料性质，确定截面的几何尺寸。

由 $\text{截面几何量} \geqslant \dfrac{\text{最大内力}}{[\text{材料的许用应力}]} \Rightarrow$ 计算出截面尺寸(或选定截面型号)

(3)**确定许可荷载** 已知杆件截面形状和尺寸、材料性质，确定杆件能够承受的最大荷载。

由 最大内力$\leqslant$截面几何量·[材料的许用应力]$\Rightarrow$计算并确定$[F]$

【例5-1】 图5-2(a)所示是由两根圆形截面杆件与墙壁用铰接方式组成的构架。已知杆AB为钢杆，其许用应力$[\sigma]=160\text{MPa}$，杆AC为木杆，许用应力$[\sigma]=10\text{MPa}$。试求：

(1)若两杆的直径分别为 $d_{AB}=10\text{mm}$,$d_{AC}=100\text{mm}$,则能够作用于结点 A 上荷载 F 的最大值为多少?

(2)若作用于结点 A 上的荷载 $F=15\text{kN}$,则杆 AB、AC 的最小直径分别为多少?

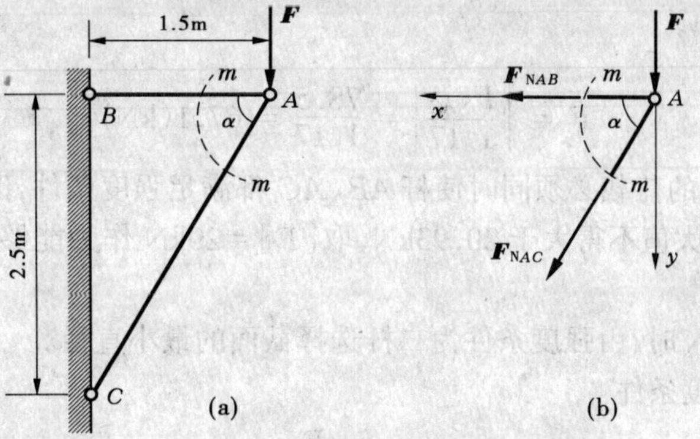

图 5-2

解:(1)杆件的受力分析。

由于图 5-2(a)所示构架中的两根杆件均为二力杆,此二杆所受的力与作用在结点 A 上的荷载 $\boldsymbol{F}$ 构成一个平面汇交力系。在强度计算中,无论要解决哪一方面的问题,都必须建立杆件内力与荷载之间的关系。为此,通过截面 $m-m$ 取包括结点 A 在内部分构架为研究对象,作其受力图及建立的坐标系如图 5-2(b)所示。力系的平衡方程式为

$$\sum F_y=0,\quad F_{NAC}\sin\alpha+F=0$$

$$\sum F_x=0,\quad F_{NAB}+F_{NAC}\cos\alpha=0$$

由图中的几何关系有

$$\cos\alpha=\frac{1.5}{\sqrt{1.5^2+2.5^2}}=0.514,\quad \sin\alpha=\frac{2.5}{\sqrt{1.5^2+2.5^2}}=0.857$$

代入平衡方程式中解得

$$F_{NAC}=-\frac{F}{\sin\alpha}=-1.167F(\text{压力})\qquad\text{(a)}$$

$$F_{NAB}=-F_{NAC}\cos\alpha=1.167F\cos\alpha=0.6F\qquad\text{(b)}$$

(2)由二杆的强度条件共同确定可作用于结点 A 上集中力 $\boldsymbol{F}$ 的最大值。

由杆 AB 的强度条件

$$F_{NAB}\leqslant A_{AB}\cdot[\sigma]_{AB}$$

有

$$F_{NAB}=\frac{3.14}{4}\times10^2\times160=12.56(\text{kN})$$

代入式(b)得

$$F=\frac{F_{NAB}}{0.6}=\frac{12.56}{0.6}=20.93(\text{kN})$$

再由 AC 杆的强度条件

$$F_{NAC} \leqslant A_{AC} \cdot [\sigma]_{AC}$$

有

$$F_{NAC} = \frac{3.14}{4} \times 100^2 \times 10 = 78.5(\text{kN})$$

代入式(a)得

$$F = \left|\frac{F_{NAC}}{1.17}\right| = \frac{78.5}{1.17} = 67.1(\text{kN})$$

作用于结点 A 的荷载必须同时使杆 AB、AC 都满足强度条件，因此能够作用于结点 A 的集中力 $\boldsymbol{F}$ 的最大值不得大于 20.93kN，取$[F]=20$kN 作为能够作用于结点 A 的最大荷载值。

(3)当 $F=15$kN 时，由强度条件为二杆选择截面的最小直径。

由 AB 杆的强度条件

$$A_{AB} \geqslant \frac{F_{NAB}}{[\sigma]_{AB}}$$

有

$$\frac{\pi}{4} d_{AB}^2 = \frac{0.6F}{[\sigma]_{AB}} = \frac{0.6 \times 15 \times 10^3}{160} = 56.25(\text{mm}^2)$$

可得

$$d_{AB} = \sqrt{\frac{4 \times 56.25}{3.14}} = 8.46(\text{mm})$$

取 $d_{AB}=10$mm(因没有 9mm 直径的圆钢)。

再由 AC 杆的强度条件

$$A_{AC} \geqslant \frac{F_{NAC}}{[\sigma]_{AB}}$$

有

$$\frac{\pi}{4} d_{AC}^2 = \frac{|-1.167F|}{10} = \frac{1.167 \times 15 \times 10^3}{10} = 1\,750.5(\text{mm}^2)$$

得到

$$d_{AC} = \sqrt{\frac{4 \times 1\,750.5}{3.14}} = 47.22(\text{mm})$$

取 $d_{AC}=50$mm。

通过以上计算，确定 AB、AC 杆的最小直径分别为 10mm、50mm。

【例 5-2】 如图 5-3 所示钢板的对接构造，已知钢板和铆钉材料的许用应力均为 $[\sigma]=160$MPa，$[\sigma_c]=240$MPa，$[\tau]=100$MPa。若作用于钢板上的轴向拉力 $F=100$kN，铆钉的直径 $d=20$mm，试分别对铆钉和钢板进行强度校核(几何尺寸单位为 mm)。

解：(1)铆钉的剪切强度校核。

在图 5-3 所示的连接中，每块主板上有 4 个铆钉，且每个铆钉有两个剪切面，则每个铆钉所承受的剪应力为

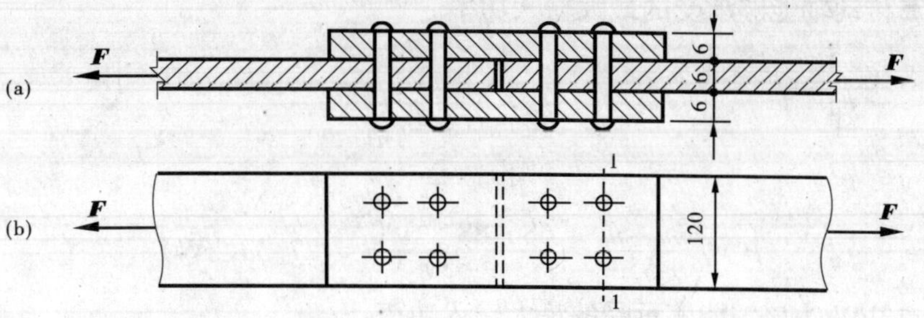

图 5-3

$$\tau = \frac{F}{n \cdot m \cdot A} = \frac{F}{4 \times 2 \times \frac{\pi}{4} d^2} = \frac{100 \times 10^3}{2 \times 3.14 \times 20^2} = 39.81(\text{MPa})$$

因 $\tau = 39.81\text{MPa} < [\tau] = 100\text{MPa}$,故满足剪切强度要求。

(2)铆钉和钢板的挤压强度校核。

因铆钉和钢板的材料相同,计算挤压面积及挤压力也相同,故只要铆钉满足挤压强度条件,则钢板也满足挤压强度条件。每个铆钉所承受的挤压应力为

$$\sigma_c = \frac{F}{n \cdot A_c} = \frac{F}{4 \times td} = \frac{100 \times 10^3}{4 \times 6 \times 20} = 208.33(\text{MPa})$$

因 $\sigma_c = 208.33\text{MPa} < [\sigma_c] = 240\text{MPa}$,所以铆钉和钢板均满足挤压强度要求。

(3)钢板的抗拉强度校核。

钢板中铆钉孔直径平面(1-1 截面)上的拉应力为

$$\sigma = \frac{F}{A_{净}} = \frac{100 \times 10^3}{(120 - 2d)t} = \frac{100 \times 10^3}{(120 - 2 \times 20) \times 6} = 208.33(\text{MPa})$$

因 1-1 截面上的拉应力 $\sigma = 208.33\text{MPa} > [\sigma] = 160\text{MPa}$,故钢板不满足强度要求。

【例 5-3】 圆环形截面传动轴,已知其内径 $d = 30\text{mm}$,外径 $D = 40\text{mm}$,材料的许用剪应力$[\tau] = 80\text{MPa}$。在正常工作状态下,轴的转速 $n = 380\text{r/min}$,求该轴能够承受的最大输入功率。

解:依题意,要在已知材料和截面形状与尺寸的条件下求扭转轴的输入功率。这种问题的解决办法是:先由强度条件计算出该轴能够承受的最大扭矩,并由扭矩与外力偶矩的平衡关系算出作用于轴上的最大外力偶矩,再由外力偶矩与功率之间的关系计算出轴能够承受的最大输入功率。

(1)由扭转强度条件计算转动轴能够承受的最大扭矩和外力偶矩。

按扭转强度条件

$$T_{\max} \leqslant W_T \cdot [\tau]$$

有

$$T_{\max} = W_T \cdot [\tau] = \frac{\pi}{16} D^3 (1 - \alpha^4) \cdot [\tau] = \frac{3.14}{16} \times 40^3 \left(1 - \left(\frac{30}{40}\right)^4\right) \times 80 = 686.88(\text{N} \cdot \text{m})$$

故能够作用于轴上的最大外力偶矩为

$$m = T_{\max} = 686.88\text{N} \cdot \text{m}$$

(2)计算传动轴能够承受的最大输入功率。

由

$$m = 9\,550\frac{P}{n}$$

有

$$P = \frac{m \cdot n}{9\,550} = \frac{686.88 \times 380}{9\,550} = 27.33(\text{kW})$$

取 $P = 13\text{kW}$ 为该轴能够承受的最大输入功率。

【例5-4】 T形截面外伸梁如图 5-4(a)所示,其截面尺寸为 $h = 180\text{mm}$, $b = 150\text{mm}$, $t = 40\text{mm}$。试计算(1)梁的最大正应力和最大剪应力;(2)求 k 点的正应力和剪应力。

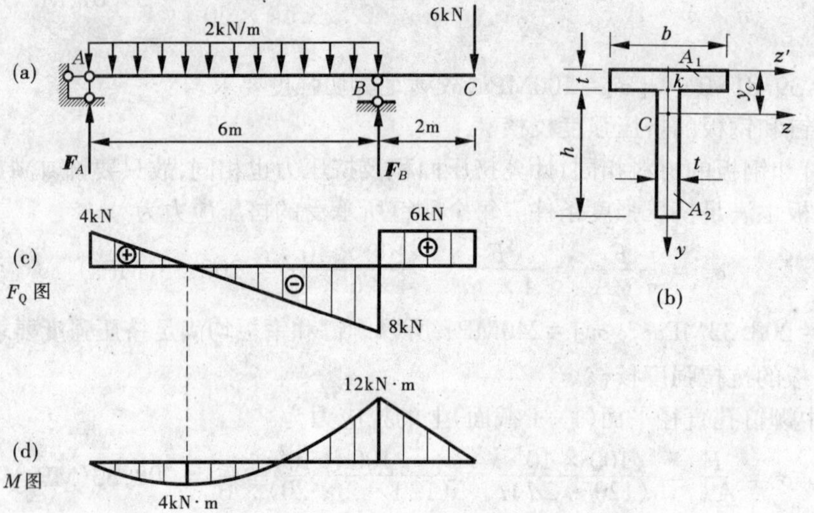

图 5-4

解:(1)计算梁的支座约束力,并作出其剪力图和弯矩图如图 5-4(c)、(d)所示。由内力图显然可见,梁的最大弯矩和最大剪力都出现在 B 截面上,且 $M_{z\max} = M_B = 12\text{kN}\cdot\text{m}$(上拉),$F_{Q\max} = |F_{QBA}| = 8\text{kN}$。

(2)计算截面的几何量。

确定中性轴位置:

$$y_C = \frac{A_1 y_1 + A_2 y_2}{A_1 + A_2} = \frac{150 \times 40 \times 20 + 180 \times 40 \times 130}{150 \times 40 + 180 \times 40} = 80(\text{mm})$$

中性轴距下纤维的距离为 $y_1 = 220 - 80 = 140(\text{mm})$,中性轴到 k 点的距离为 $y_k = 40\text{mm}$。

计算截面对中性轴的惯性矩:

$$I_z = \frac{150 \times 40^3}{12} + 60^2 \times 150 \times 40 + \frac{40 \times 180^3}{12} + 50^2 \times 180 \times 40 = 59.8 \times 10^6(\text{mm}^4)$$

计算 $S_{z\max}$ 和 S_{zk}:

取中性轴以下部分面积(即 A_2)计算 $S_{z\max}$

$$S_{z\max} = 40 \times 140 \times 70 = 39.2 \times 10^4 (\text{mm}^3)$$

取 k 点以上部分面积(即 A_1)计算 S_{zk}

$$S_{zk} = 150 \times 40 \times (80 - 20) = 36 \times 10^4 (\text{mm}^3)$$

(3)应力计算。

最大正应力和 k 点的正应力:

$$\sigma_{\max}^{+} = \frac{M_{\max}}{I_z} \cdot y_C = 16.05\text{MPa}(拉应力)$$

$$\sigma_{\max}^{-} = \frac{M_{\max}}{I_z} \cdot y_1 = 28.09\text{MPa}(压应力)$$

$$\sigma_k = \frac{M_B}{I_z} \cdot y_k = \frac{12 \times 10^6}{60.34 \times 10^6} \times (80 - 40) = 8.03(\text{MPa})(拉应力)$$

最大剪应力和 k 点的剪应力:

$$\tau_{\max} = \frac{F_{Q\max} S_{z\max}}{I_z t} = \frac{8 \times 10^3 \times 39.2 \times 10^4}{59.8 \times 10^6 \times 40} = 1.31(\text{MPa})$$

$$\tau_k = \frac{F_{QBA} \cdot S_{zk}}{I_z \cdot t} = \frac{8 \times 10^3 \times 36 \times 10^4}{59.8 \times 10^6 \times 40} = 1.2(\text{MPa})$$

【例 5-5】 试为图 5-5 所示矩形截面简支木梁选定截面尺寸。已知材料的许用应力分别为$[\sigma]=15.6\text{MPa}$,$[\tau]=1.7\text{MPa}$,截面的高宽比为 $h:b=4:3$。

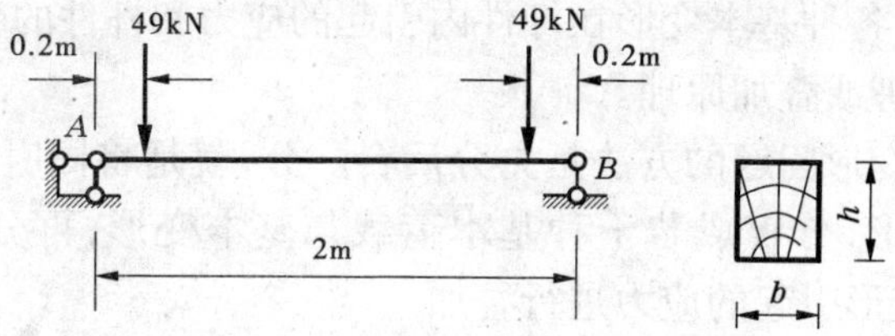

图 5-5

解:(1)确定梁的最大内力值。

由梁上荷载的作用情况可知,其最大弯矩和最大剪力分别为

$$M_{\max} = 49 \times 0.2 = 9.8(\text{kN} \cdot \text{m}), F_{Q\max} = 49\text{kN}$$

(2)由梁的正应力强度条件设计截面尺寸。

由表 5-1 所示平面弯曲梁的正应力强度条件

$$\sigma_{\max} = \frac{M_{\max}}{W_z} \leqslant [\sigma]$$

得到

$$\frac{\left(\frac{3h}{4}\right)h^2}{6} \geqslant \frac{9.8 \times 10^6}{15.6}$$

因此可得

$$h = 172\text{mm}, b = \frac{3}{4}h = \frac{3}{4} \times 172 = 129(\text{mm})$$

取 $b=130\text{mm}, h=180\text{mm}$ 作为该矩形截面梁的截面尺寸。

(3)按照剪应力强度条件进行强度校核。

因

$$\tau_{max} = 1.5\frac{F_{Qmax}}{A} = 1.5\times\frac{49\times10^3}{130\times180} = 3.14(\text{MPa}) > [\tau] = 1.7\text{MPa}$$

不满足剪应力强度要求,故必须再根据剪应力强度条件重新确定截面尺寸。

由

$$\tau_{max} = 1.5\frac{F_{Qmax}}{\frac{3}{4}h\cdot h} = 1.5\times\frac{4\times49\times10^3}{3h^2} \leqslant [\tau] = 1.7$$

可得

$$h = \sqrt{\frac{1.5\times4\times49\times10^3}{3\times1.7}} = 240(\text{mm}), b = \frac{3}{4}h = \frac{3}{4}\times240 = 180(\text{mm})$$

最后确定图示矩形截面木梁的横截面尺寸为 $b=180\text{mm}, h=240\text{mm}$。

5.2.3 组合变形杆件的应力分析方法

前面讨论的是四种基本变形杆件的应力与强度计算问题,但工程实际问题中的杆件多数会同时发生两种以上基本变形,这种情况叫做组合变形。在材料服从胡克定律和杆件变形很小的情况下,各种基本变形在杆件内引起的应力和杆件的变形可以进行叠加,称为力作用的独立性原理或叠加原理。

分析和计算组合变形问题的方法是**先分后合**。**分**,就是将同时作用的几种荷载或杆件同时发生的几种变形,分解成若干种基本荷载与基本变形,再分别计算杆件的应力。**合**,则是将各种基本变形引起的应力进行叠加。

对于工程中的常见情况,如斜弯曲、拉(压)与弯曲组合、偏心拉伸(压缩)以及弯扭组合等,在分与合的过程中发现了一些概念性的或规律性的东西,对这类问题必须概念清楚,应当适当记忆。

5.2.3.1 斜弯曲❶

要理解斜弯曲,首先就要对梁在什么情况下发生平面弯曲这个问题搞清楚。平面弯曲的条件是:当梁有纵向对称平面时,所有外荷载(包括支座约束力)都作用在纵向对称平面内,若梁没有纵向对称平面,所有横向力必须作用在通过弯曲中心的主惯性平面内。关于弯曲中心的概念和开口薄壁截面弯曲中心的计算问题,本教材未进行讨论,若需要,可参阅其他专著。

平面弯曲时,梁的挠曲线是荷载作用平面内的一条曲线,故称为平面弯曲。斜弯曲时,梁的挠曲线不在荷载平面内,所以称为斜弯曲。在斜弯曲时,有几个角度间的关系要搞清楚,现以图 5-6 所示矩形截面为例来说明这种关系。外荷载平面与截面 z 轴间的夹角记为 φ,则截面上的正应力为

❶ 斜弯曲问题在《工程力学》教材中未进行讨论,这里也只略加说明,以供读者自学时参考。

$$\sigma = M\left(\frac{\sin\varphi}{I_z}\cdot y + \frac{\cos\varphi}{I_y}\cdot z\right) \tag{5-1}$$

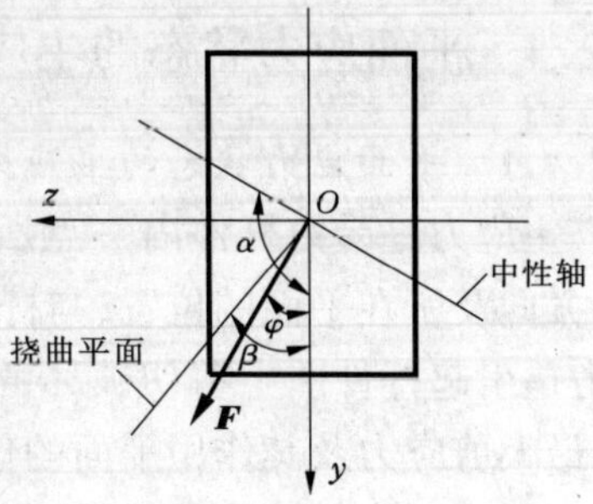

图 5-6

若以 y_0 和 z_0 表示中性轴 h 点的坐标，则由中性轴上各点的应力为零这个条件，将 y_0 和 z_0 代入上式可得到中性轴的方程式

$$\frac{\sin\varphi}{I_z}y_0 + \frac{\cos\varphi}{I_y}z_0 = 0 \tag{5-2}$$

设中性轴与 z 轴的夹角为 α，则有

$$\tan\alpha = \frac{y_0}{z_0} = \frac{I_z}{I_y}\cot\varphi \tag{5-3}$$

因为 $\varphi<\pi/2$，$\cot\varphi$ 为正，故 $\tan\alpha$ 为负，所以中性轴必在第二、四象限内，若 $I_z = I_y$（圆形或正偶数多边形）则 $\tan\alpha\cdot\tan\varphi = -1$，这时中性轴与外力平面垂直。对于矩形或其他 $I_z \neq I_y$ 的截面则不垂直。还有一个角度 β，它是挠曲线平面与铅垂平面的夹角，有如下关系

$$\tan\beta = \frac{f_y}{f_z} = \frac{I_y}{I_z}\tan\varphi \tag{5-4}$$

式中当 $I_z \neq I_y$ 时，$\beta \neq \varphi$，这是斜弯曲情形；$I_z = I_y$ 时，$\beta = \varphi$，这时不会产生斜弯曲。

5.2.3.2 拉(压)与弯曲的组合、偏心压缩

拉伸(或压缩)与弯曲的组合变形杆件和偏心压缩杆件，由于截面上有均匀分布的拉伸或压缩应力，当它与线性变化的弯曲应力叠加后，中性轴就不再通过形心了，于是截面上就有拉应力区和压应力区之区别。

对于偏心拉压问题，有时要求截面上只有一种应力，例如建筑中的砖柱、石柱、混凝土柱，均要求截面上不出现拉应力。这时压力荷载的作用中心与截面形心不能差得太远，只能作用在一个很小的范围内，这个范围称为**截面核心**。例如矩形截面和圆形截面的截面核心，如图 5-7 所示。

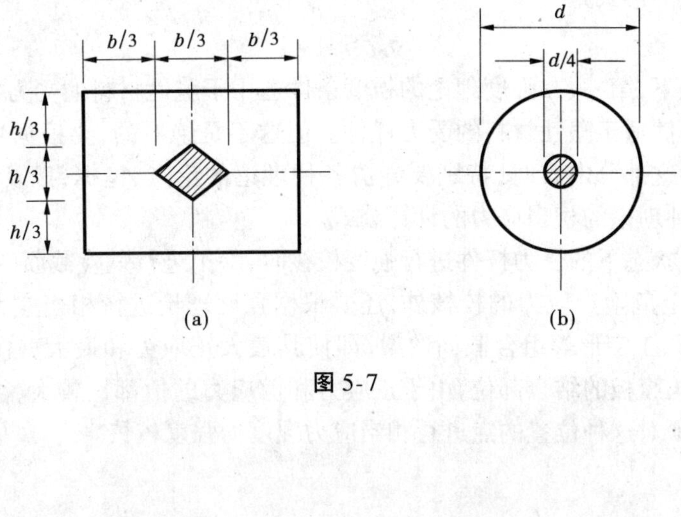

图 5-7

5.2.4　平面应力状态的主应力与梁的强度校核

5.2.4.1　平面应力状态的主应力和最大剪应力

主应力是受力杆件内一点所有截面上正应力中的最大(最小)值。某点主应力的大小、方向及所在平面的位置,与杆件的受力状态和该点在杆件中的相对位置有关。最大剪应力是引起杆件产生剪切破坏的主要原因。轴向拉压杆、扭转圆轴、平面弯曲梁的主应力、最大剪应力及其作用平面的位置如表 5-2 所列。

表 5-2　平面应力状态的主应力、最大剪应力及其作用平面位置

最大应力 / 受力杆件	主应力		最大剪应力	
	主应力公式	主平面位置	最大剪应力公式	作用平面位置
轴向拉压杆	$\sigma_{1或3}=\dfrac{F_N}{A}$	横截面	$\dfrac{F_N}{2A}$	45°斜截面
扭转圆轴	$\sigma_1=\dfrac{T}{W_T}$	45°斜截面	$\dfrac{T}{W_T}$	横截面
平面弯曲梁	$\sigma_3^1=\dfrac{\sigma}{2}\pm\sqrt{\left(\dfrac{\sigma}{2}\right)^2+\tau^2}$	$\tan 2\alpha_0=-\dfrac{2\tau}{\sigma}$	$\dfrac{\sigma_1-\sigma_3}{2}$	与主平面的夹角为 45°

5.2.4.2　材料的极限应力和强度理论

材料破坏有流动和断裂这两种类型,在常温和静荷载条件下,塑性材料发生流动破坏,脆性材料发生断裂破坏。在单向拉伸或压缩的情况下,材料破坏时的极限应力可以直接通过试验测定。对于塑性材料,其极限应力就是屈服极限,对于脆性材料则以强度极限作为极限应力。

在复杂应力状态下,由于各主应力有无穷多种的组合情况,所以不可能像单向应力状态那样直接通过试验建立强度条件,只能根据变形现象加以推理和判断,提出关于材料破坏的假说,这种假说就称为强度理论。常用的强度理论有四种,它们各自的内容见教材。强度条件写成统一形式是

$$\sigma_{xd}\leqslant[\sigma] \tag{5-5}$$

在通常情况下,第一、二强度理论的强度条件适用于脆性材料的受力杆件,第三、四强度理论的强度条件适于塑性材料的受力杆件。但这不是绝对的,要根据具体情况具体分析。因此在复习这部分内容时,特别要弄清各种理论的论点、论据,以及能适用的情况。另外,要记住四种理论的相当应力的计算公式。

对复杂应力状态下的受力杆件进行强度校核时,除了进行危险截面(一般指具有最大内力的横截面)上危险点应力的校核外,还要根据强度理论进行相当应力强度的强度校核。例如对 T 形、工字形等组合截面的梁,即使其最大正应力和最大剪应力都能满足强度要求,其翼缘与腹板的结合部位,由于正应力和剪应力的值都比较大,往往会出现较大的主应力,故必须对这种位置的点进行相当应力强度的强度校核。

5.3　习题答案及选解

5.3.1　习题答案

5-1　$\sigma_{1-1}=125\text{MPa}$(拉应力)；$\sigma_{2-2}=25\text{MPa}$(拉应力)；$\sigma_{3-3}=-50\text{MPa}$(压应力)。

5-2　$\sigma_{1-1}=-100\text{MPa}$(压应力)；$\sigma_{2-2}=-33.3\text{MPa}$(压应力)；$\sigma_{3-3}=25\text{MPa}$(拉应力)。

5-3　$\sigma=-0.339\text{MPa}$。

5-4　$\begin{cases}\sigma_{0^\circ}=100\text{MPa}\\ \tau_{0^\circ}=0\end{cases}$；$\begin{cases}\sigma_{30^\circ}=75\text{MPa}\\ \tau_{30^\circ}=43.3\text{MPa}\end{cases}$；$\begin{cases}\sigma_{45^\circ}=50\text{MPa}\\ \tau_{45^\circ}=50\text{MPa}\end{cases}$；$\begin{cases}\sigma_{60^\circ}=25\text{MPa}\\ \tau_{60^\circ}=43.3\text{MPa}\end{cases}$；$\begin{cases}\sigma_{90^\circ}=0\\ \tau_{90^\circ}=0\end{cases}$

5-5　$F=68\text{kN}$。

5-6　均满足强度要求。

5-7　$d=32\text{mm}$。

5-8　整个连接件上总共需要 10 个铆钉。

5-9　相同，因应力与材料性质无关。

5-10　$P=18.5\text{kW}$。

5-11　$\tau_a=\tau_b=\tau_{\max}=71.34\text{MPa},\tau_c=35.67\text{MPa}$，绕 O 点的转向与力偶 m 的转向相同。

5-12　$m_q=9.76\text{N}\cdot\text{m/m},\tau_{\max}=17.78\text{MPa}<40\text{MPa}$，满足剪切强度条件。

5-13　$\sigma=351.83\text{MPa}$。

5-14　$\sigma=105\text{MPa}$。

5-16　$m-m$ 截面$\begin{cases}\sigma_a=-7.41\text{MPa}(压应力)\\ \sigma_b=4.94\text{MPa}(拉应力)\\ \sigma_c=0\\ \sigma_d=7.41\text{MPa}(拉应力)\end{cases}$；$n-n$ 截面$\begin{cases}\sigma_a=9.26\text{MPa}(拉应力)\\ \sigma_b=-6.17\text{MPa}(压应力)\\ \sigma_c=0\\ \sigma_d=-9.26\text{MPa}(压应力)\end{cases}$

5-17　$b=62\text{mm},h=186\text{mm}$。

5-18　$\begin{cases}\sigma_{\max}=27.15\text{MPa}<[\sigma]=0\text{MPa}\\ \tau_{\max}=1.833\text{MPa}>[\tau]=15\text{MPa}\end{cases}$，

梁的正应力满足强度条件，但剪应力不满足强度条件。

5-19　$b=140\text{mm},h=210\text{mm}$。

5-20　选定工 20a 作为所选择的工字钢型号。

5-21　400mm。

5-22　$F_N=-261.83\text{kN},M=101.15\text{kN}\cdot\text{m},\sigma_C=-163.14\text{kPa},\sigma_D=-11.42\text{kPa}$。

5-23　$\begin{cases}\sigma_{30^\circ}=86.96\text{MPa}\\ \tau_{30^\circ}=13.30\text{MPa}\end{cases}$；$\begin{cases}\sigma_{45^\circ}=70\text{MPa}\\ \tau_{45^\circ}=50\text{MPa}\end{cases}$；$\begin{cases}\sigma_{60^\circ}=36.96\text{MPa}\\ \tau_{60^\circ}=73.30\text{MPa}\end{cases}$

5-24　(a)$\sigma_1=25\text{MPa},\sigma_3=-25\text{MPa},\alpha_0=45^\circ$；

(b)$\sigma_1=90\text{MPa},\sigma_3=-10\text{MPa},\alpha_0=-19.43^\circ$。

5-25　$\sigma^+_{\max}=18.53\text{MPa},\sigma^-_{\max}=30.32\text{MPa},\sigma_{xd3}=46.57\text{MPa}$

5.3.2　习题选解

【题 5-3】

解:(1)求出桥墩底部截面上的内力。

该桥墩底部受到自重 $\boldsymbol{W}$ 和外部轴向压力 $\boldsymbol{F}$ 的共同作用,已知轴向压力为 $F=1\ 000\text{kN}$,自重为

$$W=\gamma V=2.3\times10^4\times10\times(2r\times3+\pi r^2)$$
$$=2.3\times10^5\times(2\times1\times3+3.14\times1^2)=2.1\times10^3(\text{kN})$$

桥墩底部受到的轴向总压力(轴力)为

$$F_{\text{N}}=(F+W)=(1+2.1)\times10^3=3.1\times10^3(\text{kN})$$

(2)计算墩身底部横截面上的压应力。

由式(5-19)算得墩身底部横截面上的压应力为

$$\sigma=\frac{F_{\text{N}}}{A}=\frac{3.1\times10^6}{(2\times1\times3+3.14\times1^2)\times10^6}=0.339(\text{MPa})$$

【题 5-8】

解:这是一个连接件的强度计算问题,已知主板上受到的拉力、铆钉的直径和许用应力,应用强度条件求连接件上的铆钉总个数。

由题 5-6 图可知,每个铆钉有两个剪切面(即双剪),则可由式(5-28)

$$\frac{2F}{n\pi d^2}\leqslant[\tau]$$

计算每块主板上所需要的铆钉个数

$$n=\frac{2F}{\pi d^2[\tau]}=\frac{2\times80\times10^3}{3.14\times10^2\times100}=5.09$$

因铆钉的个数不可能出现小数,故取 $n=5$。故整个连接件上总共需要 10 个铆钉。

【题 5-10】

解:这实际上是一个由内力计算外力的问题。

(1)先根据式(5-31)算出圆轴横截面上的扭矩,并由内外力关系求出外力偶矩:

$$\tau_{\max}=\frac{T}{W_T}\Rightarrow T=\tau_{\max}\cdot W_T=60\times\frac{\pi d^3}{16}=60\times\frac{3.14\times50^3}{16}=1\ 471.88(\text{N}\cdot\text{m})$$

由于该轴的扭矩在数值上等于外力偶矩,故外力偶矩 $m=1\ 471.88\text{N}\cdot\text{m}$。

(2)由式(2-8)计算出该圆轴所传输的功率。

因
$$m=9\ 550\frac{P}{n}$$

故
$$P=\frac{m\cdot n}{9\ 550}=\frac{1\ 471.88\times120}{9\ 550}=18.5(\text{kW})$$

【题 5-12】

解:(1)求图 5-8(a)所示钻杆单位长度上土壤对钻杆的阻力矩集度 m_q。

设钻杆在外力偶矩和土壤对钻杆的阻力偶矩的共同作用下处于转动平衡状态,则沿钻杆长度均匀分布的阻力偶矩的大小为

$$m_q = \frac{m}{l} = \frac{9\,550 \times \dfrac{7.355}{180}}{40} = \frac{390.22}{40} = 9.76(\text{N} \cdot \text{m/m})$$

(2)作钻杆的扭矩图如图 5-8(b)所示,并进行强度校核。

由钻杆扭矩图可见,钻杆中的最大内力为 $T = 390.22\text{N}\cdot\text{m}$,因而其最大剪应力为

$$\tau_{\max} = \frac{T_{\max}}{W_T} = \frac{390.22 \times 10^3}{\dfrac{\pi D^3}{16}\left[1 - \left(\dfrac{d}{D}\right)^4\right]} = \frac{390.22 \times 10^3 \times 16}{3.14 \times 60^3 \times \left[1 - \left(\dfrac{50}{60}\right)^4\right]} = 17.78(\text{MPa}) < 40\text{MPa}$$

满足剪切强度条件。

【题 5-13】

解:求当钢尺被弯成如图 5-9 所示的 60°圆心角时横截面上的最大正应力,假定钢尺的变形仍处于弹性范围,则可直接利用弯曲变形的物理关系计算:

$$\sigma = E\frac{y}{\rho} = E\frac{\dfrac{h}{2}}{\dfrac{l}{\theta}} = E \times \frac{\theta \cdot h}{2l} = 210 \times 10^3 \times \frac{\dfrac{60}{57.3} \times 0.8}{2 \times 250} = 351.83(\text{MPa})$$

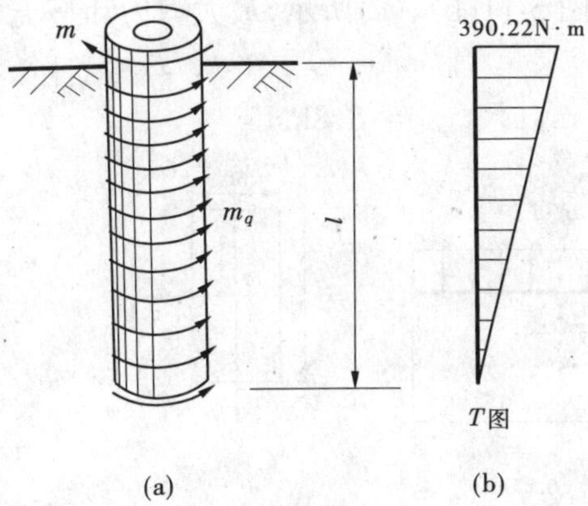

图 5-8

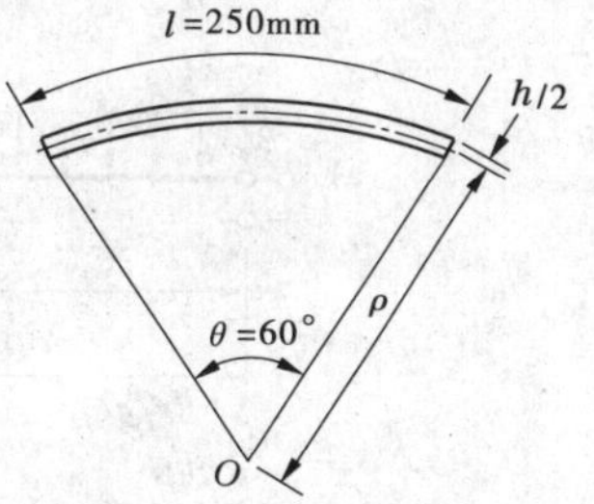

图 5-9

【题 5-17】

解:(1)作图 5-10(a)所示梁的弯矩图如图 5-10(b)所示,得出危险截面的弯矩值为

$$M_{\max} = 3.5\text{kN} \cdot \text{m}$$

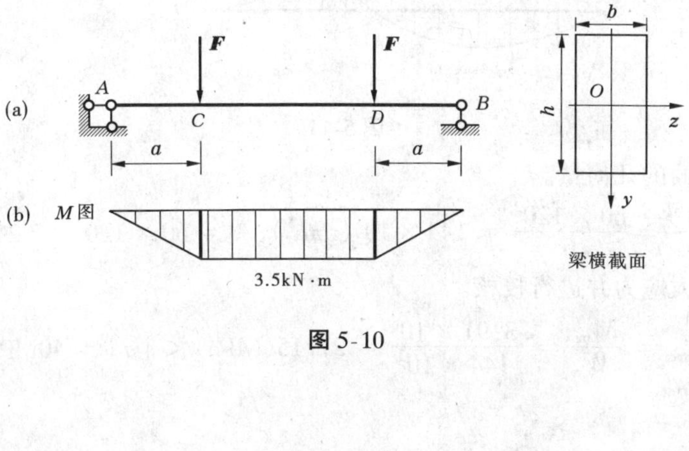

图 5-10

(2)由梁的正应力强度条件确定梁的截面尺寸。

由表 5-1,得

$$\sigma_{\max} = \frac{M_{\max}}{W_z} \leqslant [\sigma]$$

得到

$$W_z = \frac{M_{\max}}{[\sigma]} = \frac{3.5 \times 10^6}{10} = 0.35 \times 10^6(\text{mm}^3)$$

对于矩形截面梁,其抗弯截面系数

$$W_z = \frac{bh^2}{6} = 1.5b^3$$

故

$$b = \sqrt[3]{\frac{0.35 \times 10^6}{1.5}} = 61.56(\text{mm})$$

取 $b = 62$mm,则 $h = 3b = 186$mm。

【题 5-18】

解:(1)作图 5-11(a)所示梁的内力图如图 5-11(b)、(c)所示,最大剪力和最大弯矩都出现在 C 截面上,内力的最大值分别为

$$|M_{\max}| = 3.91\text{kN}\cdot\text{m},\ |F_{Q\max}| = 8.8\text{kN}$$

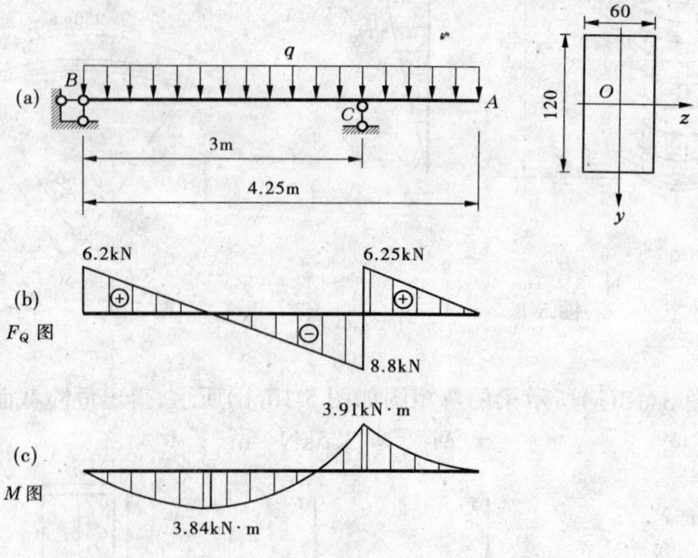

图 5-11

(2)计算截面的几何量。

$$W_z = \frac{bh^2}{6} = \frac{60 \times 120^2}{6} = 144 \times 10^3(\text{mm}^3),A = 60 \times 120 = 7\,200(\text{mm}^2)$$

(3)计算最大应力并进行校核。

$$\sigma_{\max} = \frac{M_{\max}}{W_z} = \frac{3.91 \times 10^6}{144 \times 10^3} = 27.15(\text{MPa}) < [\sigma] = 40\text{MPa}$$

$$\tau_{max} = 1.5\frac{F_{Qmax}}{A} = 1.5 \times \frac{8.8 \times 10^3}{7\ 200} = 1.833(\text{MPa}) < [\tau] = 15\text{MPa}$$

由此可知,梁的正应力和剪应力均满足强度条件。

【题 5-20】

解:(1)作图 5-12(a)所示梁的剪力图和弯矩图如图 5-12(b)、(c)所示,由此得到梁的最大内力值分别为

$$M_{max} = 40\text{kN} \cdot \text{m}, V_{max} = 40\text{kN}$$

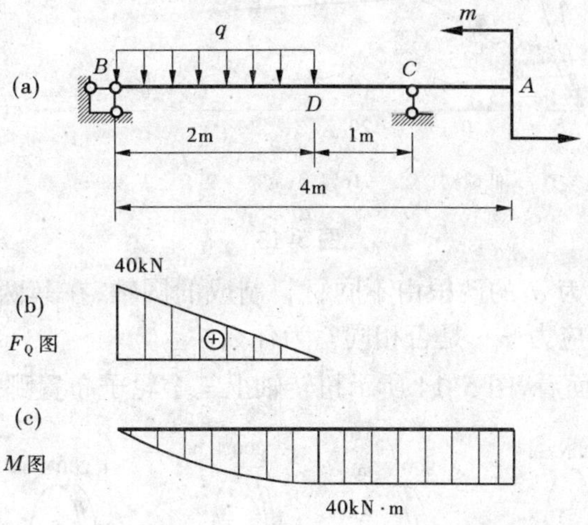

图 5-12

(2)正应力强度条件选择工字钢型号。

$$W_z = \frac{M_{max}}{[\sigma]} = \frac{40 \times 10^6}{170} = 0.235 \times 10^6(\text{mm}^3) = 235(\text{cm}^3)$$

查教材附录,工 20a 的 $W_x = 237\text{cm}^3$, $I_x = 2\ 370\text{cm}^4$, $S_x = 138\text{cm}^3$, $d = 7\text{mm}$。

(3)对所选定的工字钢型号进行强度校核。

$$\tau_{max} = \frac{F_{Qmax}S_x}{I_z d} = \frac{40 \times 10^3 \times 138 \times 10^3}{2\ 370 \times 10^4 \times 7} = 33.27(\text{MPa}) < [\tau] = 100\text{MPa}$$

满足剪应力强度要求。因此,选定工 20a 作为所选择的工字钢型号。

5.4　复习思考题

5-1　什么是平面假设?它在杆件横截面应力分析中起什么作用?

5-2　胡克定律的适用范围是什么?已知 Q235 钢的比例极限 $\sigma_p = 200\text{MPa}$,弹性模量 $E = 200\text{GPa}$。现有一根 Q235 钢拉杆,试验测得其纵向线应变为 $\varepsilon = 0.001\ 5$,是否可以用胡克定律计算其应力?为什么?

5-3　什么是极限应力、许用应力、工作应力?同一材料的许用应力是否相同?

5-4　如图 5-13 所示四根试件的几何形状与尺寸均相同,但材料不同,试根据下图给出的应力应变关系曲线,比较它们的强度、刚度和塑性。

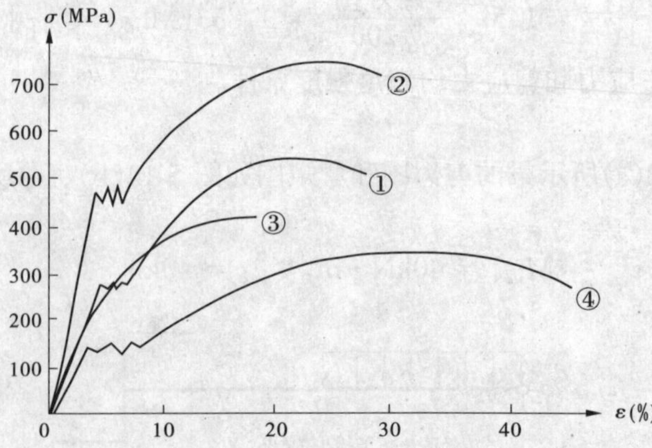

① —低碳钢；② —16锰钢；③ —铝合金；④ —黄铜

图 5-13

5-5　长为 l、直径为 d 的两根由不同材料制成的圆轴，在其两端作用相同的扭转力偶矩 m，试问其最大切应力 $\tau_{\max}$ 是否相同？为什么？

5-6　从强度的方面看，图 5-14 所示扭转轴上三个轮子布置哪一种较为合理？

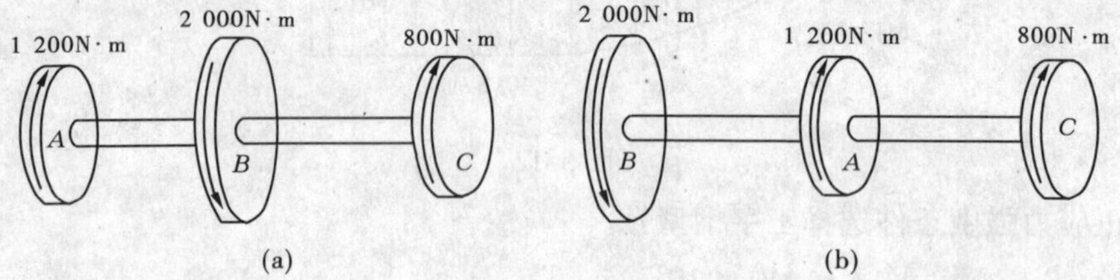

图 5-14

5-7　扭转杆件的横截面所受扭矩如图 5-15 所示，其各横截面上的剪应力分布图是否正确？请更正其中错误的画法。

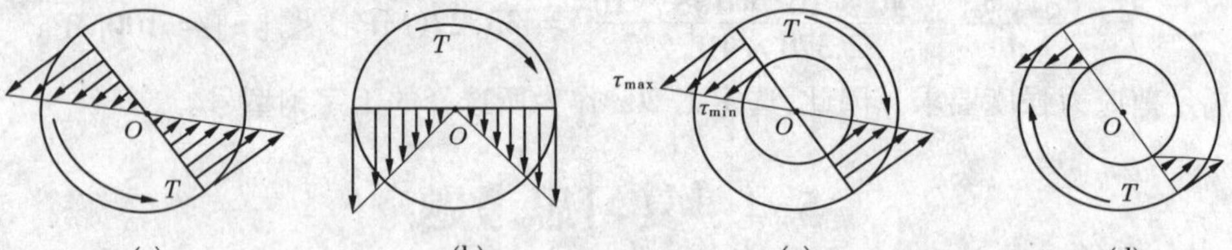

图 5-15

5-8　圆轴的直径增大两倍而其他条件相同，其横截面最大剪应力及扭转角有何变化？

5-9　空心圆轴的内径为 d、外径为 D，其极惯性矩和抗扭截面系数可否按下式计算？

$$I_{\mathrm{p}} = \frac{\pi D^4}{32} - \frac{\pi d^4}{32} \qquad W_T = \frac{\pi D^3}{16} - \frac{\pi d^3}{16}$$

5-10　图 5-16(a)和图 5-16(b)所示的钢梁和三角架材料相同，三角架两杆的横截面面积之和与钢梁的横截面面积相等。已知 $l=10h$，$h=1.5b$，$D=1.22b$，$d=0.6D$。试问哪个的承载能力大？为什么？

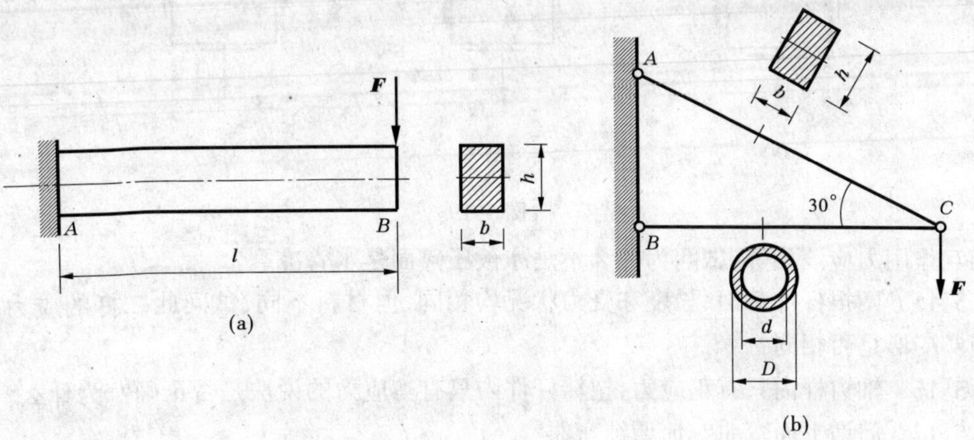

图 5-16

5-11　作图 5-17 所示梁的剪力图和弯矩图。梁在 CD 段的变形称为纯弯曲。试问纯弯曲有何特征？

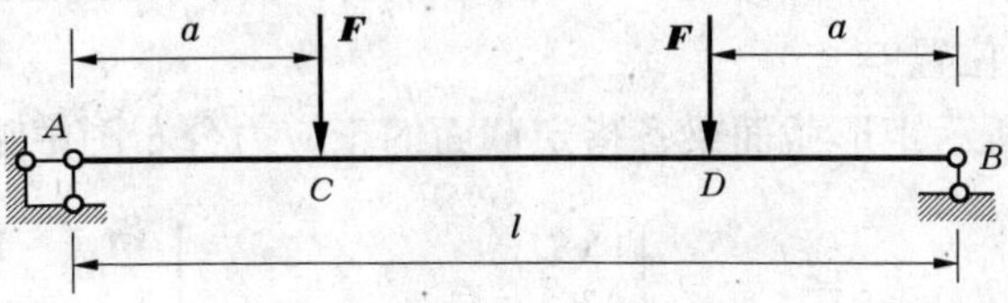

图 5-17

5-12　图 5-18 所示矩形截面简支梁由圆木锯成。已知 $F=5\text{kN}$，$a=1.5\text{m}$，$[\sigma]=10\text{MPa}$。试确定弯曲截面系数最大时的矩形截面高宽比$\dfrac{h}{b}$及梁所需木料的最小直径 d。

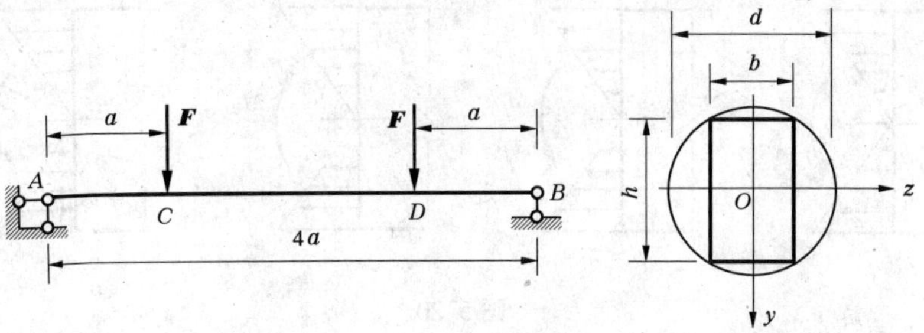

图 5-18

5-13　三个单元体各面上的应力分量如图 5-19 所示。试问是否均处于平面应力状态？

5-14　水管在冬天常有冻裂现象，根据作用与反作用原理，水管壁与管内所结冰之间

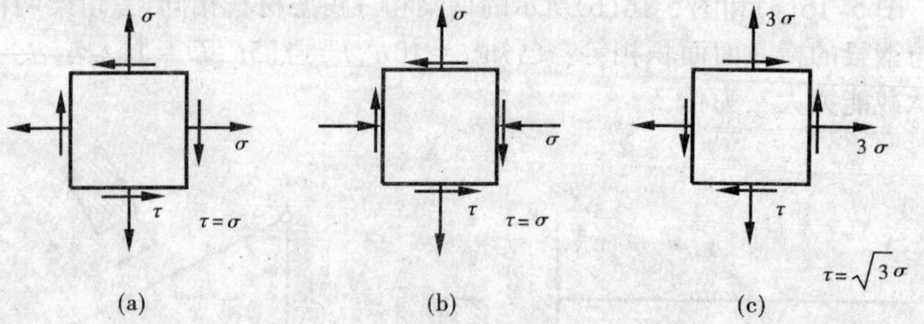

图 5-19

的相互作用力应该相等，试问为什么不是冰被压碎而是水管冻裂？

5-15　两根杆件截面、长度和受力状况均相同，但材料不同，试问此二杆的应力是否相同？变形是否相同？

5-16　轴力杆内只有正应力，扭转杆件内只有剪应力的说法是否正确？为什么？

5-17　何谓平面弯曲？何谓纯弯曲？

5-18　何谓中性层？何谓中性轴？

5-19　平面弯曲梁在纯弯曲状态下导出的正应力计算公式，在什么条件下可用于计算横力弯曲时的正应力？

5-20　梁的正应力和剪应力在横截面上是如何分布的？最大正应力和最大剪应力分布在横截面上的什么位置？

5-21　图 5-20 所示矩形截面梁各指定截面的正应力分布图中哪些是正确的？

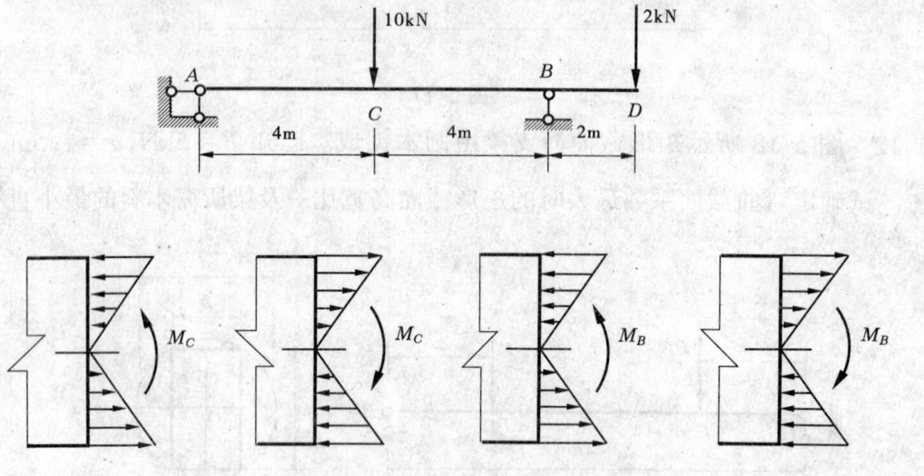

图 5-20

5-22　如何确定梁的危险截面和危险点的位置？等截面直梁的危险点是否一定在绝对最大弯矩所在的截面内？

5-23　何谓单元体？单元体上的 σ_x、τ_x 是杆件中哪个截面上的应力？

5-24　何谓主平面？何谓主应力？如何确定单元体中主应力的方向？

5-25　钢筋混凝土梁中布置纵向受力钢筋的根据是什么？

5-26　在平面弯曲梁的强度计算中，什么形状截面的梁需要进行全面的强度校核？其中主应力的危险点在梁截面上的什么位置？

5-27　组合变形杆件进行内力和应力分析的基本方法是什么？

5-28　如何确保偏心压杆(柱)中不出现拉应力？

第6章 杆件的变形与刚度计算

6.1 内容与要求

6.1.1 本章的基本内容

本章研究的基本内容是轴向拉压杆、扭转轴、平面弯曲单跨梁的变形和位移计算及扭转轴和平面弯曲单跨梁的刚度计算。

学习的重点是:轴向拉压杆的纵向变形计算,图乘法计算单跨梁的位移。

学习的难点是:虚功概念的建立和虚设状态的确定,组合弯矩图的分解与图乘。

6.1.2 学习本章的基本要求

(1)弄清变形、位移、虚功、单位荷载等概念,明确实功、虚功的意义与区别。

(2)弄清并掌握变形和位移计算公式中各量的意义及其确定方法。

(3)理解胡克定律的意义及其适用范围,了解纵向变形与横向变形的关系。

(4)熟练掌握轴向拉压杆、扭转圆轴的变形计算和简单荷载作用下平面弯曲梁的位移计算方法。

(5)会进行扭转轴和平面弯曲梁的刚度校核,了解用刚度条件设计截面和确定许可荷载。

6.2 学习与理解

6.2.1 重要概念的理解

6.2.1.1 变形与位移的概念

变形是指物体由于外因的作用而引起的几何形状与尺寸的变化,或物体内任意两点间相对位置的改变。例如轴力杆的伸长或缩短,传动轴横截面间绕杆轴线的相对转动,梁的弯曲等,都指的是变形。位移是指杆件截面(或结点)位置的移动。位移的类型有两种:一种是截面形心(或点)直线移动,称为线位移,用"Δ"表示;另一种是截面绕着某一轴线的转动,称为角位移,用"φ"表示。一般说来,变形是针对整个杆件,位移是针对一定的截面(或点)而言的,因此变形是绝对的,而位移是相对的。

例如图6-1所示阶梯形立柱在不计自重的情况下,其AB段和BC段的高度在受力前分别为h_1、h_2,受力变形后(如图中虚线所示)分别为h_1'和h_2'。则AB段和BC段的绝对变形(长度的改变量)分别是

$$\Delta_{h_1} = h_1' - h_1 = -\frac{F_1 h_1}{EA_1}$$

$$\Delta_{h_2} = h_2' - h_2 = -\frac{(F_1 + 2F_2)h_2}{EA_2}$$

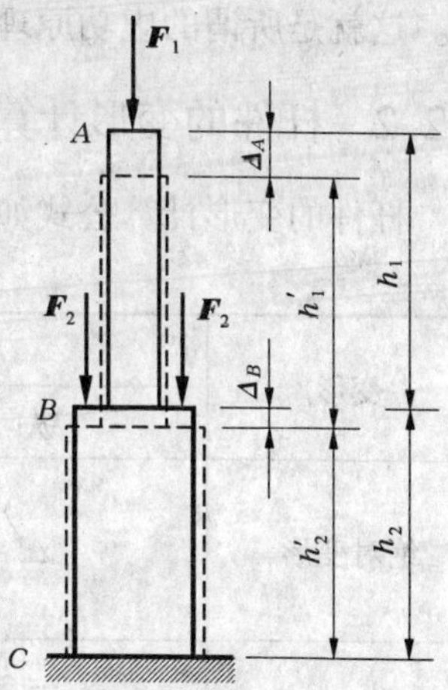

图 6-1

由于变形而导致 A、B 截面分别向下移动了 Δ_A 和 Δ_B，其位移量在数值上分别为

$$\Delta_A = \Delta_{h_1} + \Delta_{h_2}, \Delta_B = \Delta_{h_2}$$

在这里，Δ_{h_1} 和 Δ_{h_2} 是变形，Δ_A 及 Δ_B 是位移，它们具有相同的量纲。

位移是具有方向的量，对所计算的位移，必须注明是哪个截面沿哪个方向的位移。

6.2.1.2　虚功的概念

在中学物理中已经有了功的概念，即

$$功 = 力 \cdot 位移 = F \cdot \Delta \tag{6-1}$$

如果位移 Δ 是做功的力 $\boldsymbol{F}$ 引起的，则力 $\boldsymbol{F}$ 在位移 Δ 上所做的功称为**实功**。若位移 Δ 不是做功的力 F 引起的，则力 F 在位移 Δ 上所做的功称为**虚功**。由此可见，**实功与虚功的区别在于做功的力与位移是否相关**。相关为实功，无关则是虚功。

下面来分析一下图 6-1 中力 $\boldsymbol{F}_1$ 在位移 Δ_A 上所做的功。为了分清力与位移的关系，根据图 6-1 中的几何关系将位移 Δ_A 表示为

$$\Delta_A = (\Delta_{h_1} + \Delta_{h_2}') + \Delta_{h_2}''$$

其中，Δ_{h_1}、Δ_{h_2}' 分别是 $\boldsymbol{F}_1$ 单独作用时 AB 段和 BC 段的变形，Δ_{h_2}'' 是 $2\boldsymbol{F}_2$ 单独作用时 BC 段的变形，则 $\boldsymbol{F}_1$ 引起的位移为 $\Delta_A' = (\Delta_{h_1} + \Delta_{h_2}')$，$2\boldsymbol{F}_2$ 引起的位移 $\Delta_A'' = \Delta_{h_2}''$。

因而，外力 $\boldsymbol{F}_1$ 在位移 Δ_A 上所做的功由两部分组成，一部分是在自身引起的位移 Δ_A' 上所做的功，另一部分是在外力 $2\boldsymbol{F}_2$ 引起的位移 Δ_A'' 上所做的功。前者是外力实功，后者称为外力虚功。由此可见，虚功之“虚”并非不存在，而是指力与位移“无关”。由于做虚功时力与位移无关，就可以给虚功以“虚力——任给的力”，或给虚功以“虚位移——任给的位移”。前者称为虚力的功，后者称为虚位移的功。

在力学中就是妙用了“无关”而建立了虚功原理，并依此得出了杆件和结构位移计算的虚功法或单位荷载法。在单位荷载法中，作虚功的位移是杆件或杆件结构的实际位移，而做功的力是虚设的单位力(力的大小等于 1，无量纲)。

6.2.1.3　虚功原理的简单解释

任何物体受外力作用时都会产生内力和变形，当外力在其他原因引起的位移上做虚功的同时，内力也在其他原因引起的变形上做了虚功，即内力虚功。对于平衡力系作用下的同一弹性体(杆件或结构)而言，外力虚功之和与内力虚功之和总是相等的。如果设做虚功的位移或变形状态为第一状态，而做虚功的力状态为虚设的第二状态，则**第二状态的外力在第一状态的位移上所做的虚功等于第二状态的内力在第一状态的变形上所做的虚**

功。这就是所谓的虚功原理，或虚力原理。

6.2.2　杆件的变形计算

杆件的变形计算公式如表 6-1 所示。

表 6-1　杆件变形计算公式

变形	轴向拉压杆		圆形截面扭转轴
	纵向变形	横向变形	
绝对变形	$\Delta l=\frac{Nl}{EA}$	不计算	$\varphi=\frac{Tl}{GI_p}$ (两截面间的相对扭转角)
相对变形	$\varepsilon=\frac{N}{EA}=\frac{\sigma}{E}$ ε 称为纵向线应变	$\varepsilon'=-\mu\varepsilon$ ε'称为横向线应变	$\theta_T=\frac{T}{GI_p}$(单位长度扭转角)
应力变形关系	$\sigma=E\varepsilon$ (在弹性变形范围内适用)		$\tau=G\gamma$，γ 称为剪应变
公式适用条件	杆件的变形不超过弹性变形范围(或应力不超过比例极限)		

杆件的变形计算很简单，但计算时要注意引起变形的原因和变形的正负号。

6.2.3　梁的位移计算

梁的位移计算是工程力学的重要内容之一，在本章中主要研究位移计算的方法——根据虚功原理并通过设立单位荷载来计算平衡力系作用下杆件和结构位移的方法，称为单位荷载法，其中包括积分法和图乘法两种计算方式。图乘法只适用于计算等截面直杆和等截面的直杆系结构位移，而积分法则不受此条件的限制。本章中只涉及单跨静定梁的位移计算，对于杆系结构的位移计算，将在第 9 章中进行讨论。

6.2.3.1　单位荷载的设置

在利用单位荷载法计算荷载（或支座移动，或温度变化等）引起实际结构的位移时，必须同时有两种状态：

一种是**杆件或结构受荷载作用(或支座移动，或温度变化等)的状态，称为实际状态**；另一种是同一结构仅在需要计算位移的截面(或结点)处沿位移方向上所受的**虚设单位荷载 $\overline{F}=1$ 作用的状态，简称为虚力状态**。虚力状态必须与实际状态具有相同的结构形式、几何尺寸和相应的刚度。

虚力状态中单位荷载的设置方法是：

(1)求实际状态中 K 截面 v 方向的位移时，应在虚设状态的 K 截面处沿 v 方向作用一个单位荷载。且求线位移时设单位集中力 $\overline{F}=1$，求角位移时设单位力偶 $\overline{m}=1$。

(2)求实际状态中 A、B 两截面(或两点)间的相对位移时，应在 A、B 两处各作用一个单位荷载，若求相对线位移，此两处的单位荷载是沿这两点的连线方向作用且指向相反

的单位集中力 $\overline{F}=1$；若求相对角位移，则 A、B 两处的单位荷载是转向相反的单位力偶 $\overline{m}=1$。

6.2.3.2 位移计算公式

实际结构指定位移的计算方法有三种：

第一种是积分法。即先建立两种状态，并列出这两种状态的内力方程，再将内力方程代入积分公式进行积分而求出位移。

第二种是图乘法。即先分别作出受力杆件在两种状态下的内力图，再根据图乘公式计算出指定位移。应用时应注意使用条件。

积分法和图乘法都是单位荷载法的具体应用。其实，除梁的位移可用单位荷载法计算外，平衡力系作用下的轴向拉压杆和扭转轴也可以用单位荷载法计算位移。现将轴向拉压杆、圆形截面扭转轴和梁在荷载作用时的单位荷载法位移计算公式列入表6-2，供读者参考。

表6-2 荷载作用下均质等截面直杆(或直杆结构)位移计算公式

方法	轴向拉压杆	圆形截面扭转轴	平面弯曲梁
积分法	$\Delta_K=\sum\int_s \frac{F_N\cdot\overline{F_N}}{EA}ds$	$\Delta_K=\sum\int_s \frac{T\cdot\overline{T}}{GI_p}ds$	$\Delta_K=\sum\int_l \frac{M\cdot\overline{M}}{EI_z}ds$
图乘法	$\Delta_K=\sum\frac{\omega_N\cdot\overline{F_N}}{EA}$ ω_N：荷载作用下 F_N 图面积，其正负号与 F_N 相同	$\Delta_K=\sum\frac{\omega_T\cdot\overline{T}}{GI_p}$ ω_T：荷载作用下 T 图面积，其正负号与 T 相同	$\Delta_K=\sum\frac{\omega\cdot y_C}{EI_z}$ ω：荷载作用下 M 图面积 y_C：单位力作用下 $\overline{M}$ 图竖标

第三种是叠加法。其理论依据仍然是叠加原理，这里不再重述。这种方法适合于计算几种或几个荷载同时作用于杆件或结构时的位移，但计算者必须是对每种(或每个)荷载单独作用时的位移值很熟悉时方可采用，否则可能弄巧成拙。

6.2.3.3 组合弯矩图的分解与图乘

梁的位移计算是本章的重点内容。其中组合弯矩图的分解与图乘，是梁的位移计算中的难点。其实在两种状态的弯矩图中，只有荷载弯矩图有可能出现相对较为复杂的组合图形，而单位荷载弯矩图的复杂情况充其量也只是个梯形。因此，对于组合弯矩图的图乘问题，主要是如何正确而有效地对荷载弯矩图进行分解。解决组合弯矩图的图乘问题的方法是叠加法：将组合弯矩图(一般为荷载弯矩图 M)分解为几个面积和形心位置已知的简单图形，然后将它们分别与另一弯矩图(一般为单位荷载弯矩图 $\overline{M}$)相乘后再叠加。在分解与图乘的过程中要注意以下几点：

(1)对于梯形弯矩图，最好分为直角三角形和矩形，或都分解为三角形。

(2)对于组合的抛物线弯矩图，分解后必然还有简单的抛物线弯矩图。被称为简单的抛物线弯矩图必须有“顶点”，且形心位置、面积公式已知。此“顶点”是指曲线上切线斜率为零的点，该点对应的梁截面上剪力等于零。

(3)如果 $\overline{M}$ 图也需要被分解,则图乘时其竖标仍然是分解前的竖标值,而不是其中的某一部分。

(4)两个弯矩图的图乘结果是代数量,必须注意到每个简单弯矩图图乘时的 M 与 $\overline{M}$ 位于杆件的同一侧时其图乘为正,异侧时图乘为负。

【例 6-1】 图 6-2(a)所示开口圆环半径为 R,开口 AB 两截面的间距为 Δ。问需加多大的力 $\boldsymbol{F}$,才能使 A、B 两截面的间距刚好为零? 设 EI = 常数,且略去剪力与轴力对位移的影响。

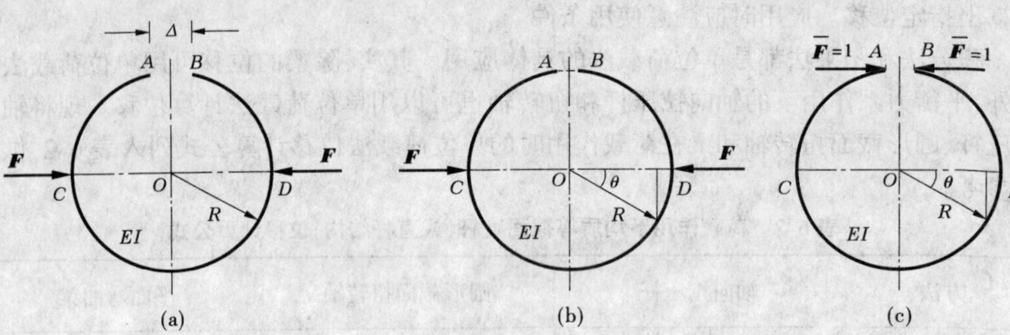

图 6-2

解:由已知位移求所对应的力与由已知力求指定位移的计算步骤是一样的。两类问题都是根据所求位移的类型建立相应的虚力状态,利用积分公式计算位移。若已知位移求对应的荷载,应先根据题意建立方程,再从方程中解出所需要求解的力。

在荷载 $\boldsymbol{F}$ 作用下,计算 A、B 两点的相对线位移的实际状态及虚力状态如图 6-2(b)、(c)所示,实际状态与虚力状态的弯矩方程式如下

$$M = FR\sin\theta, \overline{M} = (R + R\sin\theta) \qquad (0 \leqslant \theta \leqslant \pi/2)$$

将这两个方程代入位移计算的积分公式进行积分

$$\Delta_{AB} = 2\int_0^{\frac{\pi}{2}} \frac{M \cdot \overline{M}}{EI} \mathrm{d}s = \frac{2}{EI}\int_0^{\frac{\pi}{2}} FR\sin\theta \cdot (R + R\sin\theta) \cdot R\mathrm{d}\theta$$

$$= \frac{2FR^3}{EI}\int_0^{\frac{\pi}{2}} \sin\theta(1 + \sin\theta)\mathrm{d}\theta = \frac{2FR^3}{EI}(1 + \frac{\pi}{4})$$

依题意,要求 $\Delta - \Delta_{AB} = 0$,即

$$\Delta - \frac{2FR^3}{EI}(1 + \frac{\pi}{4}) = 0$$

由此解得

$$F = \frac{2EI}{R^3(4 + \pi)} \cdot \Delta$$

即当 $F = \dfrac{2EI}{R^3(4+\pi)} \cdot \Delta$ 时,可使 A、B 两截面的间距刚好为零。

【例 6-2】 用积分法和图乘法计算图 6-3(a)所示外伸梁 C 截面的竖向位移。EI = 常数。

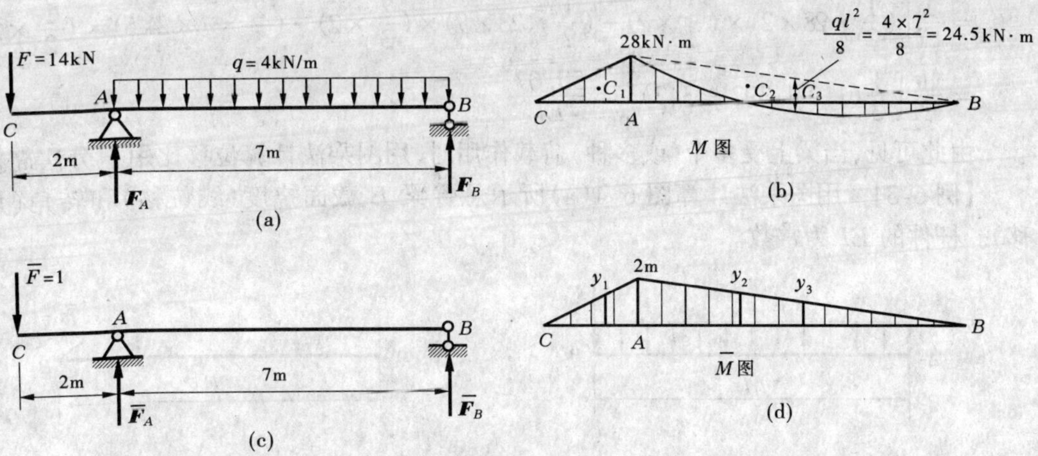

图 6-3

解:(1)以图 6-3(a)为计算位移的实际状态,建立计算 C 截面竖向位移的虚力状态如图 6-3(c)所示。由静力平衡条件求得两种状态下梁的支座约束力分别为

实际状态　　$F_A = 32\text{kN}, F_B = 10\text{kN}$

虚力状态　　$\overline{F_A} = \frac{9}{7}, \overline{F_B} = -\frac{2}{7}$

(2)用积分法计算 C 截面的竖向位移。

以 C 截面形心为坐标原点,x 轴向右为正,分别建立两种状态的弯矩方程:

梁段	实际状态	虚力状态	x 定义域
AC 段	$M_1(x) = -14x$	$\overline{M_1}(x) = -x$	$(0 \leqslant x \leqslant 2)$
AB 段	$M_2(x) = -2x^2 + 26x - 72$	$\overline{M_2}(x) = \frac{2}{7}x - \frac{18}{7}$	$(2 \leqslant x \leqslant 9)$

将两种状态的弯矩方程代入相应的积分公式,积分计算位移:

$$\Delta_{CV} = \sum \int_s \frac{M \cdot \overline{M}}{EI} ds = \frac{1}{EI}\left[\int_0^2 M_1(x) \cdot \overline{M_1}(x) dx + \int_2^9 M_2(x) \cdot \overline{M_2}(x) dx\right]$$

$$= \frac{1}{EI}\left[\int_0^2 (-14x)(-x) dx + \int_2^9 (-2x^2 + 26x - 72)\left(\frac{2}{7}x - \frac{18}{7}\right) dx\right]$$

$$= \frac{1}{EI}\left[\left(\frac{14}{3}x^3\right)_0^2 + \left(-\frac{1}{7}x^4 + \frac{88}{21}x^3 - \frac{306}{7}x + \frac{1\,296}{7}\right)_2^9\right]$$

$$= \frac{1}{EI}\left\{\left(\frac{112}{3}\right) + \left[-\frac{1}{7} \times (9^4 - 2^4) + \frac{88}{21} \times (9^3 - 2^3) - \frac{306}{7} \times (9^2 - 2^2) + \frac{1\,296}{7} \times (9 - 2)\right]\right\}$$

$$= \frac{1}{EI}(37.3 + 16.3) = \frac{53.6}{EI}$$

(3)用图乘法计算 C 截面的竖向位移。分别作出两种状态的弯矩图如图 6-3(b)、(d)所示。将 M 图分解为三块,它们的形心位置分别为 C_1、C_2、C_3,$\overline{M}$ 图上 C_1、C_2、C_3 对应的竖标分别为 y_1、y_2、y_3。由图乘公式计算位移:

$$\Delta_{CV} = \sum \frac{\omega \cdot y_C}{EI} = \frac{1}{EI}[\omega_1 y_1 + \omega_2 y_2 + \omega_3 y_3]$$

$$= \frac{1}{EI}\left[(\frac{1}{2}\times 28\times 2)\times(\frac{2}{3}\times 2) + (\frac{1}{2}\times 28\times 7)\times(\frac{2}{3}\times 2) - (\frac{2}{3}\times 7\times 24.5)\times(\frac{1}{2}\times 2)\right]$$

$$= \frac{1}{EI}\left[\frac{1}{3}(112 + 392 - 343)\right] = \frac{53.67}{EI}$$

由此可见,当梁上受多个(或多种)荷载作用时,用图乘法计算位移比用积分法简捷。

【例 6-3】 用图乘法计算图 6-4(a)所示悬臂梁 B 截面挠度(线位移)和转角(角位移)。杆件的 EI 为常数。

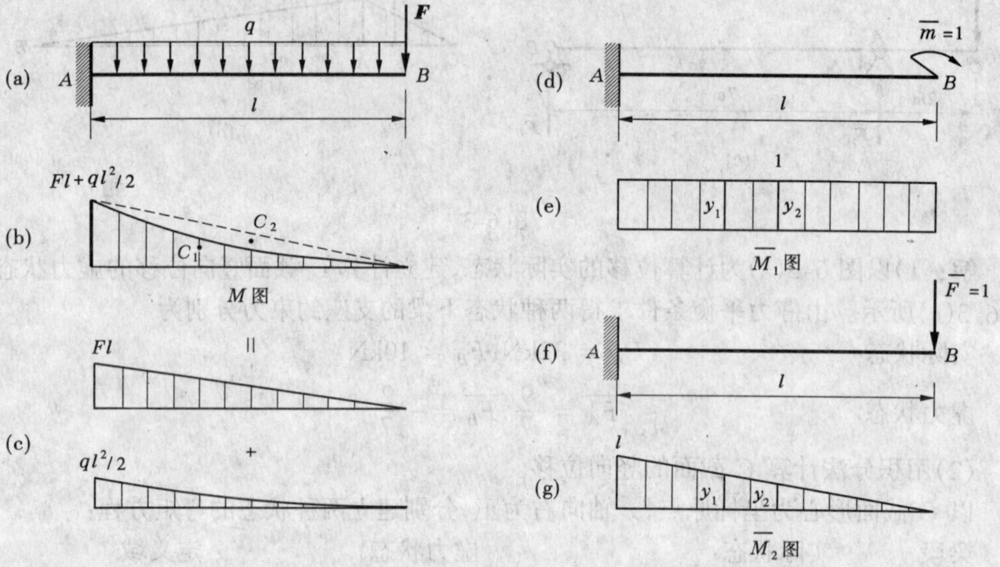

图 6-4

解:(1)以梁受荷载作用的状态为计算位移的实际状态,作弯矩图如图 6-4(b)所示。

(2)设置求 B 截面转角的虚力状态如图 6-4(d)所示,作其弯矩图如图 6-4(e)所示,用图乘公式计算 B 截面转角。

对于 M 图,表面看来像是一个标准的二次抛物线,但实际上它是由如图 6-4(c)所示的两个弯矩图组合而成的,图 6-4(b)中 B 截面的剪力不等于零,即图中的 B 点并不是曲线弯矩图的“顶点”。图乘时,将图 6-4(b)视为一个三角形减去一个二次抛物线(当然也可以分解为图 6-4(c)所示的两部分),并分别与图 6-4(e)相乘。由图 6-4(b)、(e)相乘得到 B 截面的转角:

$$\varphi_B = \sum \frac{\omega \cdot y_C}{EI} = \frac{1}{EI}[\omega_1 y_1 + \omega_2 y_2]$$

$$= \frac{1}{EI}\left[\left(\frac{l}{2}(Fl + \frac{ql^2}{2})\right)\times 1 - \left(\frac{2}{3}l\cdot\frac{ql^2}{8}\right)\times 1\right] = \frac{l^2}{6EI}(3F + ql)$$

若由图 6-4(c)、(e)相乘,同样可得这一结果:

$$\varphi_B = \sum \frac{\omega \cdot y_C}{EI} = \frac{1}{EI}[\omega_1 y_1 + \omega_2 y_2]$$

$$= \frac{1}{EI}\left[\left(\frac{1}{2}l \cdot Fl \times 1\right) + \left(\frac{1}{3}l \cdot \frac{ql^2}{2} \times 1\right)\right] = \frac{l^2}{6EI}(3F + ql)$$

(3)设置求 B 截面挠度的虚力状态如图 6-4(f)所示,作其弯矩图如图 6-4(g)所示。由图 6-4(b)、(g)相乘得到 B 截面的挠度(即竖向线位移):

$$y_B = \Delta_{BV} = \sum \frac{\omega \cdot y_C}{EI} = \frac{1}{EI}[\omega_1 y_1 + \omega_2 y_2]$$

$$= \frac{1}{EI}\left[\left(\frac{l}{2}(Fl + \frac{ql^2}{2}) \cdot (\frac{2}{3}l)\right) - \left(\frac{2l}{3} \times \frac{ql^2}{8}\right) \cdot (\frac{l}{2})\right] = \frac{l^3}{24EI}(8F + 3ql)$$

以上两种位移的计算结果均为正值,表明 B 截面挠度和转角的方向均与两种虚力状态中相应的虚设单位力的方向一致。

6.3　习题答案及选解

6.3.1　习题答案

6-1　$\Delta l_{AB} = \frac{Fl}{3EA}, \Delta l_{BC} = -\frac{Fl}{3EA}, \Delta l_{CD} = \frac{Fl}{3EA}, \Delta_{DH} = \frac{Fl}{3EA}(\rightarrow)$。

6-2　$\Delta l_{AB} = -2.56\text{mm}, \Delta l_{BC} = -2.67\text{mm}, \Delta_A = -5.23\text{mm}(\downarrow)$。

6-3　$\Delta_{BV} = 0.43\text{mm}(\downarrow)$。

6-4　$\begin{cases}\sigma_{AC} = -2.5\text{MPa} \\ \sigma_{CD} = -6.5\text{MPa}\end{cases}; \begin{cases}\varepsilon_{AC} = -2.5 \times 10^{-4} \\ \varepsilon_{CD} = -6.5 \times 10^{-4}\end{cases}; \Delta l = -1.35\text{mm}$(缩短)。

6-5　$\sigma = 149.28\text{MPa}, E = 203.57\text{GPa}$。

6-6　$\Delta_A = 5.35\text{mm}(\downarrow)$。

6-7　(a)$\Delta_{CV} = \frac{15\,000}{EI}(\downarrow)$;(b)$\Delta_{CV} = \frac{320\,000}{3EI}(\downarrow)$。

6-8　(a)$\varphi_B = \frac{ql^3}{9EI}$(逆),$\Delta_{CV} = \frac{29ql^4}{243EI}(\downarrow)$;(b)$\varphi_B = \frac{4q}{EI}$(顺),$\Delta_{CV} = \frac{10q}{EI}(\downarrow)$。

6-9　(a)$\Delta_{CV} = \frac{11\,859}{EI}(\uparrow)$;(b)$\Delta_{CV} = \frac{341\,333}{EI}(\downarrow)$。

6-10　Ⅰ梁最大挠度是Ⅱ梁的 1/4 倍。

6-11　见题解。

6.3.2　习题选解

【题 6-4】

解:(1)计算各段柱横截面上的应力:

$$\sigma_{AC} = \frac{F_{NAC}}{A} = \frac{-100 \times 10^3}{4 \times 10^4} = -2.5(\text{MPa})$$

$$\sigma_{CD} = \frac{F_{NCD}}{A} = \frac{-260 \times 10^3}{4 \times 10^4} = -6.5(\text{MPa})$$

(2)计算各段柱的纵向线应变:

$$\varepsilon = \frac{\sigma}{E} \Rightarrow \begin{cases} \varepsilon_{AC} = \dfrac{-2.5 \times 10^6}{10 \times 10^9} = -2.5 \times 10^{-4} \\ \varepsilon_{CD} = \dfrac{-6.5 \times 10^6}{10 \times 10^9} = -6.5 \times 10^{-4} \end{cases}$$

(3) 计算该立柱的总变形(绝对变形):

$$\Delta l = \varepsilon_{AC} \times l_{AC} + \varepsilon_{CD} \times l_{CD} = -1.5 \times 10^3 \times (2.5 + 6.5) \times 10^{-4} = -1.35(\text{mm})(\text{缩短})$$

【题 6-6】

解:(1)以图 6-5(a)所示荷载作用状态为位移计算的实际状态,作其轴力图如图 6-5(b)所示。其中,轴向分布力

$$q_1 = 18 \times 0.25^2 = 1.125(\text{kN/m}), q_2 = 18 \times 0.5^2 = 4.5(\text{kN/m})$$

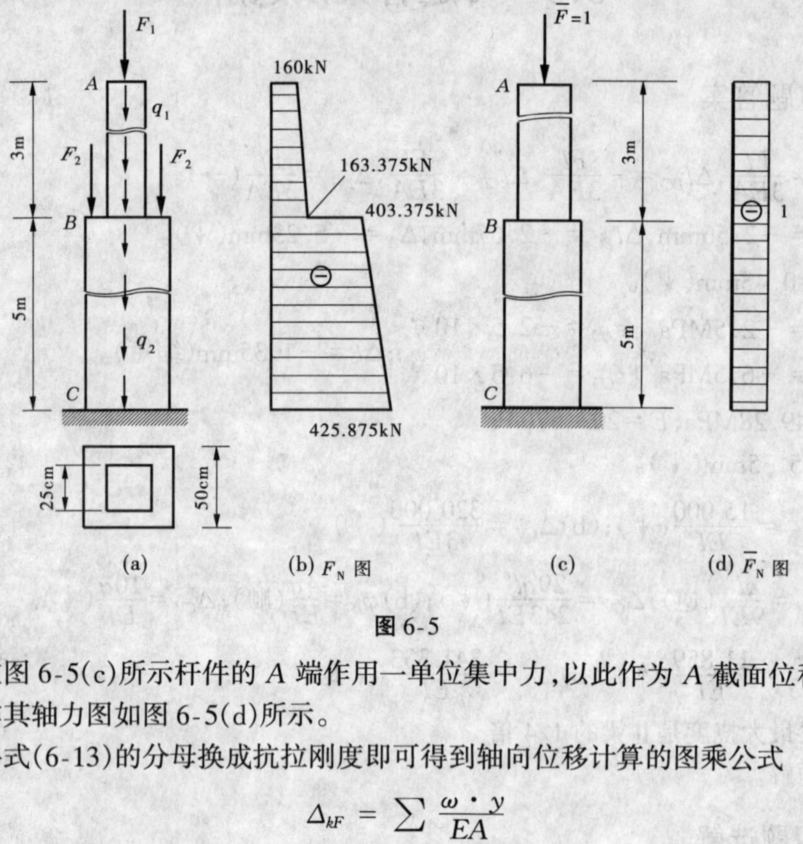

图 6-5

(2)在图 6-5(c)所示杆件的 A 端作用一单位集中力,以此作为 A 截面位移计算的虚力状态,作其轴力图如图 6-5(d)所示。

(3)将式(6-13)的分母换成抗拉刚度即可得到轴向位移计算的图乘公式

$$\Delta_{kF} = \sum \frac{\omega \cdot y}{EA}$$

并由此式计算 A 截面的位移

$$\Delta_A = \sum \frac{\omega \cdot y}{EA} = \frac{1 \times 10^3}{3 \times 10^9} \left[\frac{\frac{1}{2}(160 + 163.375) \times 3}{0.25^2} + \frac{\frac{1}{2}(403.375 + 425.875) \times 5}{0.5^2} \right] \times 1$$

$$= 5.35(\text{mm})(\downarrow)$$

【题 6-7(a)】

解法 1:用积分法计算图 6-6(a)中所示梁 C 截面的挠度。

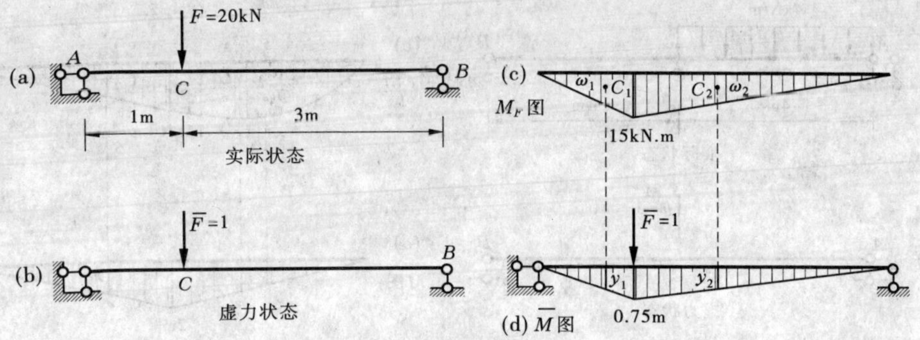

图 6-6

(1)以图 6-6(a)为实际状态，支座约束力分别为 $F_A = 15\text{kN}, F_B = 5\text{kN}$。列各梁段的弯矩方程。

$$AC\ 段: M(x) = F_A x = 15x, (0 \leqslant x \leqslant 1)$$

$$BC\ 段: M(x) = F_B(4 - x) = 20 - 5x, (1 \leqslant x \leqslant 4)$$

(2)取图 6-6(b)所示虚力状态，列各梁段的弯矩方程。

$$AC\ 段: \overline{M}(x) = \overline{F_A} x = 0.75x, (0 \leqslant x \leqslant 1)$$

$$BC\ 段: \overline{M}(x) = \overline{F_B}(4 - x) = 1 - 0.25x, (1 \leqslant x \leqslant 4)$$

(3)由式(6-12)计算截面 C 的竖向线位移。

$$\Delta_{CV} = \sum \frac{1}{EI}\int_s M(x)\overline{M}(x)\mathrm{d}x = \frac{1}{EI}\left[\int_0^1 15x \times 0.75x\mathrm{d}x + \int_1^4 (20 - 5x)(1 - 0.25x)\mathrm{d}x\right]$$

$$= \frac{1 \times 10^3}{EI}\left[(3.75x^3)_0^1 + (40x - 10x^2 + 0.83x^3)_1^4\right] = \frac{15\,000}{EI}$$

解法 2：用图乘法计算图 6-6(a)中所示梁 C 截面的挠度。

(1)以图 6-6(a)为实际状态，作图 6-6(b)所示虚力状态，其弯矩图分别如图 6-6(c)、(d)所示。

(2)用图乘公式式(6-13)计算 C 截面的挠度。

$$\Delta_{CV} = \sum \frac{\omega \cdot y_C}{EI} = \frac{1}{EI}[\omega_1 \cdot y_1 + \omega_1 \cdot y_2]$$

$$= \frac{1 \times 10^3}{EI}\left[\frac{1}{2} \times 1 \times 15 \times \frac{2}{3} \times 0.75 + \frac{1}{2} \times 3 \times 15 \times \frac{2}{3} \times 0.75\right] = \frac{15\,000}{EI}$$

可见，两种解法的计算结果完全相同。

【题 6-7(b)】

解法 1：用积分法计算图 6-7(a)中所示梁 C 截面的挠度。

(1)以图 6-7(a)为实际状态，支座约束力分别为 $F_A = 12\text{kN}, F_B = 4\text{kN}$。列各梁段的弯矩方程。

$$AC\ 段: M(x) = F_A x - \frac{qx^2}{2} = 12x - 2x^2, (0 \leqslant x \leqslant 4)$$

$$BC\ 段: M(x) = F_B(8 - x) = 32 - 4x, (4 \leqslant x \leqslant 8)$$

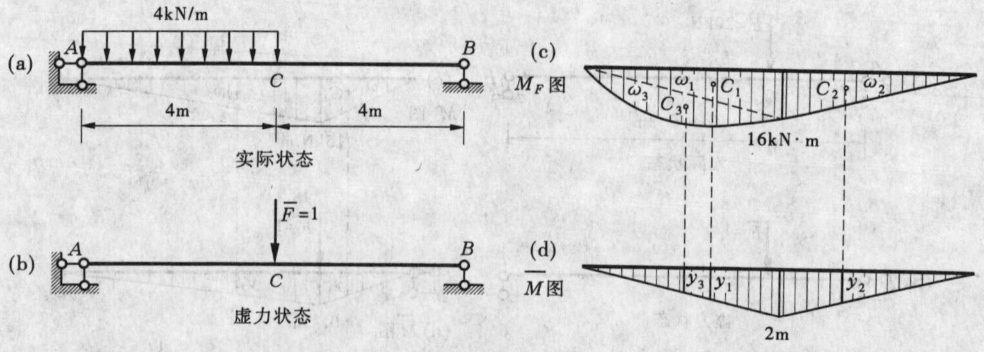

图 6-7

(2)取图 6-7(c)所示虚力状态,支座约束力均为 0.5。列各梁段的弯矩方程。

$$AC\text{ 段}:\overline{M}(x)=\overline{F_A}x=0.5x,(0\leqslant x\leqslant 4)$$

$$BC\text{ 段}:\overline{M}(x)=\overline{F_B}(8-x)=4-0.5x,(4\leqslant x\leqslant 8)$$

(3)由式(6-12)计算 C 截面的挠度。

$$\Delta_{CV}=\sum\frac{1}{EI}\int_s M(x)\overline{M}(x)\mathrm{d}x=\frac{1}{EI}\left[\int_0^4(12x-2x^2)(0.5x)\mathrm{d}x+\int_4^8(32-4x)(4-0.5x)\mathrm{d}x\right]$$

$$=\frac{1\times10^3}{EI}\left[\left(2x^3-\frac{x^4}{4}\right)_0^4+\left(128x-16x^2+\frac{2}{3}x^3\right)_4^8\right]=\frac{32\times10^4}{3EI}$$

解法 2:用图乘法计算图 6-7(a)中所示梁 C 截面的挠度。

(1)以图 6-7(a)为实际状态,作图 6-7(b)所示虚力状态,他们的弯矩图分别如图 6-7(c)、(d)所示。

(2)用图乘公式(6-13)计算 C 截面的挠度。

$$\Delta_{CV}=\sum\frac{\omega\cdot y_C}{EI}=\frac{1}{EI}(\omega_1\cdot y_1+\omega_2\cdot y_2+\omega_3\cdot y_3)$$

$$=\frac{1\times10^3}{EI}\left(2\times\frac{1}{2}\times4\times16\times\frac{2}{3}\times2+\frac{2}{3}\times4\times\frac{4}{8}\times4^2\times\frac{2}{2}\right)=\frac{32\times10^4}{3EI}$$

可见,两种解法的计算结果完全相同。

【题 6-11】

解:由教材第 6 章表 6-2 查得该梁的最大挠度为

$$f=\frac{5ql^4}{384EI}=\frac{5\times8\times(6\times10^3)^4}{384\times200\times10^3\times\dfrac{180\times270^3}{12}}=\frac{51.84\times10^{15}}{22.67\times10^{15}}$$

$$=2.287(\mathrm{mm})<[f]=4\mathrm{mm}$$

满足刚度条件。

6.4 复习思考题

6-1 什么是变形?什么是位移?在弹性变形范围内,杆件的变形和位移与哪些因素有关？

6-2　研究杆件的变形和位移的目的是什么？

6-3　杆件的变形或位移计算公式能否用于计算超出弹性变形范围时杆件的变形和位移？为什么？

6-4　轴向拉压杆和圆形截面扭转轴的绝对变形和相对变形各是什么？

6-5　两根杆件具有相同的截面、长度和受力状况，但材料不同，试问此二杆的应力是否相同？变形是否相同？

6-6　如图 6-8 所示两梁抗弯刚度 EI 相同，荷载 q 相同，则下列四种关系中，正确的是______。

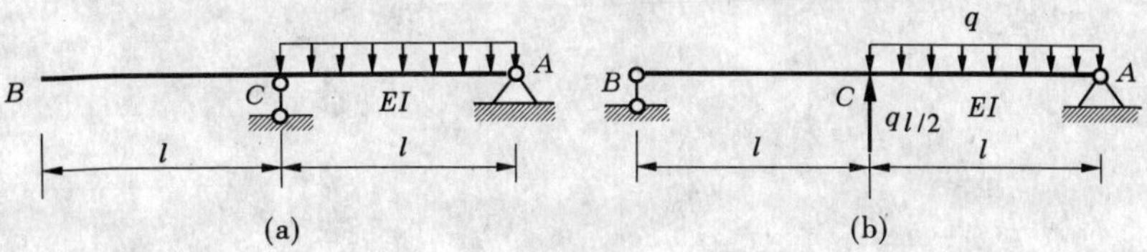

图 6-8

A. 两梁对应截面的内力、位移相同

B. 两梁对应截面的内力、位移不同

C. 内力相同、位移不同

D. 内力不同、位移相同

6-7　材料相同的悬壁梁，所受荷载及截面尺寸如图 6-9 所示。关于它们的最大挠度有如下结论，正确的是______。

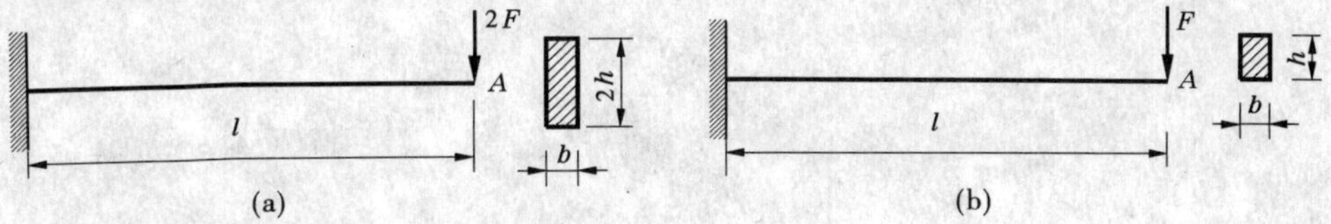

图 6-9

A. 图(a)梁最大挠度是图(b)梁的 1/4 倍

B. 图(a)梁最大挠度是图(b)梁的 1/2 倍

C. 图(a)梁最大挠度是图(b)梁的 4 倍

D. 图(a)梁最大挠度是图(b)梁的 2 倍

6-8　以下对于梁的变形与弯矩之间关系的表述是否正确？为什么？

(1)正弯矩产生正的挠度，负弯矩产生负的挠度。

(2)弯矩最大的截面上具有最大挠度。

(3)弯矩为零的截面上挠度为零。

6-9　什么是梁变形的边界条件和连续条件？试举例说明之。

6-10　杆件的变形或位移计算公式能否用于计算超出弹性变形范围时杆件的变形和位移？为什么？

6-11 什么是实功？什么是虚功？虚功原理在什么条件下才能成立？

6-12 什么是单位荷载法？单位荷载法计算杆件或结构的位移时，应如何建立虚力状态？

6-13 在什么条件下才能用图乘公式计算杆件或结构的位移？

6-14 试分别说明曲线弯矩图中“顶点”的几何意义和物理意义。

第 7 章　压杆稳定

7.1　内容与要求

7.1.1　本章的基本内容

本章的基本内容是不同约束条件下压杆的临界力计算、大柔度压杆和中小柔度压杆的临界应力计算，以及压杆的稳定条件及其应用。本章的重点是压杆临界力的计算和压杆的稳定性校核，难点是压杆的截面设计。

7.1.2　学习本章的基本要求

(1)弄清压杆的失稳、临界力、柔度等概念。

(2)能够根据压杆的约束情况，确定其长度系数。

(3)熟练掌握压杆的临界力计算，弄清不同柔度条件下压杆临界应力的计算方法。

(4)了解如何根据稳定条件为压杆选择截面，熟练掌握对压杆的稳定校核。

7.2　学习与理解

细长压杆存在着稳定性不足而发生失稳破坏的问题。失稳破坏时，杆件横截面上的压应力小于屈服极限(或强度极限)甚至小于比例极限，由此可见，失稳破坏与强度破坏是两种性质完全不同的现象。

7.2.1　关于压杆的临界力

压杆失稳前的轴向压力值称为临界力，其数值不仅与材料的物理性质有关(主要是弹性模量 E)，更重要的是与压杆截面的形状和尺寸、杆的长度以及支承情况有关。确定压杆的临界力是对压杆进行稳定计算的关键。两端铰支压杆临界力计算的欧拉公式是

$$F_{cr} = \frac{\pi^2 EI}{l^2} \tag{7-1}$$

若令两端铰支压杆的临界力等于 1，则长度相等、材料和截面都相同的各种不同约束条件下压杆临界力的相对值分别为

一端固定另一端自由	两端铰支	一端固定另一端铰支	两端固定
0.25	1.00	2.04	4.00

可见，压杆的约束越稳固，其临界力越大，也就越稳定。力学中通常将反映压杆约束状况的压杆长度相对值用“长度系数 μ”表示，把临界力的欧拉公式统一写成

$$F_{cr} = \frac{\pi^2 EI}{(\mu l)^2} \tag{7-2}$$

上面四种情况的 μ 值分别为 2、1、0.7、0.5。

在计算临界力的时候，要特别注意两个主惯性平面内 I 和 μ 的对应关系。由式(7-2)可知，材料相同压杆的临界力有如下特征：

(1) μ、l 相同时，在 $I = I_{min}$ 所在平面内容易失稳。

(2) μ、I 相同时，杆件越长越容易失稳。

(3) I、l 相同时，μ 值较大的较易失稳。

7.2.2 压杆的临界应力与柔度

压杆临界应力的欧拉公式为

$$\sigma_{cr} = \frac{F_{cr}}{A} = \frac{\pi^2 E}{\lambda^2} \tag{7-3}$$

式中

$$\lambda = \frac{\mu l}{i} \tag{7-4}$$

λ 称为压杆的柔度或长细比，它是一个无量纲的量，包含了压杆除材料性质(E)以外的所有截面几何性质、长度和支承情况等因素在内的几何参数。λ 大，表示压杆细而长，临界应力就小，压杆就易失稳；λ 小，表示压杆粗而短，临界应力就大，压杆不易失稳。因此，柔度是压杆稳定计算中一个很重要的几何参数。根据 λ 值的不同，可以将压杆分为细长杆(大柔度杆)、中长杆(中柔度杆)和短压杆(小柔度杆)。

其中，细长杆用欧拉公式(7-3)计算临界应力时，$\sigma_{cr} < \sigma_p$，这种杆件只会发生失稳破坏而不会发生强度破坏。

短压杆只会发生强度破坏而不会发生失稳破坏。

对于中柔度杆，它既有强度破坏的性质又有较明显的失稳现象，其临界应力通常是用经验公式来计算。经验公式有抛物线公式和直线公式两种。较常使用的抛物线公式是

$$\sigma_{cr} = \sigma_s\left[1 - \alpha\left(\frac{\lambda}{\lambda_c}\right)^2\right] \tag{7-5}$$

且对于 Q235 钢和 16 锰钢，可将式(7-5)简化为

$$\left.\begin{aligned} &\text{Q235} \quad \sigma_{cr} = 235 - 0.006\,68\lambda^2 \\ &\text{16Mn} \quad \sigma_{cr} = 343 - 0.014\,2\lambda^2 \end{aligned}\right\} \tag{7-6}$$

7.2.3 压杆的稳定条件及应用问题

7.2.3.1 压杆的稳定条件

压杆的稳定计算有安全系数法和折减系数法两种方法，工程中较常使用的是折减系数法，折减系数法的稳定条件表达式为

$$\sigma = \frac{F_{cr}}{A} \leqslant \varphi[\sigma] \tag{7-7}$$

式中，φ 是与压杆的柔度 λ 有关且小于1的系数，称为折减系数。几种常用材料的 φ 与 λ 之间的关系见教程中表7-2。

进行稳定计算应注意以下两点：

(1)根据压杆的支承情况进行简化，确定适当的长度系数 μ。

(2)判断压杆可能在哪个平面内失稳。如果在两个纵向平面内的约束情况相同，则压杆将在最小刚度平面内失稳，这时惯性矩 I 或惯性半径 i 均取 I_{min} 和 i_{min}；如果杆件各弯曲平面内的惯性矩相等，压杆将在杆端约束情况较弱的平面内失稳，这时 μ 取较大值；如果各弯曲平面内的约束情况和对应的惯性矩均不相同，则以柔度 $\lambda = \mu l / i$ 的大小来判断。

7.2.3.2　压杆的稳定校核

校核压杆的稳定性时，应先计算出压杆的柔度 λ，查教材中表7-2得出折减系数 φ 后，再直接由公式

$$\frac{F}{A} \leqslant \varphi[\sigma] \tag{7-8}$$

校核压杆的稳定性。

【例7-1】　一根由25号砂浆砌成的砖柱，柱高 $l = 330\text{cm}$，横截面尺寸为 $h \times b = 62\text{cm} \times 37\text{cm}$，其上下端均按铰支考虑。若砖柱的许用应力 $[\sigma] = 1.5\text{MPa}$，柱顶受到的压力 $F = 240\text{kN}$，试校核该砖柱是否安全。

解：判定砖柱是否安全，要视其是否满足稳定条件，即轴向压缩砖柱横截面上的压应力是否满足 $\sigma \leqslant \varphi[\sigma]$。

先计算柱体的柔度 λ，矩形截面的惯性半径为

$$i = \sqrt{\frac{I_{min}}{A}} = \sqrt{\frac{\frac{hb^3}{12}}{bh}} = \frac{b}{\sqrt{12}} = \frac{370}{\sqrt{12}} = 107(\text{mm})$$

因 $\mu = 1$，故柱体的柔度

$$\lambda = \frac{\mu l}{i} = \frac{1 \times 3\,300}{107} = 30.8$$

由教材表7-2查得，$\lambda = 30$ 时，$\varphi = 0.89$，$\lambda = 40$ 时，$\varphi = 0.83$，内插得 $\lambda = 30.8$ 时

$$\varphi = 0.89 - \frac{0.89 - 0.83}{10} \times 0.8 = 0.885$$

因

$$\sigma = \frac{F}{A} = \frac{240 \times 10^3}{620 \times 370} = 1.05(\text{MPa})$$

$$\varphi[\sigma] = 0.885 \times 1.5 = 1.33(\text{MPa})$$

$$\sigma < \varphi[\sigma]$$

故砖柱满足稳定要求。凡是满足稳定要求的压杆，都会满足强度要求。

7.2.3.3　选择截面(确定截面型号或尺寸)

由压杆的稳定条件选择截面时，可将稳定条件写成

$$A \geqslant \frac{F}{\varphi[\sigma]} \tag{7-9}$$

因式(7-9)中的截面积 A 与折减系数 φ 有关，而 φ 与柔度 λ 有关，λ 与惯性半径 i 有关，i 又与截面积 A 有关。当 A 未定时，φ 也不能确定，因此必须采用试算法来确定 A 值。

若压杆截面有局部削弱，在稳定计算时，可不必考虑，但按稳定条件选出截面尺寸后，应对被削弱的截面作强度校核。

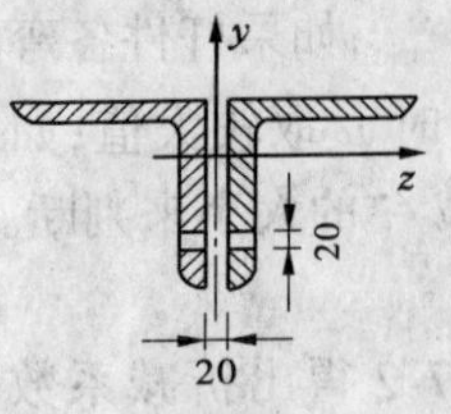

图 7-1

【例 7-2】 已知桁架中某杆件 $l=3.5\text{m}$，由一对等边角钢组成，如图 7-1 所示。截面上有 $d=20\text{mm}$ 的螺栓孔，杆件在桁架平面内两端铰支。钢的许用应力 $[\sigma]=160\text{MPa}$。试选择承受轴向压力 $F=400\text{kN}$ 时的等边角钢型号。

解：(1)按两端铰支细长压杆选择等边角钢型号。

设 $\varphi_1=0.5$，由式(7-9)有

$$A \geqslant \frac{F}{\varphi[\sigma]} = \frac{400\times10^3}{0.5\times160} = 50(\text{cm}^2)$$

查附表 1 选两根 100×100×14 的角钢，总截面面积为 $A=2\times26.3=52.6(\text{cm}^2)$，截面对中性轴 z 的惯性半径

$$i_z = \sqrt{\frac{2I_z}{2A}} = \sqrt{\frac{236.5}{26.3}} = 3.0(\text{cm})$$

因此

$$\lambda = \frac{\mu l}{i_z} = \frac{1\times350}{3.0} = 116.7$$

由教程表 7-2 查得 $\lambda_1=110$ 时，$\varphi_1'=0.536$；$\lambda_1=120$ 时，$\varphi_1'=0.446$，由内插法得

$$\varphi_1' = 0.466 + \frac{0.536-0.466}{10}\times3.3 = 0.489$$

φ_1' 与 φ_1 较为接近，无须重新试算。

(2)对压杆进行稳定校核

$$\sigma = \frac{F}{A} = \frac{400\times10^3}{5\,260} = 76(\text{MPa})$$

$$\varphi[\sigma] = 0.489\times160 = 78.24(\text{MPa})$$

因 $\sigma<\varphi[\sigma]$，且有

$$\frac{\varphi[\sigma]-\sigma}{\varphi[\sigma]}\times100\% = \frac{78.2-76}{78.2}\times100\% = 2.8\%$$

可见，所选择的截面既满足稳定要求，又不浪费材料。

(3)因截面有局部的削弱，故应进行强度校核

$$\sigma = \frac{F}{A_{净}} = \frac{400\times10^3}{52.6-2\times1.4\times2} = 85.1\text{MPa} < [\sigma] = 160\text{MPa}$$

满足强度条件要求。

故确定两根所选的等边角钢型号为 100×100×14。

7.2.3.4　确定许可荷载

在已知杆长、支撑情况、材料性质及截面形状和尺寸时，可按稳定条件来确定许可荷

载——压杆所能够承受的最大轴向压力的大小。此时,可将稳定条件改写为

$$[F] \leqslant A\varphi[\sigma] \tag{7-10}$$

【例 7-3】 两端铰支的圆形截面木柱高 6m,截面直径 $d = 20$cm,许用应力 $[\sigma] =$ 10MPa。试求该木柱所能够承受的最大轴向压力 $[F]$。

解:圆形截面的惯性半径

$$i = \sqrt{\frac{I}{A}} = \frac{d}{4} = 5(\text{cm})$$

两端铰支时压杆的长度系数 μ 为 1,故该压杆的柔度

$$\lambda = \frac{\mu l}{i} = \frac{1 \times 600}{5} = 120$$

由教材表 7-2 查得对应的折减系数 $\varphi = 0.209$,故压杆的许可荷载

$$[F] \geqslant A\varphi[\sigma] = \frac{\pi}{4}d^2 \times 0.209 \times 10 = \frac{3.14}{4} \times 200^2 \times 2.09 = 65.6(\text{kN})$$

取 $[F] = 65$kN 作为压杆的许可荷载。

7.3 习题答案及选解

7.3.1 习题答案

7-1 (a)>(d)>(c)>(b)。

7-2 (a)$F_{cr} = 2.056$kN,(b)$F_{cr} = 35.54$kN。

7-3 压杆同时满足两种支撑条件下的临界力应为 88.74kN。

7-4 $d = 46$mm。

7-5 各杆的临界应力均为 $\sigma_{cr} = \left(\frac{\pi d}{4l}\right)^2 E$。

7-6 $\sigma_{cr} = 65.73$MPa,$[F] = 16.51$kN。

7-7 $\begin{cases}\sigma_{AB} = 42.83\text{MPa} < 170 \times 0.514 = 87.38\text{MPa} \\ \sigma_{AC} = 34.968\text{MPa} < 170 \times 0.272 = 46.24\text{MPa}\end{cases}$,结果说明二杆均满足稳定条件。

7.3.2 习题选解

【题 7-2】

解:由细长压杆在失稳弯曲时临界力公式(7-1)得

$$F_{cr} = \frac{\pi^2 EI}{(\mu l)^2}$$

式中,惯性矩应为最小惯性平面内的惯性矩。

(1)计算各截面在最小惯性平面内的惯性矩

(a)$I_{min} = \frac{5 \times 1^3}{12} = 0.417(\text{cm}^4)$,(b)$I_{min} = A \cdot i_{min}^2 = 5.076 \times 0.88^2 = 3.93(\text{cm}^4)$,

(c) $I_{\min} = \dfrac{\pi D^4}{64}\left[1-\left(\dfrac{d}{D}\right)^4\right] = \dfrac{3.14\times 3.8^4}{64}\times\left[1-\left(\dfrac{2.8}{3.8}\right)^4\right] = 7.21(\text{cm}^4)$

(2)分别计算图示两种截面细长压杆在失稳弯曲时的临界力，对于一端固定另一端自由的压杆，长度系数 $\mu=2$。

$$(a)F_{cr} = \frac{\pi^2 EI_{\min}}{4l^2} = \frac{3.14^2\times 200\times 10^9\times 0.417\times 10^{-8}}{4\times 1^2} = 2.056(\text{kN})$$

$$(b)F_{cr} = \frac{\pi^2 EI_{\min}}{4l^2} = \frac{3.14^2\times 200\times 10^9\times 7.21\times 10^{-8}}{4\times 1^2} = 35.54(\text{kN})$$

【题 7-3】

解：在不知道压杆是否为细长杆的情况下，应由式

$$F_{cr} = \sigma_{cr}A$$

来计算压杆的临界力。

(1)计算两种支撑条件下压杆的柔度，以便选用临界应力的计算公式。

线弹性范围内压杆的柔度

$$\lambda_p = \sqrt{\frac{\pi^2 E}{\sigma_p}} = \sqrt{\frac{3.14^2\times 200\times 10^9}{200\times 10^6}} = 99.29$$

绕 y 轴失稳时压杆为两端固定，绕 z 轴失稳时压杆为两端铰支，则

$$\lambda_y = \frac{\mu l}{i_y} = \frac{0.5\times 1}{\sqrt{\dfrac{I_y}{A}}} = \frac{0.5}{\sqrt{\dfrac{h^2}{12}}} = \frac{0.5}{\sqrt{\dfrac{0.02^2}{12}}} = 86.6 < \lambda_p$$

$$\lambda_z = \frac{\mu l}{i_z} = \frac{1\times 1}{\sqrt{\dfrac{I_z}{A}}} = \frac{1}{\sqrt{\dfrac{b^2}{12}}} = \frac{1}{\sqrt{\dfrac{0.03^2}{12}}} = 115.47 > \lambda_p$$

(2)分别计算两种支撑条件下压杆的临界力，再经比较得出压杆在同时满足两种支撑条件下的临界力。

绕 z 轴失稳时，$\lambda<\lambda_p$ 应采用经验公式(7-7)计算临界应力，则临界力

$$\begin{aligned}F_{cr} &= \sigma_{cr}A = (235-0.006\,68\lambda^2)A\\ &= (235-0.006\,68\times 86.6^2)\times 0.02\times 0.03 = 110.9(\text{kN})\end{aligned}$$

绕 z 轴失稳时，$\lambda>\lambda_p$ 应由欧拉公式(7-2)计算临界应力，故临界力

$$F_{cr} = \sigma_{cr}A = \frac{\pi^2 E}{\lambda^2}A = \frac{3.14^2\times 200\times 10^9}{115.47^2}\times 0.02\times 0.03 = 88.74(\text{kN})$$

由以上计算结果可知，压杆同时满足两种支撑条件下的临界力应为 88.74kN。

【题 7-7】

解：(1)取结点 A 为研究对象，作图 7-2(a)所示结构的受力图如图 7-2(b)所示，由平面汇交力系的平衡条件计算 AB、AC 杆所受的力。

由

$$\sum F_x = 0,\quad F_{AB}\cos 45^\circ - F_{AC}\cos 30^\circ = 0$$

$$\sum F_y = 0,\quad F_{AB}\sin 45^\circ + F_{AC}\sin 30^\circ - F = 0$$

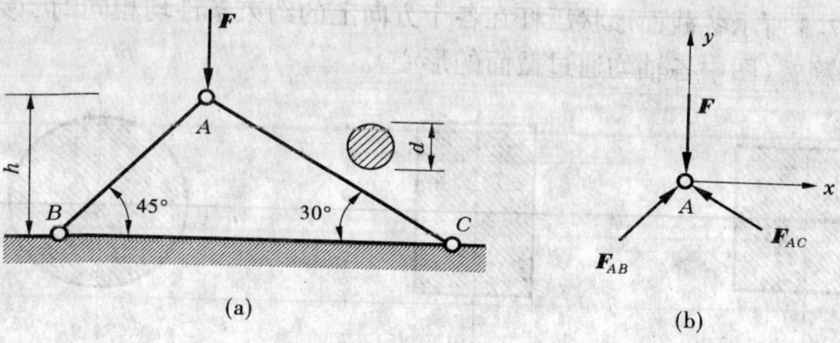

图 7-2

联立解得

$$\begin{cases} F_{AC} = 0.732F = 0.732 \times 15 = 10.98(\text{kN}) \\ F_{AB} = 0.897F = 0.897 \times 15 = 13.45(\text{kN}) \end{cases}$$

(2)计算二杆的长度及稳定系数(折减系数)φ。

AB 杆

$$l_{AB} = \frac{h}{\sin 45^\circ} = \frac{0.4}{0.707} = 0.566(\text{m}),\lambda_{AB} = \frac{\mu l_{AB}}{i_{AB}} = \frac{1 \times 0.566}{\frac{d}{4}} = \frac{0.566}{0.005} = 113.2$$

查教材表 7-2 得

$$\varphi_{AB} = 0.536 - \frac{0.536 - 0.466}{10} \times 3.2 = 0.514$$

AC 杆

$$l_{AC} = \frac{h}{\sin 30^\circ} = \frac{0.4}{0.5} = 0.8(\text{m}),\lambda_{AC} = \frac{\mu l_{AC}}{i_{AC}} = \frac{1 \times 0.8}{0.005} = 160$$

查教材表 7-2 得

$$\varphi_{AC} = 0.272$$

(3)由式(7-9a)对二杆进行稳定性校核

$$\sigma_{AB} = \frac{F_{AB}}{A} = \frac{13.45 \times 10^3}{\frac{3.14 \times 0.02^2}{4}} = \frac{53.8 \times 10^3}{0.001\,256} = 42.83(\text{MPa}) < 170 \times 0.514 = 87.38(\text{MPa})$$

$$\sigma_{AC} = \frac{F_{AC}}{A} = \frac{10.98 \times 10^3}{\frac{3.14 \times 0.02^2}{4}} = \frac{43.92 \times 10^3}{0.001\,256} = 34.968(\text{MPa}) < 170 \times 0.272 = 46.24(\text{MPa})$$

结果说明二杆均满足稳定条件。

7.4　复习思考题

7-1　什么是稳定平衡？什么是不稳定平衡？

7-2　什么是临界力？它与哪些因素有关？

7-3　什么是临界应力？它与哪些因素有关？

7-4　图 7-3 所示各截面形状压杆在各个方向上的约束条件均相同时，该压杆在哪个方向上容易失稳？(图中各轴均通过截面的形心)。

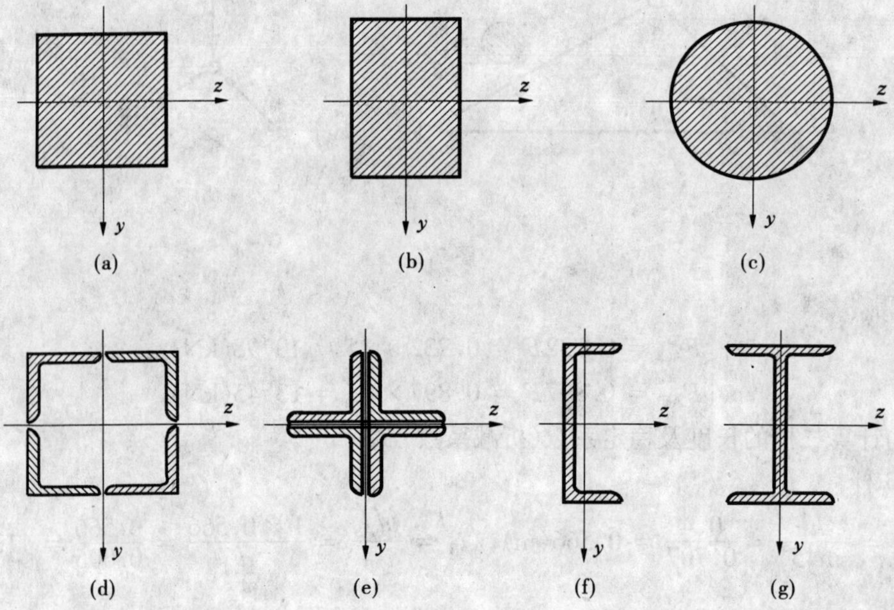

图 7-3

7-5　什么是柔度？若两杆的长度、截面及支撑情况完全相同，但材料不同，则该二杆的柔度、惯性半径、临界力是否相同？

7-6　压杆的稳定条件是什么？如何进行压杆的稳定校核？

第 8 章　结构计算简图与几何组成分析

8.1　内容与要求

本章的基本内容由两部分构成。一是结构的计算简图，即如何将实际结构简化为进行结构计算的力学模型；二是平面体系的几何组成分析，即如何确定体系的几何性质，以保障工程结构是几何不变体系。

在结构计算简图中，重点介绍结点、支座、荷载的简化。在几何组成分析中，主要讨论几何不变体系的组成规律。本章的难点是刚片和约束的确定。

对本章的学习要求：

(1)明确计算简图在结构计算中的重要作用及选取结构计算简图的原则。

(2)弄清并掌握对结构中的结点、支座、荷载的简化方法与要点。

(3)理解自由度、约束的概念，熟悉体系自由度的计算方法。能够正确运用公式确定体系的自由度或多余约束的个数。

(4)掌握平面结构几何组成的基本规律。通过几何组成分析，能够正确判定体系是否几何不变。

8.2　学习与理解

8.2.1　结构计算简图中的结点与支座

结点是结构中杆件与杆件之间的联结点。当被结点所联结的杆件之间可以作相对转动（哪怕是微小的转动）时，该结点即为铰结点；若被结点所联结的杆件之间不能作任何相对运动时，则该结点称为刚性结点。例如，钢筋混凝土框架结构中的梁与柱的联结点一般都是刚性结点；由多根杆件联结而成的桁架结构中的所有结点都视为铰结点。刚性结点能够承受和传递力和力矩，而铰结点只能承受和传递力。

支座是结构与基础之间的联结。结构中支座的基本形式有固定端支座（简称固定端）、固定铰支座、可动铰支座三种。

当结构被固结于基础时，则被固结的杆端简化为固定端。固定端的支座约束力一般用两个相互垂直的约束力分量和一个约束力偶表示。

当结构与基础联结后，允许在联结处有相对转动（即使是极微小的转动），则将该联结称为固定铰支座。固定铰支座的约束力一般用两个相互垂直的约束力分量表示。

当结构与基础联结后，允许在联结处有微小的相对转动和沿某一方向有微小的移动，则将该联结称为可动铰支座。可动铰支座只有一个沿支承面法线方向且过铰心的约束力。

除以上三种常见支座形式外，还有一种可单向滑动的支座，这种支座在教材第 10 章有介绍。这种支座一般有一个垂直于滑动方向的约束力和一个约束力偶。

正确地进行结点和支座的简化，是形成结构计算简图中最为关键的环节，它直接关系到结构的几何特性和受力特性。

8.2.2 作用于结构上的荷载

荷载是作用于结构上的主动力。将作用于结构上的主动力简化为荷载，是形成结构计算简图的又一个重要环节。当结构形式确定之后，荷载就是影响结构内力和变形的主要因素。

作用于结构上的静力荷载有两种常见类型，即集中荷载 $\boldsymbol{F}$、分布的线荷载 q。其中集中荷载实际上是作用于"细小面积"上的分布力的合力。这个"细小"是指分布荷载作用面相对于受荷载作用物体的表面显得很细小。

8.2.3 体系自由度的计算

计算体系自由度的主要作用，在于初步判断体系的几何特性。当 $W>0$ 时，肯定是几何可变体系，无须进行几何组成分析。当 $W\leqslant 0$ 时，体系是否几何不变，须通过几何组成分析来确定。若体系几何不变，则当 $W=0$ 时为静定结构，$W<0$ 时为超静定结构且超静定的次数即为自由度的负值数。

当体系是铰结的链杆体系时由式(8-1)计算自由度，其他体系均用式(8-2)计算其自由度。

平面铰结链杆体系　　$W = 2j - b - r$　　(8-1)

其他平面体系　　$W = 3m - 2h - r$　　(8-2)

式中　m——体系内的刚片个数(不计入与基础固结的杆件)；

h——体系内的单铰个数；

j——体系的铰结点个数；

b——体系内的链杆根数；

r——体系的支撑链杆根数。当体系不与基础联结时，一律取 $r=3$。

用式(8-1)、式(8-2)计算体系的自由度时要注意两点：

(1)刚片内部的约束是多余约束。若将图 8-1(a)作为一个刚片，则有一个多余的内部约束；若将图 8-1(b)作为一个刚片，则有三个多余的内部约束。

(2)联结三个及三个以上刚片的复铰，应折合成单铰计算，一个联结 n 个刚片的复铰等于$(n-1)$个单铰。例如，图 8-2(a)的铰为只联结两个刚片的单铰，而图 8-2(b)的铰则为联结着三个刚片的复铰(应视为 2 个单铰)。

8.2.4 平面体系几何组成分析

8.2.4.1 刚片和约束的确定

对体系进行几何组成分析前，先计算体系的自由度，只有当 $W\leqslant 0$ 时才需要进行几

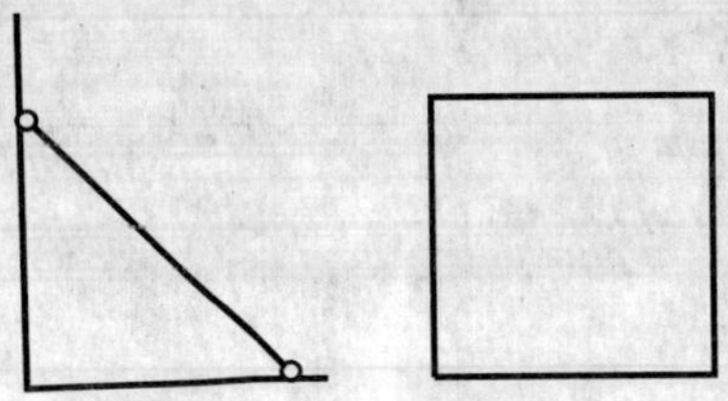

(a)　(b)

图 8-1

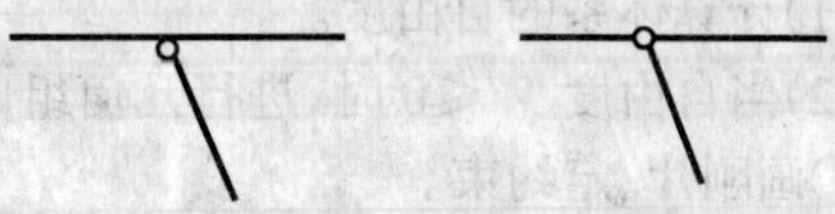

(a)　(b)

图 8-2

何组成的分析。体系的几何组成分析中最为关键的是确定体系内部的刚片和约束。其中体系内部的链杆,究竟是看做刚片还是作为约束,对于初学者来讲,往往难以定夺。这个问题虽然较难掌握,但也有一定的规律可循。

(1)任何一根与基础联结的链杆均视为约束,任意两个刚片之间的链杆均视为约束。

(2)任何一根与基础固结的杆件,均与其基础视为同一刚片(如图 8-3(a))。任何一根侧面有铰结或刚结的杆件,均作为刚片(如图 8-3(b))。

(a)　(b)

图 8-3

(3)体系中任何一个已知的几何不变部分(例如铰结三角形、单跨静定梁)均视为刚片。

8.2.4.2　几何组成分析的表达式

平面体系几何组成分析的表达式,是表述体系组成顺序及各刚片与约束之间联结关系的最明确、最简捷的方式。三种基本体系组成的表达式分别为

链杆体系(规则 1)
$$\frac{[\text{刚片名}]+(\text{二元体名})}{\text{注释}}\Rightarrow S \tag{8-3}$$

二刚片体系(规则 2)
$$\frac{[\text{刚片名 1}](\text{约束名称})[\text{刚片名 2}]}{\text{注释}}\Rightarrow S \tag{8-4}$$

三刚片体系(规则 3)
$$\frac{[\text{刚片I}](\text{铰 }A)[\text{刚片II}](\text{铰 }C)[\text{刚片III}](\text{铰 }B)[\text{刚片I}]}{\text{注释}}\Rightarrow S \tag{8-5}$$

式(8-3)、式(8-4)、式(8-5)中:

体系 S 是该表达式中所涉及的刚片和约束构成的体系。当它只是整个体系中的一部分且几何不变时,则 S 作为继续分析时下一个表达式中的一个扩大刚片;当它已包含整个体系时,则表述 S 的几何性质。

注释用于说明是否符合规则,是否约束不够或有多余约束(有几个多余约束)等问题。

对于链杆体系,也可以先从体系中减去二元体后,再按二刚片体系或三刚片体系作进一步分析。

8.2.4.3　分析步骤、注意事项与实例

分析步骤：

(1)计算体系的自由度。

(2)当自由度 $W\leqslant 0$ 时，进行几何组成的分析。

①画刚片、定约束。

②写出分析表达式。

③写出经分析得出的结论。

画刚片、定约束时的注意事项：

(1)每个刚片都必须有与之联系的约束，每个约束都有它所联系的刚片。因为没有无约束的刚片，也没有不联系刚片的约束。

(2)每根链杆和每个刚片都只有一次被使用的机会。同一根杆件不得授予两种身份，即已作刚片的链杆不能再当做约束使用，或已作为约束的杆件也不得再当做刚片。

【例 8-1】 对图 8-4(a)所示体系进行几何组成分析。

解：(1)计算体系的自由度。该体系中除基础外有 3 个刚片(杆 AB、BC 和杆 CD)，1 个固定铰支座(铰 A)和 3 根支承链杆。体系的自由度为

$$W=3m-2h-r=3\times3-2\times2-5=0$$

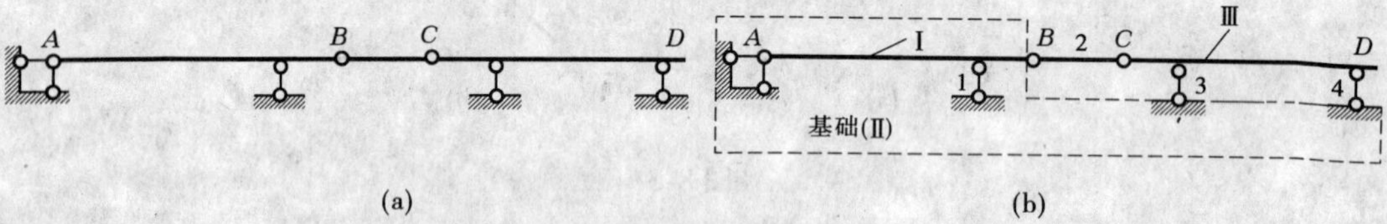

图 8-4

(2)进行几何组成分析。画刚片、定约束如图 8-4(b)所示，其几何组成的表达式为

$$\xrightarrow[\text{符合规则 2}]{[\,\text{Ⅰ}\,](\text{铰}\,A,\text{杆 }1)[\,\text{Ⅱ}\,]} S_1(\text{图中虚线包围的部分}),\ \xrightarrow[\text{符合规则 2}]{[S_1](\text{杆 }2,\text{杆 }3,\text{杆 }4)[\,\text{Ⅲ}\,]} S$$

S 是无多余约束的几何不变体系。

对于图 8-4(a)所示体系，若将外伸梁(如图 8-4(b)中虚线包围的部分)和杆 CD 各视为一个刚片，则只须一个表达式即可完成分析。

【例 8-2】 对图 8-5(a)所示体系进行几何组成分析。

解：(1)计算体系的自由度。这是一个铰结的链杆体系，其自由度为

$$W=2j-b-r=2\times8-12-4=0$$

(2)对体系进行几何组成分析。

方法 1　以地基为刚片Ⅰ，各结点编号如图 8-5(b)所示。由链杆体系的分析规则，通过连续增加二元体的方法分析体系，其表达式为

$$\xrightarrow[\text{符合规则 1}]{[\text{I}]+(67,68)+(46,47)+(56,58)+(24,26)+(35,36)+(12,13)} S$$

S 是无多余约束的几何不变体系。

方法 2　画刚片如图 8-5(c)所示，先按三刚片分析，再增加二元体，其分析表达式为

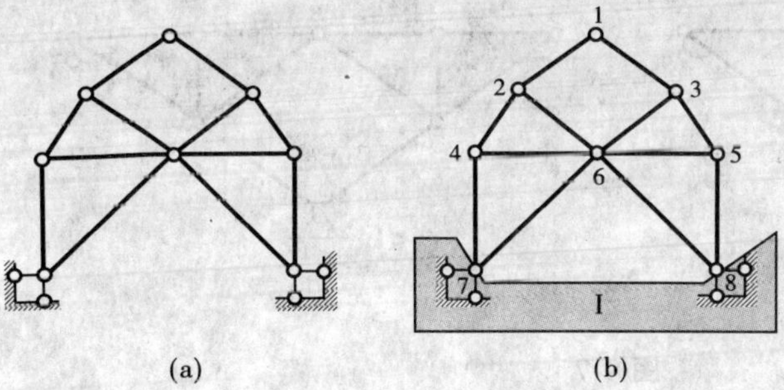

图 8-5

$$\frac{[\text{Ⅰ}](\text{铰}\,8)[\text{Ⅱ}](\text{铰}\,6)[\text{Ⅲ}](\text{铰}\,7)[\text{Ⅰ}]}{\text{符合规则 3}}\Rightarrow S_1,\ \frac{[S_1]+(\text{杆}\,12,\text{杆}\,13)}{\text{符合规则 1}}\Rightarrow S$$

S 是无多余约束的几何不变体系。

【例 8-3】 对图 8-6(a)所示体系进行几何组成分析。

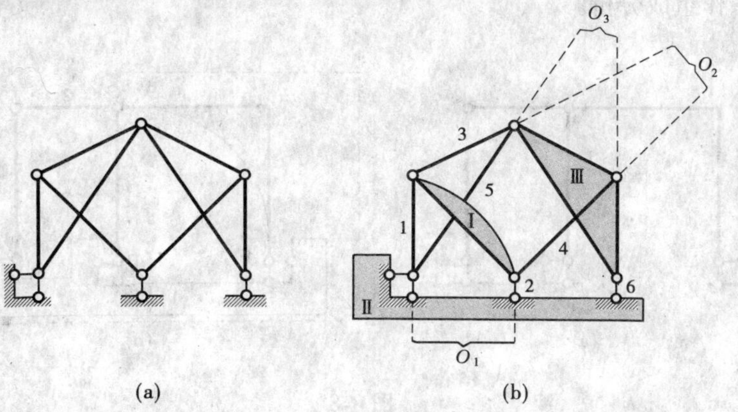

图 8-6

解:(1)计算体系的自由度。这也是一个铰结的链杆体系,其自由度为

$$W = 2j - b - r = 2\times 6 - 8 - 4 = 0$$

(2)组成分析。画刚片定约束如图 8-6(b)所示,其中铰 O_1 由链杆 1 和支杆 2 构成,铰 O_2 由链杆 3、4 构成,铰 O_3 由链杆 5 和支杆 6 构成。分析表达式为

$$\frac{[\text{Ⅰ}](O_1)[\text{Ⅱ}](O_3)[\text{Ⅲ}](O_2)[\text{Ⅰ}]}{\text{符合规则 3}}\Rightarrow S$$

S 是无多余约束的几何不变体系。

【例 8-4】 对图 8-7(a)所示体系进行几何组成分析。

解:(1)计算体系的自由度。这是一个铰结链杆体系,其自由度为

$$W = 2j - b - r = 2\times 8 - 12 - 4 = 0$$

(2)几何组成分析。画刚片定约束如图 8-7(b)所示。其中杆 1、3 构成铰 A,杆 2、4 构成铰 C,体系的组成表达式为

$$\frac{[\text{Ⅰ}](A)[\text{Ⅱ}](B)[\text{Ⅲ}](C)[\text{Ⅰ}]}{\text{不符合规则,三铰共线}}\Rightarrow S,\ S\ \text{是瞬变体系。}$$

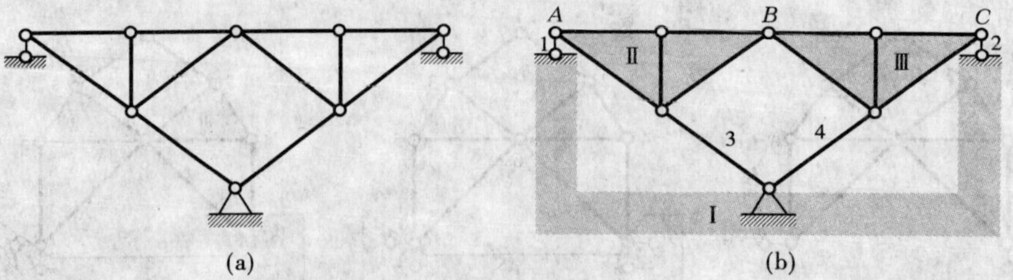

图 8-7

【例 8-5】 对图 8-8(a)所示体系进行几何组成分析。

解:(1)计算体系的自由度。该体系的自由度为

$$W = 3m - 2h - r = 3 \times 4 - 2 \times 3 - 5 = 1$$

因该体系有 1 个自由度,故为几何可变系。通常情况下,对已知的可变系不必进行组成分析,但为了说明在体系中的何处缺少约束及如何通过增补约束来改变体系的性质,下面仍对该体系作组成分析。

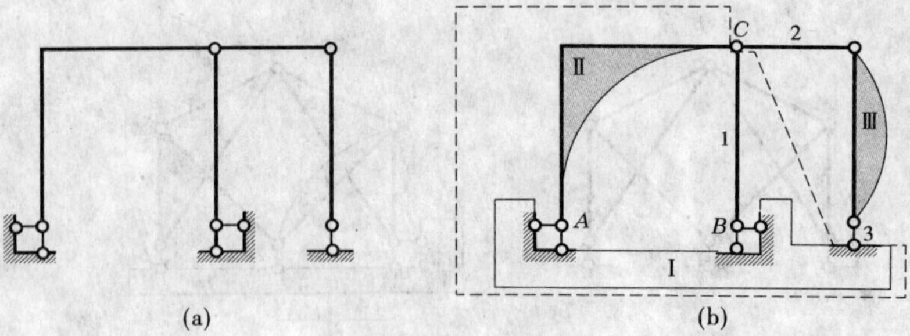

图 8-8

(2)组成分析。画刚片定约束如图 8-8(b)所示。其分析表达式为

$$\frac{[\text{Ⅰ}](\text{铰 }A\text{,杆 1})[\text{Ⅱ}]}{\text{符合规则 2}} \Rightarrow S_1\text{(图中虚线包围的部分)},\ \frac{[S_1](\text{杆 2,杆 3})[\text{Ⅲ}]}{\text{不符合规则 2(缺少 1 个约束)}} \Rightarrow S$$

S 是几何可变体系(常变体系)。对于该体系,若要使其成为几何不变体系,只需将可动铰支座 3 改成固定铰支座即可。

【例 8-6】 对图 8-9(a)所示体系进行几何组成分析。

解:(1)计算体系的自由度。该体系属于一般情况,其自由度为

$$W = 3m - 2h - r = 3 \times 8 - 2 \times 10 - 5 = -1$$

(2)几何组成分析。画刚片和约束如图 8-9(b)所示,体系的组成表达式为

$$\frac{[\text{Ⅰ}](A)[\text{Ⅱ}](\text{杆 3、杆 4})[\text{Ⅲ}](\text{杆 1、杆 2})[\text{Ⅰ}]}{\text{符合规则 3}} \Rightarrow S_1,\ \frac{[S_1] + (\text{杆 5,杆 6,杆 7})}{\text{多余 1 个约束}} \Rightarrow S$$

S 是有一个多余约束的几何不变体系。

讨论:经以上分析,得知体系中有 1 个多余约束,究竟哪个约束是多余的呢?从表达式中可认定多余约束是杆 5、6、7 中的任意一根,但若缺少杆 5,则因杆 6 和杆 7 的交点(铰)可以上下微动而构成瞬变,故杆 5 是必要约束,多余约束只有是杆 6 与杆 7 中的一

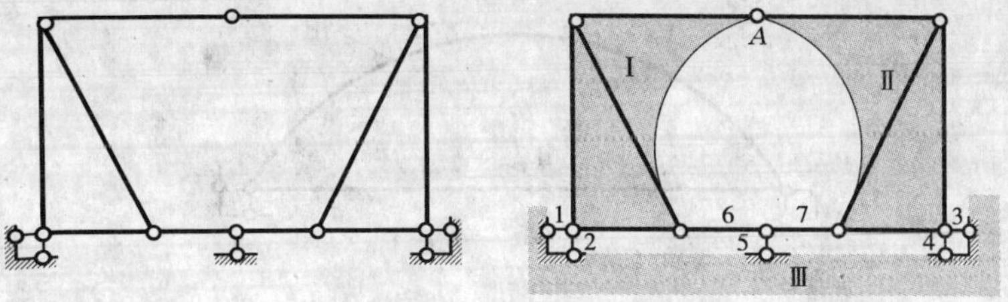

图 8-9

根。事实上,由整个体系的约束情况可见,若将杆 6 和杆 7 都视为必要约束,而将支撑链杆 1 或支撑链杆 3 作为多余约束,较为合理。

8.3　习题答案及选解

8.3.1　习题答案

8-1　教材图 8-30(a)几何不变且无多余约束,教材图 8-30(b)几何不变且有 1 个多余约束。

8-2　教材图 8-31(a)几何不变且无多余约束,教材图 8-31(b)几何不变且有 2 个多余约束,教材图 8-31(c)为几何可变体系,教材图 8-31(d)几何不变且有 1 个多余约束,教材图 8-31(e)为几何瞬变体系。

8-3　教材图 8-32(a)几何不变且无多余约束,教材图 8-32(b)几何不变有 1 个多余约束,教材图 8-32(c)几何不变且有 1 个多余约束,教材图 8-32(d)几何不变且无多余约束。

8-4　教材图 8-33(a)几何不变且有 2 个多余约束,教材图 8-33(b)几何不变且有 1 个多余约束。

8-5　教材图 8-34(a)几何不变且无多余约束,教材图 8-34(b)几何不变且有 1 个多余约束,教材图8-34(c)几何不变且有 2 个多余约束。

8.3.2　习题选解

【题 8-2(b)】

解:(1)计算体系自由度

$$W = 3\times 2 - 2\times 2 - 4 = -2$$

(2)几何组成分析

画刚片定约束如图 8-10 所示。该体系的分析表达式为

$$\frac{[\text{I}](\text{铰 } A,\text{铰 } B)[\text{II}]}{\text{符合规则 2,有 1 个多余约束}} \Rightarrow S_1,\frac{[S_1](\text{铰 } A,\text{铰 } B)[\text{III}]}{\text{符合规则 2,有 1 个多余约束}} \Rightarrow S$$

S 是具有两个多余约束的几何不变体系。

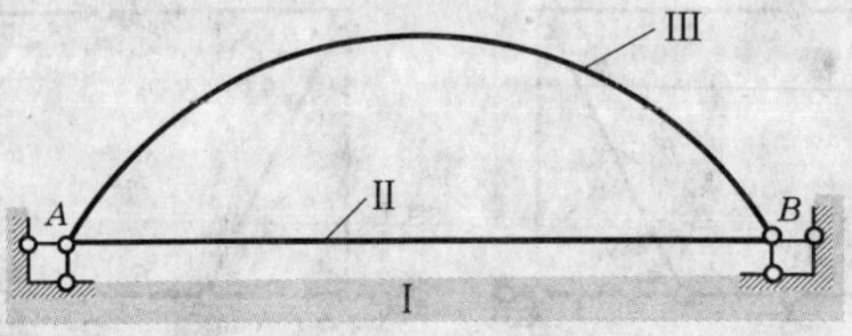

图 8-10

【题 8-2(d)】

解:(1)计算体系自由度

$$W = 2\times6-8-5=-1$$

(2)几何组成分析。

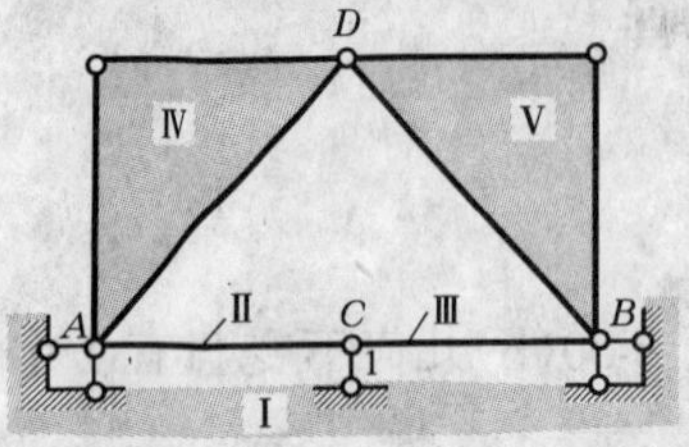

图 8-11

画刚片定约束如图 8-11 所示。该体系的分析表达式为

$$\frac{[Ⅰ](A,1)[Ⅱ]}{\text{符合规则 2}}\Rightarrow S_1,\frac{[S_1](C,B)[Ⅲ]}{\text{符合规则 2,有 1 个多余约束}}\Rightarrow S_2$$

$$\frac{[S_2](A)[Ⅳ](D)[Ⅴ](B)[S_2]}{\text{符合规则 3}}\Rightarrow S$$

S 是具有 1 个多余约束的几何不变体系。

【题 8-3(c)】

解:(1)计算体系自由度

$$W = 2\times7-11-4=-1$$

(2)几何组成分析。

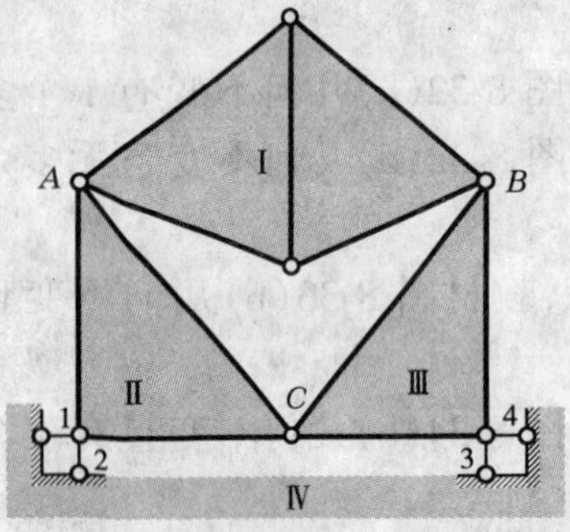

图 8-12

画刚片定约束如图 8-12 所示。该体系的分析表达式为

$$\frac{[Ⅰ](A)[Ⅱ](C)[Ⅲ](B)[Ⅰ]}{\text{符合规则 3}}\Rightarrow S_1$$

$$\frac{[S_1](\text{杆 1,杆 2,杆 3,杆 4,})[Ⅳ]}{\text{符合规则 2,有 1 个多余约束}}\Rightarrow S$$

S 是具有 1 个多余约束的几何不变体系。

【题 8-4(a)】

解:(1)计算自由度

$$W = 3\times1-2\times1-3=-2$$

(2)几何组成分析。画刚片定约束如图 8-13 所示,其中刚片Ⅰ内有 1 个多余约束,该体系的几何分析表达式为

$$\frac{[Ⅰ](\text{铰 }A,\text{杆 2,杆 3})[Ⅱ]}{\text{符合规则 2,有 2 个多余约束}}\Rightarrow S$$,整个体系几何不变且有 2 个多余约束。

【题 8-4(b)】

解:(1)计算体系的自由度

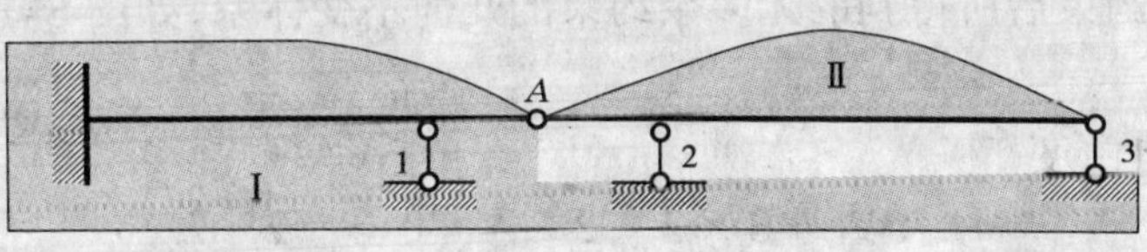

图 8-13

$$W = 2 \times 12 - 21 - 4 = -1$$

(2)几何组成分析。这是一个铰结的链杆体系,画刚片如图 8-14 所示。体系内部可

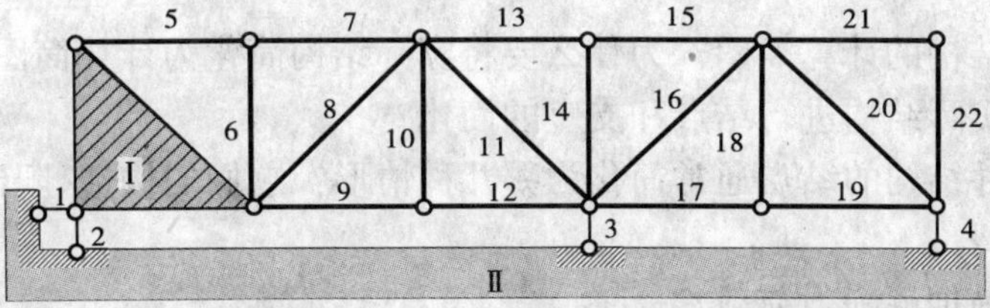

图 8-14

用二元体规则分析,内外部之间由二刚片规则分析,分析表达式为

$$\underset{\text{符合规则 1}}{\underline{[\,\text{Ⅰ}\,] + (\text{杆 }5,\text{杆 }6) + (\text{杆 }7、\text{杆 }8) + \cdots + (\text{杆 }21,\text{杆 }22)}} \Rightarrow S_1,$$

$$\underset{\text{有 1 个多余约束}}{\underline{[S_1](\text{杆 }1,\text{杆 }2,\text{杆 }3,\text{杆 }4)[\,\text{Ⅱ}\,]}} \Rightarrow S$$

S 是有一个多余约束的几何不变体系。

【题 8-5(a)】

解:(1)计算自由度

$$W = 3 \times 2 - 2 \times 1 - 4 = 0$$

(2)几何组成分析。画刚片定约束如图 8-15(a)所示,其几何组成分析表达式为

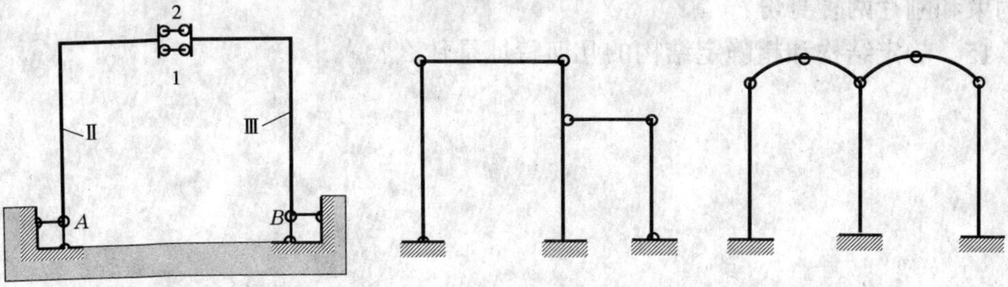

(a)　(b)　(c)

图 8-15

$$\underset{\text{符合规则 3}}{\underline{[\,\text{Ⅰ}\,](A)[\,\text{Ⅱ}\,](1,2)[\,\text{Ⅲ}\,](B)[\,\text{Ⅰ}\,]}} \Rightarrow S$$,原体系 S 是无多余约束的几何不变体系。

【题 8-5(b)】

解:(1)计算自由度

$$W = 3 \times 3 - 2 \times 5 - 0 = -1$$

(2)解除多余约束后所得到的无多余约束的几何不变体系,如图 8-15(b)图所示。

【题 8-5(c)】

解:(1)计算自由度

$$W = 3\times 2 - 2\times 4 - 0 = -2$$

(2)解除多余约束后所得到的无多余约束的几何不变体系,如图 8-15(c)图所示。

8.4 复习思考题

8-1 什么是结构的计算简图？为什么要将实际结构简化为计算简图？

8-2 如何对实际结构进行结点和支座的简化？

8-3 平面杆件结构的结点通常简化为哪几种情形？它们的构造、限制结构运动和受力的特征各是什么？

8-4 如何正确理解静力荷载？

8-5 利用体系组成基本规则分析体系的几何组成时应注意什么问题？

8-6 在几何体系中,实铰和虚铰对刚片的约束作用有什么不同？

8-7 在计算体系的自由度时,为何不能将基础算入刚片？

8-8 为什么自由度 $W\leqslant 0$ 的体系不一定是几何不变系？

8-9 什么是必要约束？什么是多余约束？多余约束从哪个角度看才是多余的？

8-10 体系中的多余约束是无效或无用的约束吗？

8-11 为何瞬变体系不能用做结构？

8-12 瞬变体系和常变体系的区别是什么？

8-13 在几何组成分析中,什么样的杆件只能作刚片不能作约束？什么样的杆件只能作约束而不能当做刚片？

8-14 在几何组成分析中,对于既可作刚片也可以当做约束的杆件,为什么不能同时赋予约束和刚片两种身份？

8-15 静定结构和超静定结构的几何特征是什么？

第9章　静定结构的内力与位移计算

9.1　内容与要求

9.1.1　本章的基本内容

(1)静定多跨梁和平面静定刚架的内力分析与内力图绘制。

(2)静定平面桁架内力的计算方法,三铰拱支座约束力与内力的计算方法。

(3)荷载作用下,平面直杆系结构的位移计算。

本章的重点是静定平面刚架的内力和位移计算,难点是刚架内力图的绘制。

9.1.2　学习本章的基本要求

(1)掌握静定多跨梁、静定平面刚架、桁架、拱的结构特征及内力特征。

(2)对于具有基本部分和附属部分的结构,能分清组成的先后顺序和力的传递关系。

(3)熟练掌握梁和刚架的内力计算及内力图的绘制方法。

(4)会用结点法和截面法计算桁架结构的内力并能指出零杆。

(5)会用共轭梁法计算三铰拱的支座约束力和指定截面的内力,了解三铰拱内力图绘制方法及合理拱轴的概念。

(6)熟练掌握用单位荷载法计算荷载作用下梁、刚架和桁架的指定位移。

9.2　学习与理解

9.2.1　静定结构的特征

几何特征　静定结构是没有多余约束的几何不变体系。

受力特征　静定结构的约束力和内力均可由静力平衡条件计算得到。静定结构只有承受荷载作用时才会产生约束力和内力,且其约束力和内力与结构中杆件的截面形状及尺寸、材料性质无关。

结构及其内力特征

多跨梁——以弯曲变形为主的同轴线直杆系结构,其内力是剪力和弯矩。

刚　架——具有刚性结点的直杆系框架结构,有弯矩、剪力和轴力三种内力。

桁　架——只受结点荷载作用的铰结链杆系结构,各杆中只有轴力。

拱——在竖向荷载作用下具有水平推力的曲杆结构,其横截面上具有弯矩、剪力和轴力三种内力。

以上任何两种结构的混合,都称为组合结构。

9.2.2 静定多跨梁的内力与内力图

计算静定多跨梁的内力和绘制内力图有两种方法:

第一种方法是直接根据第3章中关于物体系平衡问题的解法,求出该静定多跨梁各支座的约束力,再按第4章中梁的内力图绘制方法作出该静定多跨梁的内力图。这种方法比较适用于两跨梁,因其作法与单跨梁没什么区别,故本章不再作讨论。

第二种方法是按结构的组成关系,由作出的各单跨梁的内力图而形成多跨梁的内力图。下面仅对采用该法解题时的相关问题略作说明。

(1)静定多跨梁基本部分和附属部分的确定。从几何组成顺序看,当刚片与基础之间具有三个必要约束时,则该刚片与其基础构成的是该多跨静定梁的基本部分。否则便是附属部分。例如,图9-1中梁 BC 是基本部分,梁 AB 和梁 CD 都是附属部分。

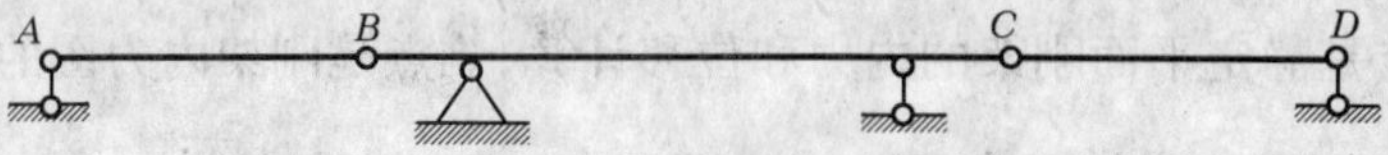

图 9-1

(2)静定多跨梁的结构层次图。在计算内力之前,先要画出反映该梁几何组成先后顺序的几何图—— 结构层次图。结构层次图要按照“基本部分在下,附属部分在上”的原则画出。该层次图中的每一层都是一个单跨静定梁,除底层外,各层的约束均为铰支座(一个固定铰支座和一个可动铰支座)。结构层次图上不必画任何外力。

(3)静定多跨梁的受力图。受力图是计算内力和绘制内力图的唯一依据,正确地画出各单跨梁的受力图,是取得正确计算结构的关键。各单跨梁受力图的层次关系与结构层次图相同,画受力图时应按“先附属部分,后基本部分”的顺序,自上而下地画出各单跨梁的受力图,并注意内约束处力的作用与反作用关系。

(4)静定多跨梁的内力图。有了正确的受力图,便可按自上而下的顺序依次由静力平衡条件分别计算出每个单跨梁的支座约束力。约束力求出后,取相同的比例并按截面对应关系,根据第4章中梁内力图的绘制方法在同一基线上分别作出各个单跨梁的内力图(剪力图和弯矩图)。这种用同一比例在同一基线上按多跨静定梁截面对应关系作出的内力图,就是所要绘制的静定多跨梁的内力图。

【例9-1】 绘制图9-2(a)所示静定多跨梁的剪力图和弯矩图。

解:(1)分析梁的几何组成,画出结构层次图。由图9-2(a)可见,该梁的基本部分是杆 BE 与基础由固定铰支座 C 和可动铰支座 D 构成,附属部分则是基本部分左右两侧的 AB、EF,它们的一端分别由铰 B、E 与基本部分相连,另一端分别由可动铰支座 A、F 与基础相连。该梁的结构层次图如图9-2(b)所示。

(2)画各单跨梁的受力图,并计算他们的支座约束力,如图9-2(c)所示。

(3)取一比例,按与图9-2(a)的截面对应关系在同一基线上画出各单跨梁的剪力图,形成整个梁的剪力图如图9-2(d)所示。

(4)再取比例,按与图9-2(a)的截面对应关系在同一基线上画出各单跨梁的弯矩图,形成整个梁的弯矩如图 9-2(e)所示。

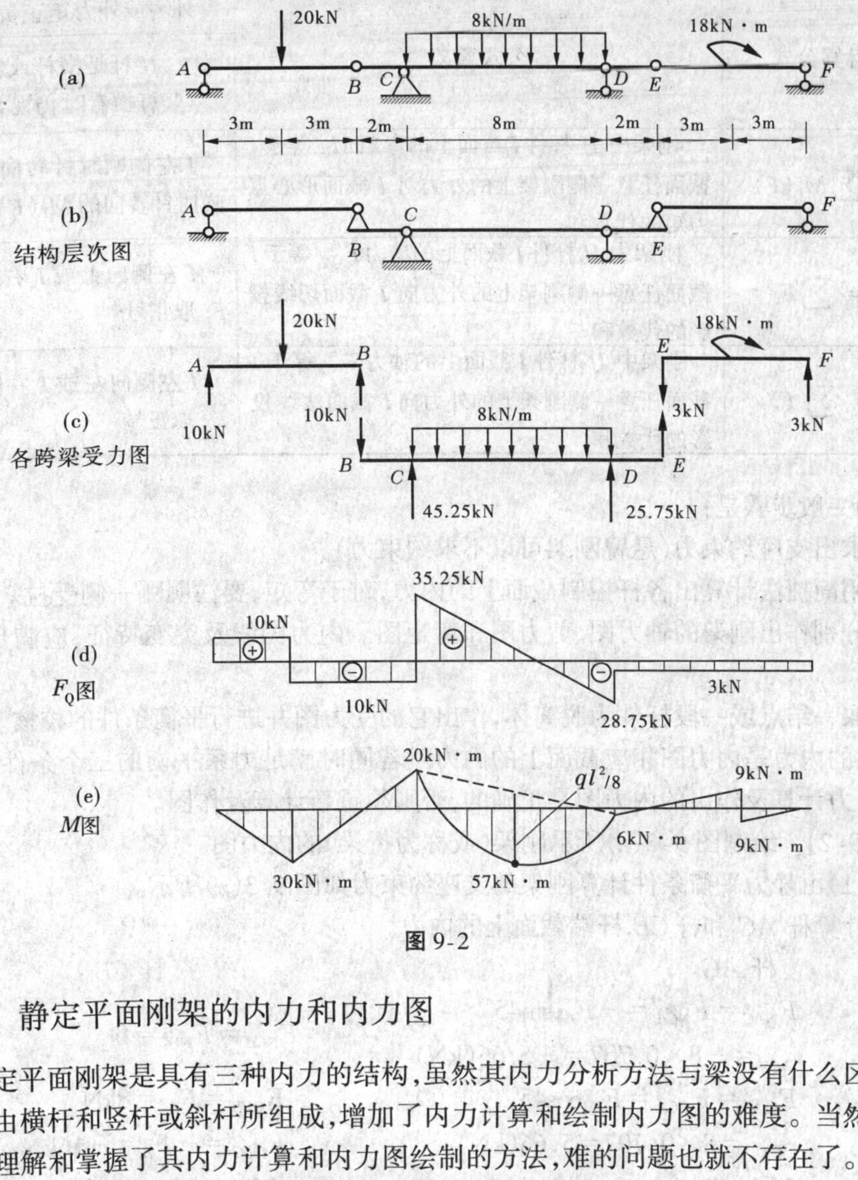

图 9-2

9.2.3　静定平面刚架的内力和内力图

静定平面刚架是具有三种内力的结构,虽然其内力分析方法与梁没有什么区别,但由于它是由横杆和竖杆或斜杆所组成,增加了内力计算和绘制内力图的难度。当然,如果读者真正理解和掌握了其内力计算和内力图绘制的方法,难的问题也就不存在了。

刚架内力计算的基本方法是截面法,常用方法是简捷法。刚架内力图的绘制仍采用简捷法,对于少数杆段还采用了区段叠加法作弯矩图。

9.2.3.1　刚架内力的计算公式

刚架中 IJ 杆件 I 截面内力的计算公式、意义及符号规定如表 9-1 所示。

9.2.3.2　绘制刚架内力图的方法和步骤

刚架的内力图绘制方法是简捷法,其中弯矩图中的某些杆段还用到区段叠加法。轴力图和剪力图可画于杆件的任意一侧(但同一杆件的同符号剪力和轴力应画在同一侧),并注明正负号;弯矩图一律画在杆件受拉的一侧(纤维产生伸长变形的一侧)。刚架内力

表 9-1 静定平面刚架内力计算公式(简捷法)

内力计算公式	公式意义	外力或外力矩正负号取法
		IJ 杆是横杆或斜杆(竖杆横看时仍视为横杆)
$M_{IJ}=\sum M_I(\boldsymbol{F})$	刚架中 IJ 杆件 I 截面上的弯矩 M_{IJ} 等于 I 截面任意一侧刚架上的外力对 I 截面形心点力矩的代数和	I 左侧顺时针转向或 I 右侧逆时针转向的 $M_I(\boldsymbol{F})$ 取正号
$F_{QIJ}=\sum F_t$	刚架中 IJ 杆件 I 截面上的剪力 F_{QIJ} 等于 I 截面任意一侧刚架上的外力向 I 截面切线投影的代数和	I 左侧向上或 I 右侧向下的 F_t 取正号
$F_{NIJ}=\sum F_n$	刚架中 IJ 杆件 I 截面上的轴力 F_{NIJ} 等于 I 截面任意一侧刚架上的外力向 I 截面法线投影的代数和	I 左侧向左或 I 右侧向右的 F_n 取正号

图绘制的一般步骤是:

(1)求出支座约束力(悬臂刚架可以不求约束力)。

(2)用简捷法计算出各杆控制截面上的内力,对于弯矩,要注明哪一侧受拉。

(3)分别作出刚架的轴力图、剪力图和弯矩图。内力图线及突变特征,应满足微分关系。

(4)取一结点或一段杆件为脱离体,作出它的受力图并进行平衡条件的校核。受力图中截面上的内力是内力图相应截面上的内力。若同时满足力系平衡的三个条件,则表明该刚架内力计算及作出的内力图是正确的,否则须重新计算及作图。

【例 9-2】 绘制图 9-3(a)所示刚架(或称为折梁)的内力图。

解:(1)由静力平衡条件计算刚架的支座约束力如图 9-3(a)所示。

(2)计算杆 AC 和杆 CB 杆端截面上的内力。

	杆 AC	杆 CB
轴力	$F_{NAC}=F_{NCA}=-F_{Ay}\sin45^\circ$ $=-8\times0.707=-5.66(\text{kN})$	$F_{NCB}=F_{NBC}=0$
剪力	$F_{QAC}=F_{QCA}=F_{Ay}\cos45^\circ$ $=8\times0.707=5.66(\text{kN})$	$F_{QCB}=F_{Ay}=8\text{kN}$ $F_{QBC}=-F_B=-16\text{kN}$
弯矩	$M_{AC}=0$ $M_{CA}=F_{Ay}\times2=8\times2=16(\text{kN·m})$(下拉)	$M_{CB}=M_{CA}=16\text{kN·m}$(下拉) $M_{BC}=0$

杆 BC 的中间截面弯矩为

$$M_{BC}^{中}=\frac{1}{2}M_{CB}+\frac{ql^2}{8}=\frac{1}{2}\times16+\frac{6\times4^2}{8}=8+12=20(\text{kN}\cdot\text{m})(下拉)$$

(3)分别绘制刚架的轴力图、剪力图和弯矩图,如图 9-3(b)、(c)、(d)所示。

(4)计算结果的校核。取刚性结点 C 为脱离体,作受力图如图 9-3(e)所示,则

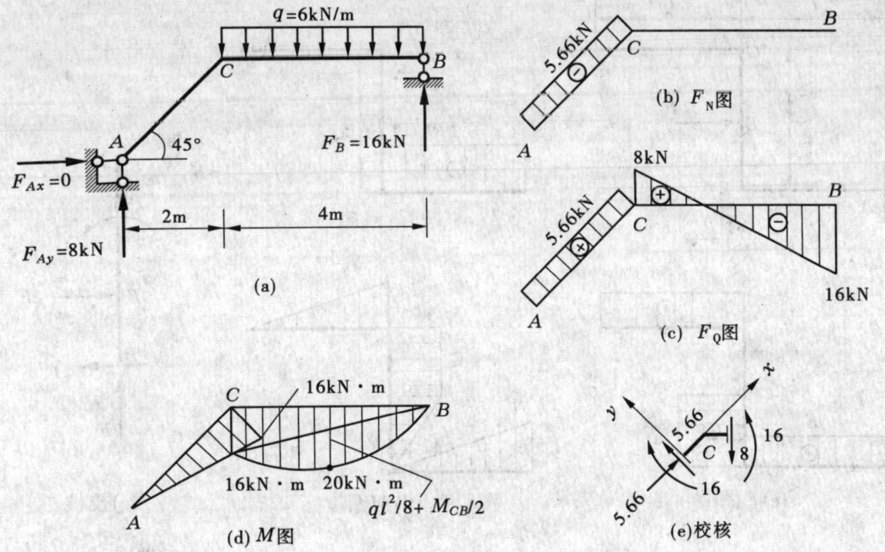

图 9-3

$$\sum F_x = 5.66 - 8\cos45^\circ = 5.66 - 5.66 = 0$$

$$\sum F_y = 5.66 - 8\sin45^\circ = 5.66 - 5.66 = 0$$

$$\sum M_C(\boldsymbol{F}) = 16 - 16 = 0$$

均满足平衡条件,故该刚架的内力计算及所作出的内力图都是正确的。

【例 9-3】 作图 9-4(a)所示刚架的内力图。

解:这是一个悬臂刚架,可以不求支座约束力,而按从右到左的顺序计算各控制截面的内力值。

轴力　$F_{NDC}=F_{NCD}=0$,　$F_{NCB}=F_{NBC}=-F$,　$F_{NBA}=F_{NAB}=-2F$

剪力　$F_{QDC}=F_{QCD}=F_{QBA}=F_{QAB}=F$,　$F_{QCE}=F_{QEC}=0$,　$F_{QEB}=F_{QBE}=-2F$

弯矩 $\begin{cases} M_{DC}=0, \quad M_{CD}=-Fl(\text{上拉}), \quad M_{CE}=M_{EC}=M_{BE}=-Fl(\text{左拉}) \\ M_{BE}=M_{BA}=2F\dfrac{l}{2}-Fl=0, \quad M_{AB}=2F\dfrac{l}{2}-F2l=-Fl(\text{上拉}) \end{cases}$

作轴力图、剪力图、弯矩图分别如图 9-4(b)、(c)、(d)所示。

取杆 BC 进行平衡条件的校核,其受力图如图 9-4(e)所示。因

$$\sum F_x = 2F - 2F = 0, \quad \sum F_y = F - F = 0, \quad \sum M_B(\boldsymbol{F}) = -Fl + 2F \times l/2 = 0$$

故计算无误。

【例 9-4】 作图 9-5(a)所示三铰刚架的内力图。

解:(1)计算刚架的支座约束力。它是一个互利型物体系,其支座约束力的计算应按照先整体后局部的顺序计算。整体受力图如图 9-5(a)所示,BC 部分的受力图如图 9-5(b)所示。

由

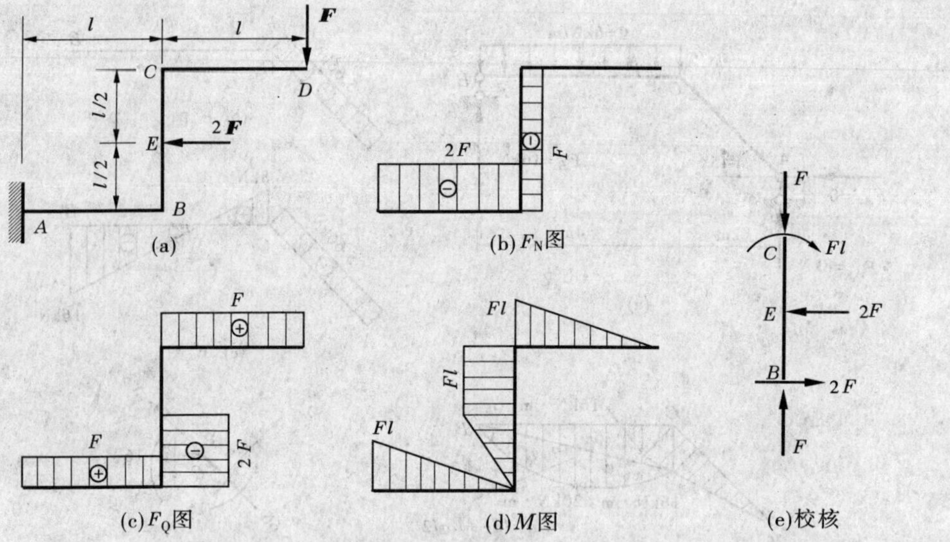

图 9-4

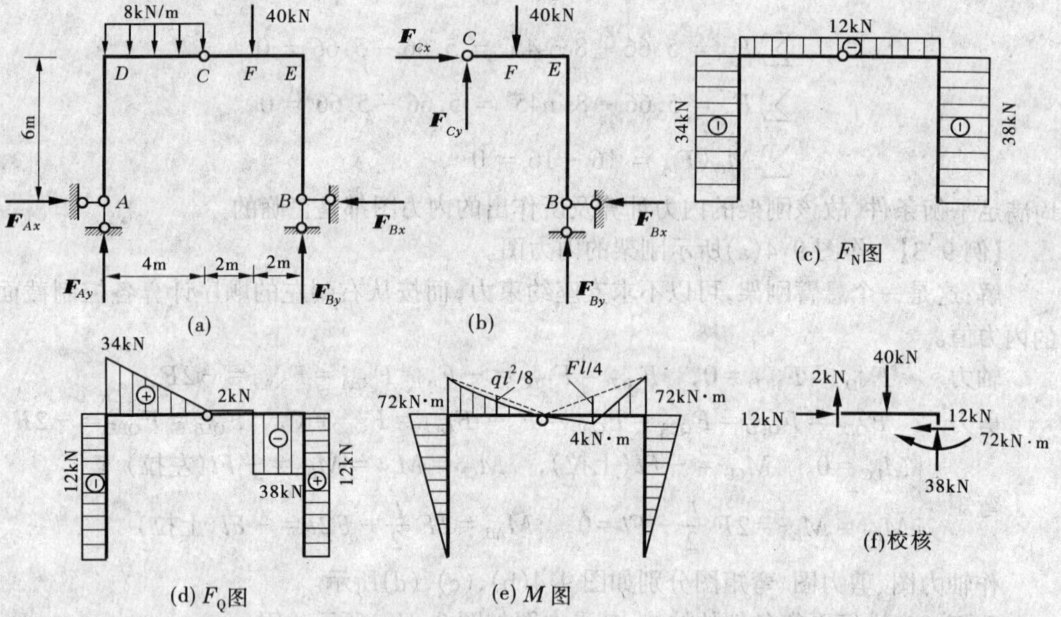

图 9-5

$$\sum M_A(\boldsymbol{F})=0,\quad F_{By}\times 8-40\times 6-8\times 4\times 2=0$$

解得

$$F_{By}=38\text{kN}$$

由

$$\sum F_y=0, F_{Ay}+F_{By}-40-8\times 4=0$$

解得

$$F_{Ay}=34\text{kN}$$

由

$$\sum F_x=0, F_{Ax}-F_{Bx}=0$$

有
$$F_{Ax} = F_{Bx}$$

对于图 9-5(b)由
$$\sum M_C(\boldsymbol{F}) = 0, F_{By} \times 4 - F_{Bx} \times 6 - 40 \times 2 = 0$$

解得
$$F_{Ax} = F_{Bx} = 12\text{kN}$$

(2) 计算刚架各杆控制截面的内力值,如表 9-2 所示。

表 9-2　图 9-5(a)所示刚架内力计算表

杆件	内力		
	轴力 F_N(kN)	剪力 F_Q(kN)	弯矩 M(kN·m)
AD	$F_{NAD} = -F_{Ay} = -34$	$F_{QAD} = -F_{Ax} = -12$	$M_{AD} = 0$(无力偶作用的铰支端)
	$F_{NDA} = -F_{Ay} = -34$	$F_{QDA} = -F_{Ax} = -12$	$M_{DA} = -F_{Ax} \times 6 = -72$(左拉)
DC	$F_{NDC} = -F_{Ax} = -12$	$F_{QDC} = F_{Ay} = 34$	$M_{DC} = M_{DA} = -72$(上拉)
	$F_{NCD} = -F_{Ax} = -12$	$F_{QCD} = F_{Ay} - 8 \times 4 = 2$	$M_{CD} = 0$(无力偶作用的铰支端)
CE	$F_{NCE} = -F_{Ax} = -12$	$F_{QCE} = F_{QCD} = 2$	$M_{CE} = 0$(无力偶作用的铰支端)
	$F_{NEC} = -F_{Ax} = -12$	$F_{QEC} = -F_{By} = -38$	$M_{EC} = -F_{Bx} \times 6 = -72$(上拉)
EB	$F_{NEB} = -F_{By} = -38$	$F_{QEB} = F_{Bx} = 12$	$M_{EB} = -F_{Bx} \times 6 = -72$(右拉)
	$F_{NBE} = -F_{By} = -38$	$F_{QBE} = F_{Bx} = 12$	$M_{BE} = 0$(无力偶作用的铰支端)
图(f)校核	$\sum F_x = 12 - 12 = 0, \sum F_y = 2 + 38 - 40 = 0, \sum M_E = 40 \times 2 - 2 \times 4 - 72 = 0$		

注:受同一外力作用的杆件,其轴力相同、剪力相等;未受外力偶作用的铰结处杆端的弯矩均为零,只联结两根杆件的刚结点处杆端,其弯矩等值、反向。

(3)作刚架的内力图如图 9-5(c)、(d)、(e)所示。

(4)取图 9-5(f)所示的部分作平衡条件的校核,校核结果见表 9-2。

9.2.4　静定平面桁架的内力计算

桁架是只受结点荷载作用的铰结链杆系结构,其中每根杆件均只有轴力。用结点法计算桁架内力时,作用于每个结点上的力系都是平面汇交力系,因此每次只能截断两根内力未知的杆件。用截面法计算内力时,受力图上所作用的是平面一般力系,因而每个截面所截断的内力未知的杆件数不得超过三根。对于单独用结点法或截面法都不可能计算其内力的轴力静定杆件,可采用联合法计算其内力(见例 9-5)。

在一般桁架中,不可能在每个结点上都作用有荷载,因而不受荷载作用的结点所联结的各杆中,通常存在轴力为零的杆件,这种轴力为零的杆件,称为“零杆”,确定“零杆”的依据仍然是结点平衡条件。对于杆件较多的桁架,若能在轴力计算之前,能够将那些轴力为零的杆件确定下来,会简化计算过程。

工程中的绝大多数桁架都具有对称性(一般都是关于某根竖杆对称),对称的桁架结构在对称外力的作用下,处于对称位置杆件的轴力相等。如果我们充分利用这一特性,会使计算事半功倍。

【例 9-5】 计算图 9-6(a)所示桁架中 a、b、c、d 杆的轴力。

解:图 9-6(a)所示桁架是一个关于 GD 杆对称的简单桁架,因荷载对称,其支座约束力也是对称的(水平约束力等于零),且竖向约束力均为 $2\boldsymbol{F}$。若需计算所有杆件的内力,则只需计算 GD 杆及以左各杆的轴力即可,其中 EH、AH 杆为零杆。

为了计算 a、b、c、d 杆的轴力,分别取如图 9-6(b)所示的结点 I 和截面 1—1 以左部分桁架为研究对象,他们的受力图分别如图 9-6(c)、(d)所示,列方程,计算这 4 根杆件的轴力。由图 9-6(c)知

$$F_{Nb} = -F_{Nc} \tag{1}$$

对于图 9-6(d),由

$$\sum F_y = 0,\quad (F_{Nb} - F_{Nc})\sin45° - 0.5F - F + 2F = 0 \tag{2}$$

$$\sum M_G(\boldsymbol{F}) = 0,\quad F_{Nd} \times 4 + F_{Nc} \times 2\sqrt{2} + F \times 2 + \frac{F}{2} \times 4 - 2F \times 4 = 0 \tag{3}$$

$$\sum F_x = 0, F_{Na} + F_{Nb}\cos45° + F_{Nc}\cos45° + F_{Nd} = 0 \tag{4}$$

联立解得

$$F_{Na} = -\frac{3}{4}F(\text{压力}), F_{Nb} = -\frac{\sqrt{2}F}{4}(\text{压力}), F_{Nc} = \frac{\sqrt{2}F}{4}(\text{拉力}), F_{Nd} = \frac{3}{4}F(\text{拉力})$$

【例 9-6】 计算图 9-7(a)所示联合桁架中杆 EF、EH、DC 的轴力。

解:(1)计算桁架的支座约束力。这也是一个受平行力系作用的对称桁架,由荷载对称约束力也对称知,其 A、B 支座的竖向约束力分别为

$$F_A = F_B = 100\text{kN}$$

(2)先确定桁架中的"零杆"。该桁架中共有如图 9-7(a)中所示的 3 根"零杆"。

(3)取 $m-m$ 截面,以其左边部分为研究对象,作受力图如图 9-7(b)所示,由平面一般力系的平衡条件计算所截各杆的轴力。

由

$$\sum M_D = 0,\quad F_{NFC} \times 6 - 100 \times 3 - 100 \times 3 = 0$$

解得

$$F_{NFC} = 100\text{kN}$$

由

$$\sum M_C = 0,\quad -100 \times 9 + 100 \times 3 - F_{NEH} \times 6 = 0$$

解得

$$F_{NEH} = -100\text{kN}(\text{压力})$$

由

$$\sum F_x = 0,\quad F_{NDC}\cos45° + F_{NEH} + F_{NFC} = 0$$

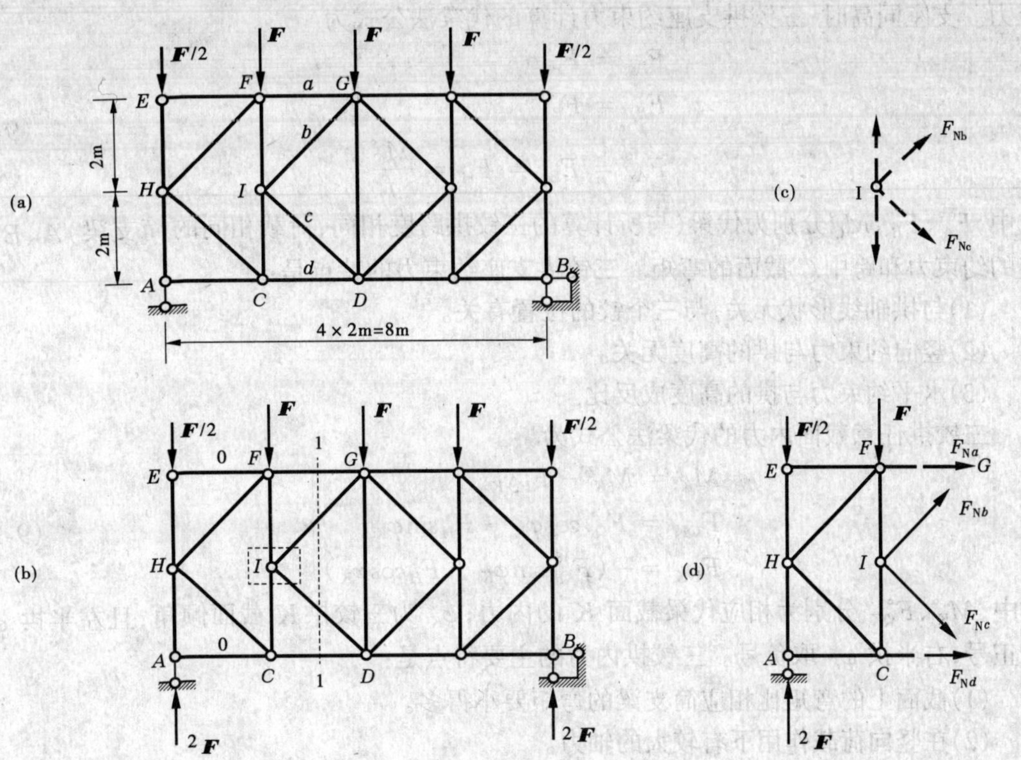

图 9-6

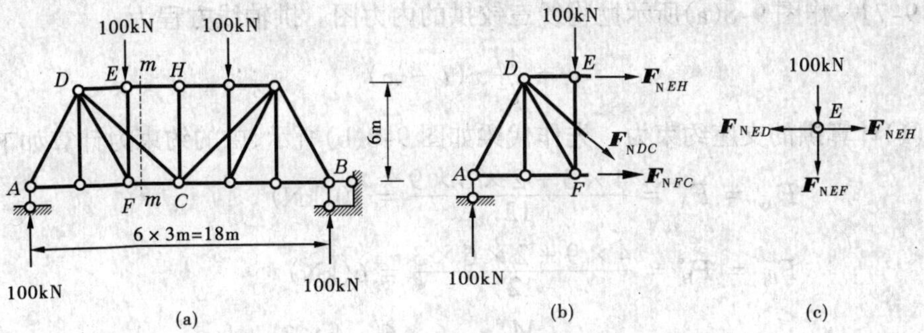

图 9-7

解得

$$F_{NDC} = 0$$

(4)取结点 E 为研究对象，作受力图如图 9-7(c)所示，由平面汇交力系的平衡条件可求得杆 EF 的轴力为

$$F_{NEF} = -100\text{kN}(\text{压力})$$

9.2.5　三铰拱的内力分析

三铰拱是静定推力结构，其受力特点是在竖向荷载作用下会产生水平方向的支座约

束力。支座同高时，三铰拱支座约束力计算的代梁法公式为

$$\left.\begin{aligned} F_{Ay} &= F_A^{\circ} \\ F_{By} &= F_B^{\circ} \\ F_{Ax} &= F_{Bx} = F_H = \frac{M_C^{\circ}}{f} \end{aligned}\right\} \tag{9-1}$$

式中，F_A°、F_B°、M_C°分别为代梁（与所计算的三铰拱跨度相同、荷载相同的简支梁）A、B 支座的约束力和跨中 C 截面的弯矩。三铰拱支座约束力的特点是：

(1)与拱轴线形状无关，与三个铰的位置有关。

(2)竖向约束力与拱的高度无关。

(3)水平约束力与拱的高度成反比。

三铰拱任意截面内力的代梁法公式为

$$\left.\begin{aligned} M_K &= M_K^{\circ} - F_H y_K \\ F_{QK} &= F_{QK}^{\circ}\cos\varphi_K - F_H\sin\varphi_K \\ F_{NK} &= -(F_{QK}^{\circ}\sin\varphi_K + F_H\cos\varphi_K) \end{aligned}\right\} \tag{9-2}$$

式中，M_K°、F_{QK}° 分别为相应代梁截面 K 的内力；φ_K 为三铰拱 K 截面倾角，且左半拱 φ_K 取正号，右半拱 φ_K 取负号。三铰拱内力的主要特点是：

(1)截面上的弯矩比相应简支梁的弯矩要小得多。

(2)在竖向荷载作用下有较大的轴力。

(3)轴力图和剪力图在集中力作用处截面上都会发生突变，而弯矩图出现尖角。

(4)在分布荷载作用段内剪力为零的截面处弯矩有极值。

【例 9-7】 作图 9-8(a)所示抛物线三铰拱的内力图。拱轴线方程为

$$y = \frac{4f}{l^2}x(l - x)$$

解：(1)计算拱的支座约束力。先作代梁如图 9-8(b)所示，拱的约束力计算如下

$$F_{Ay} = F_A^{\circ} = \frac{4\times3 + 2\times6\times9}{12} = 10(\text{kN})$$

$$F_{By} = F_B^{\circ} = \frac{4\times9 + 2\times6\times3}{12} = 6(\text{kN})$$

$$F_{Ax} = F_{Bx} = F_H = \frac{M_C^{\circ}}{f} = \frac{6\times6 - 4\times3}{4} = 6(\text{kN})$$

(2)内力计算。为绘制拱的内力图，将拱圈按跨长分成 12 等份，计算各分段点截面上的 M、F_Q、F_N。现以 $x=2\text{m}$ 的截面 2 为例，说明计算步骤：

截面 2 的几何参数

$$x = 2\text{m}, y = \frac{4f}{l^2}x(l - x) = \frac{4\times4}{12^2}\times2(12 - 2) = 2.22(\text{m})$$

$$\tan\varphi_2 = y' = \frac{4f}{l^2}(l - 2x) = \frac{4\times4}{12^2}(12 - 2\times2) = 0.889$$

$$\varphi_2 = 41°38', \sin\varphi_2 = 0.664, \cos\varphi_2 = 0.747$$

计算截面 2 的内力

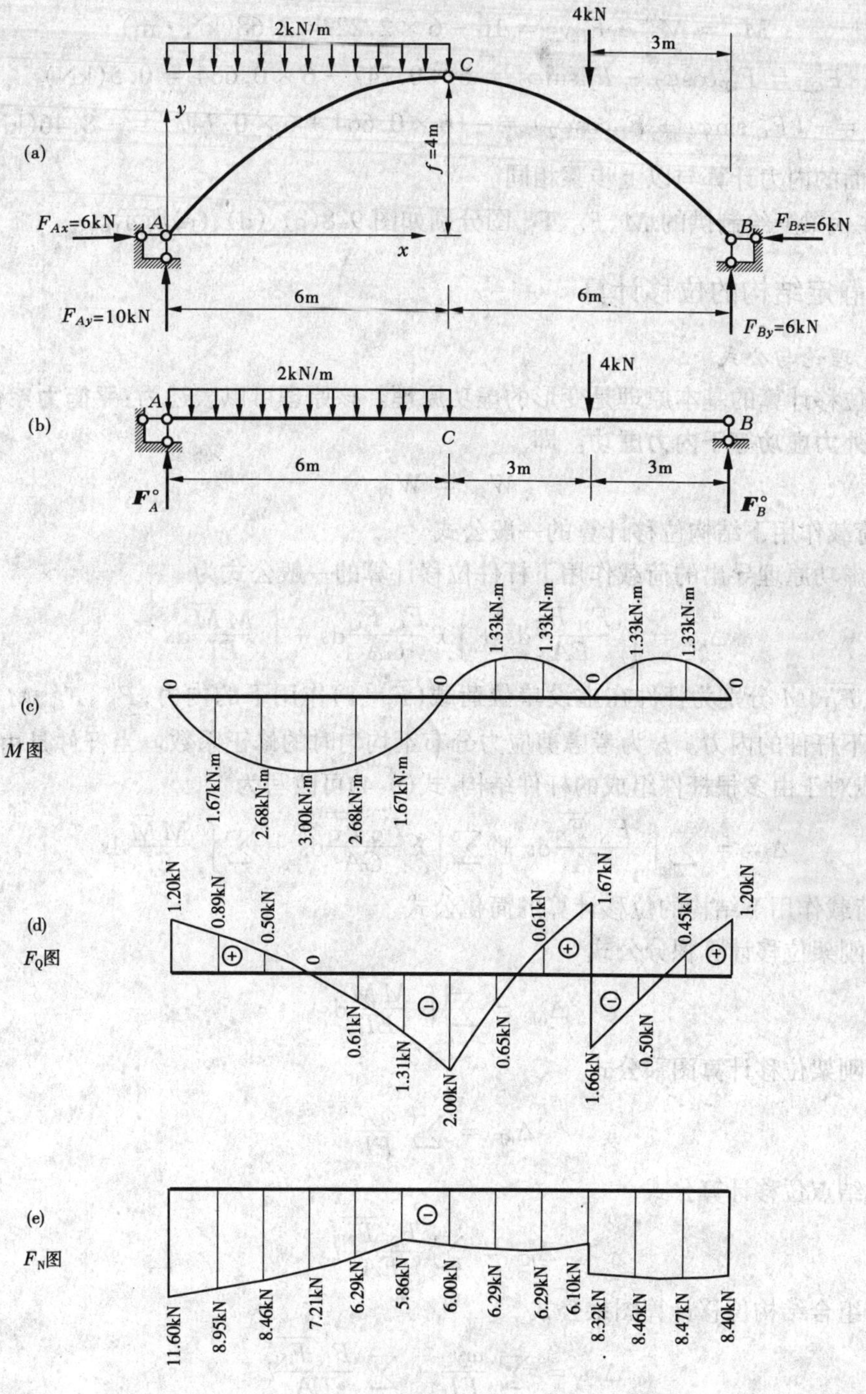

图 9-8

因

$$M_2^\circ = 10 \times 2 - 2 \times 2 \times 1 = 16(\text{kN} \cdot \text{m}), F_{Q_2}^\circ = 10 - 2 \times 2 = 6(\text{kN})$$

故由内力计算公式得

$$M_2 = M_2^{\circ} - F_H y_2 = 16 - 6 \times 2.22 = 2.68(\mathrm{kN \cdot m})$$

$$F_{Q2} = F_{Q2}^{\circ}\cos\varphi_2 - F_H\sin\varphi_2 = 6 \times 0.747 - 6 \times 0.664 = 0.5(\mathrm{kN})$$

$$F_{N_2} = -(F_{Q_2}^{\circ}\sin\varphi_2 + F_H\cos\varphi_2) = -(6 \times 0.664 + 6 \times 0.747) = -8.46(\mathrm{kN})$$

其余各截面的内力计算与以上步骤相同。

(3)在代梁上绘制拱的 M、F_Q、F_N 图分别如图 9-8(c)、(d)、(e)所示。

9.2.6 静定结构的位移计算

9.2.6.1 理论与公式

结构位移计算的基本原理是变形的虚功原理。该原理可以表述为:**平衡力系作用下,变形体的外力虚功等于内力虚功。**即

$$W_{外} = W_{内} \tag{9-3}$$

(1)荷载作用下结构位移计算的一般公式

根据虚功原理导出的荷载作用下杆件位移计算的一般公式为

$$\Delta_{KF} = \int_s \frac{F_N \overline{F_N}}{EA}\mathrm{d}s + \int_s k\frac{F_Q \overline{F_Q}}{GA}\mathrm{d}s + \int_s \frac{M\overline{M}}{EI}\mathrm{d}s \tag{9-4}$$

式中,$\overline{F_N}$、$\overline{F_Q}$、$\overline{M}$ 分别为杆件在虚设单位荷载($\overline{F}=1$)作用下的内力,F_N、F_Q、M 分别为荷载作用下杆件的内力。k 为考虑剪应力分布不均匀时的修正系数。当杆件是由多个杆段组成,或对于由多根杆件组成的杆件结构,式(9-4)可改写为

$$\Delta_{KF} = \sum\int_s \frac{F_N \overline{F_N}}{EA}\mathrm{d}s + \sum\int_s k\frac{F_Q \overline{F_Q}}{GA}\mathrm{d}s + \sum\int_s \frac{M\overline{M}}{EI}\mathrm{d}s \tag{9-5}$$

(2)荷载作用下结构的位移计算的简化公式

梁和刚架位移计算积分公式

$$\Delta_{KF} = \sum\int_s \frac{M\overline{M}}{EI}\mathrm{d}s \tag{9-6}$$

梁和刚架位移计算图乘公式

$$\Delta_{KF} = \sum \frac{\omega y_C}{EI} \tag{9-7}$$

桁架结点位移计算公式

$$\Delta_{KF} = \sum \frac{F_N \overline{F_N}}{EA} l \tag{9-8}$$

直杆组合结构位移计算图乘公式

$$\Delta_{KF} = \sum \frac{\omega y_C}{EI} + \sum \frac{F_N \overline{F_N}}{EA} l \tag{9-9}$$

(3)支座移动时静定结构位移计算公式

$$\Delta_{KC} = -\sum \overline{F_R} C \tag{9-10}$$

式中,$\overline{F_R}$是单位荷载作用下静定结构的支座约束力。

9.2.6.2　结构位移计算要点

(1)利用结构位移计算公式计算结构的位移时,无论是计算何种类型结构的何种位移,都必须建立与所求位移相适应的虚力状态,且虚力状态的结构与实际状态的结构形式、各杆刚度必须完全一致。

(2)用积分法计算位移时,两种状态下的每个内力方程必须具有相同的坐标系和相同的自变量定义域。

(3)用图乘法计算梁和刚架的位移时,每根杆件都必须是均质等截面直杆,两种状态的弯矩图中至少有一个是直线形,图乘公式中的 y_C 必须在直线弯矩图中取值。并且,对于组合弯矩图,必须先分解成面积及形心位置已知的简单图形后再进行图乘,图乘时,两个弯矩图在杆件同一侧时取正号,不同侧时取负号。

(4)对于桁架的位移计算,无需积分或图乘,只需将两种状态中各杆的轴力求出后,即可用式(9-8)直接计算相应的位移。桁架的位移计算建议列表进行。

【例 9-8】 计算图 9-9(a)所示结构 A 截面的竖向线位移和角位移,$EI=$常数。

解:(1)计算 A 截面的竖向线位移 Δ_{AV}。

建立荷载作用下的弯矩方程。由图 9-9(a)可知

AB 杆段　　$M=FR\sin\theta$　　$(0\leqslant\theta\leqslant\pi/2)$

BC 杆段　　$M=FR$

建立求 Δ_{AV} 的虚力状态,如图 9-9(b)所示,其弯矩方程为

AB 杆段　　$\overline{M}=R\sin\theta$　　$(0\leqslant\theta\leqslant\pi/2)$

BC 杆段　　$\overline{M}=R$

由式(9-6)积分计算位移

$$\Delta_{AV}=\sum\int_s\frac{M\overline{M}}{EI}\mathrm{d}s=\frac{1}{EI}\left[\int_0^{\frac{\pi}{2}}FR\sin\theta\cdot R\sin\theta R\,\mathrm{d}\theta+\int_0^{1.5R}FRR\,\mathrm{d}s\right]$$

$$=\frac{FR^3}{EI}\int_0^{\frac{\pi}{2}}\sin^2\theta\,\mathrm{d}\theta+\frac{FR^2}{EI}\int_0^{1.5R}\mathrm{d}s=\frac{FR^3}{EI}\left(\frac{\pi}{4}+\frac{3}{2}\right)(\downarrow)$$

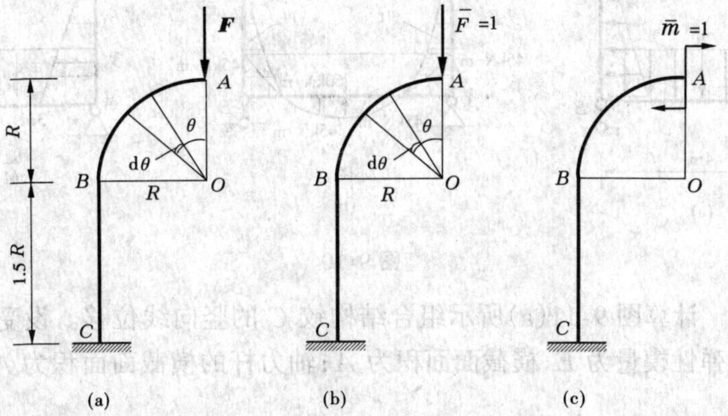

图 9-9

(2)计算 A 截面的角位移 φ_A。

建立求 φ_A 的虚力状态如图 9-9(c)所示,其 AB 段和 BC 段的弯矩方程均为 $\overline{M}=1$。由式(9-6)积分计算位移

$$\varphi_A=\sum\int_s\frac{M\overline{M}}{EI}\mathrm{d}s=\frac{1}{EI}\left[\int_0^{\frac{\pi}{2}}FR\sin\theta R\mathrm{d}\theta+\int_0^{1.5R}FR\mathrm{d}s\right]$$

$$=\frac{1}{EI}\left[FR^2\int_0^{\frac{\pi}{2}}\sin\theta\mathrm{d}\theta+F\cdot R\int_0^{1.5R}\mathrm{d}s\right]=\frac{5FR^2}{2EI}(\leftarrow\!\lrcorner)$$

【例 9-9】 某矩形钢筋混凝土截面渡槽的计算简图如图 9-10(a)所示。试求其 C、D 两点间的相对水平线位移 Δ_{CD}。已知所受分布荷载(单位长度静水压力)$q=30\text{kN/m}$,各杆抗弯刚度均为 EI,其中 $E=2\times10^4\text{MPa}$,$I=2.25\times10^{-3}\text{m}^4$。

解:(1)作荷载弯矩图如图 9-10(b)所示,计算 CD 两点相对水平线位移的虚力状态并作其弯矩图如图 9-10(c)所示。

(2)由图乘公式(9-7)计算位移 Δ_{CD}。

对于 AC、BD 杆,M 图面积均为

$\omega_1=\frac{1}{4}lh=\frac{1}{4}\times3\times45=33.75(\text{kN}\cdot\text{m}^2)$,$\overline{M}$ 图竖标 $y_1=\frac{4}{5}\times3=2.4(\text{m})$;

对于 AB 杆,M 图面积为

$\omega_2=45\times4-\frac{2}{3}\times4\times60=20(\text{kN}\cdot\text{m}^2)$,$\overline{M}$ 图竖标 $y_2=3\text{m}$。

故

$$\Delta_{CD}=\sum\frac{\omega y_C}{EI}=\frac{1}{EI}(2\omega_1y_1+\omega_2y_2)$$

$$=\frac{2\times33.75\times2.4+20\times3}{2\times10^7\times2.25\times10^{-3}}=0.004\,93\text{m}\approx5\text{mm}(\rightarrow\leftarrow)$$

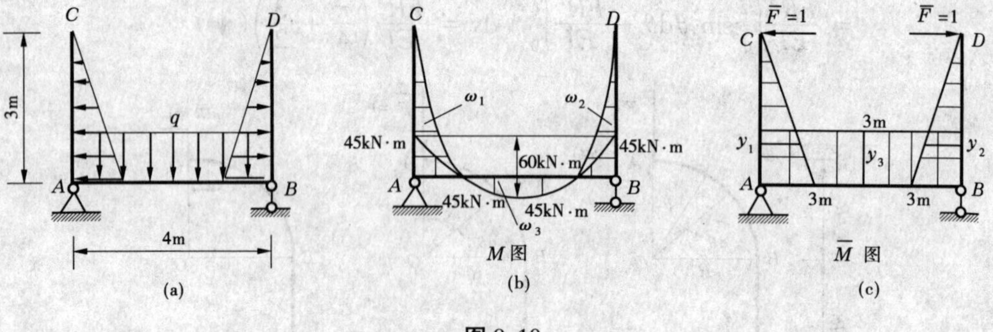

图 9-10

【例 9-10】 计算图 9-11(a)所示组合结构铰 C 的竖向线位移。设受弯杆件横截面的惯性矩为 I,弹性模量为 E,横截面面积为 A;轴力杆的横截面面积为 A_1,弹性模量为 E_1。

解:(1)作结构中受弯杆件的弯矩图,计算出各杆的轴力,如图 9-11(b)所示。

(2)建立求结点 C 竖向位移的虚力状态并计算各轴力杆的轴力,如图 9-11(c)所示。

其中，杆 AC、BC 均无弯矩。

(3)由式(9-9)计算位移

$$\Delta_{CV}=\sum\frac{\omega y_C}{EI}+\sum\frac{F_N\overline{F_N}}{EA}l=\sum\frac{F_N\overline{F_N}}{EA}l$$

$$=\frac{1}{E_1A_1}\left[4\left(4\sqrt{2}q\times\frac{\sqrt{2}}{2}\times4\sqrt{2}\right)+8q\times1\times8\right]+\frac{2}{EA}\left(4q\times\frac{1}{2}\times8\right)$$

$$=\frac{64q}{E_1A_1}(1+\sqrt{2})+\frac{32q}{EA}$$

讨论：如果不考虑实际状态结构中受弯杆件的轴向变形影响，则 C 结点的位移仅为

$$\Delta_{CV}=\frac{64q}{E_1A_1}(1+\sqrt{2})$$

结果表明，在梁桁组合结构中，梁内往往会产生较大的轴力，若不计梁中轴力的影响，将会给计算结果造成较大的误差。

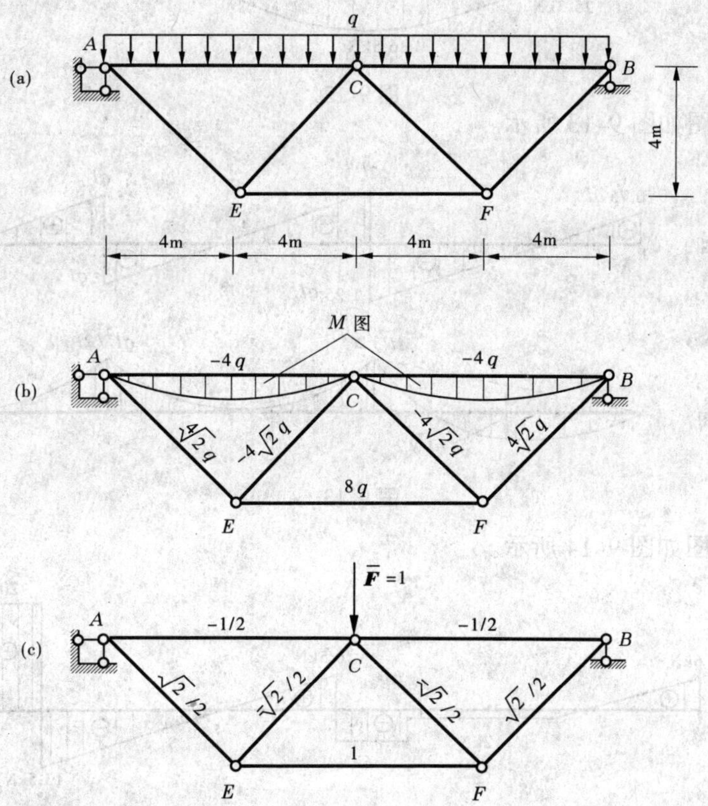

图 9-11

9.3　习题答案及选解

9.3.1　习题答案

9-1　内力图如图 9-12 所示。

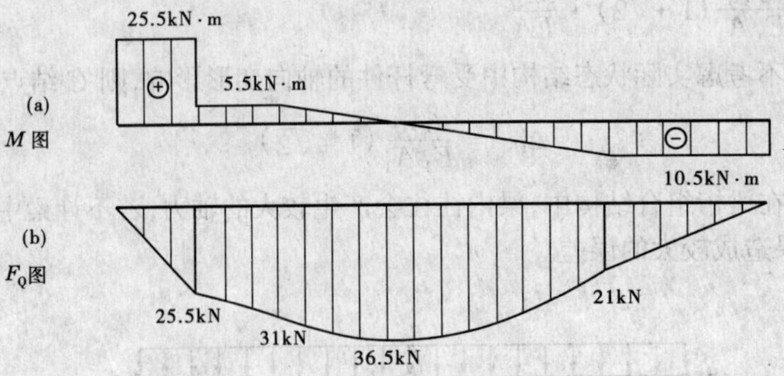

图 9-12

9-2　内力图如图 9-13 所示。

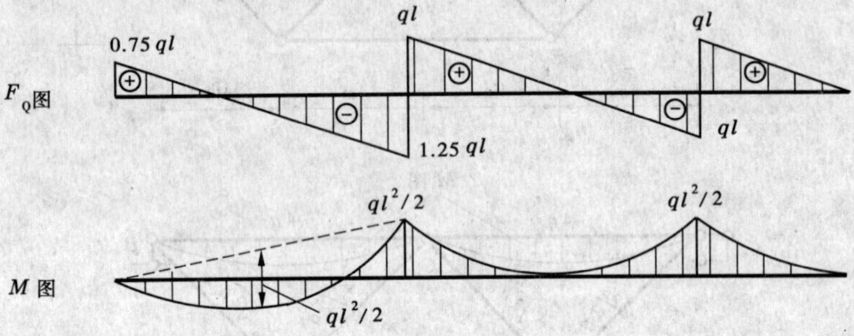

图 9-13

9-3　内力图如图 9-14 所示。

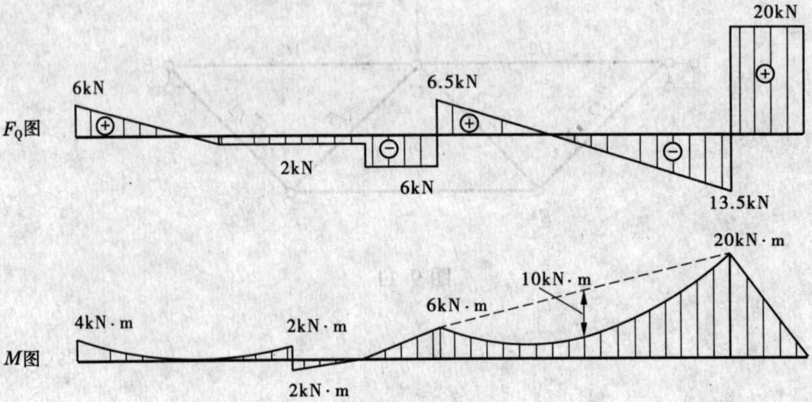

图 9-14

9-4　内力图如图 9-15 ～图 9-17 所示。

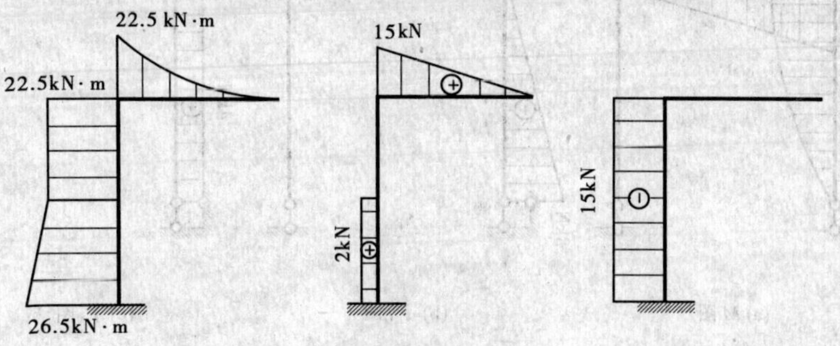

(a) M 图　　(b) F_Q 图　　(c) F_N 图

图 9-15

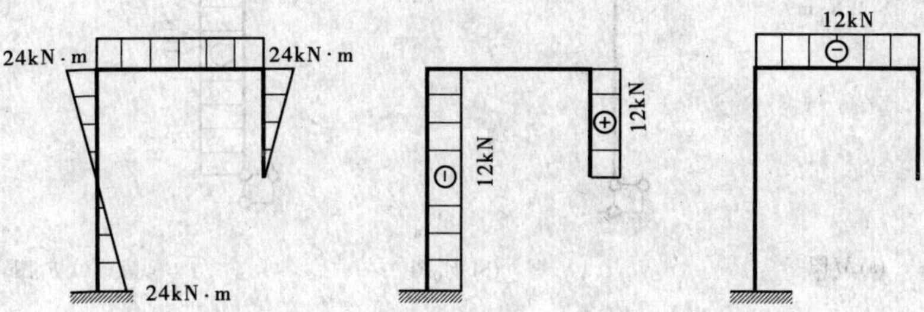

(a) M 图　　(b) F_Q 图　　(c) F_N 图

图 9-16

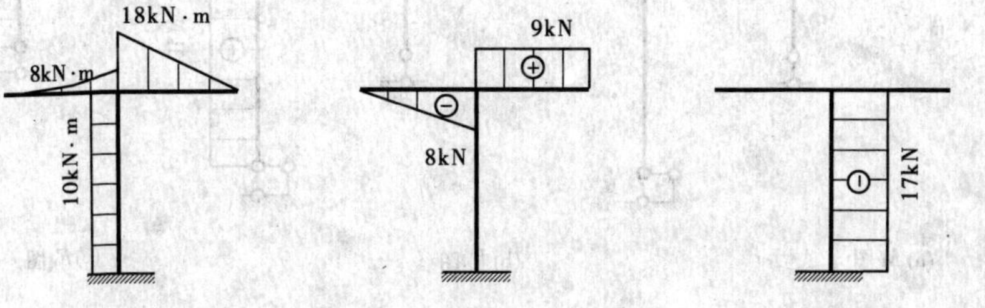

(a) M 图　　(b) F_Q 图　　(c) F_N 图

图 9-17

9-5 内力图如图 9-18 ~图 9-20 所示。

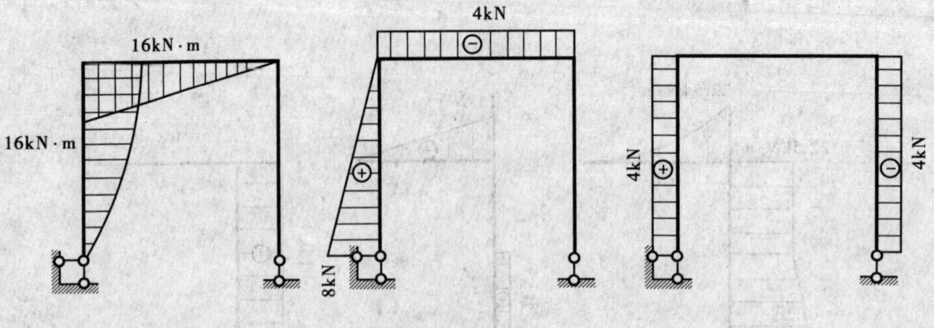

(a) M 图 (b) F_Q图 (c) F_N图

图 9-18

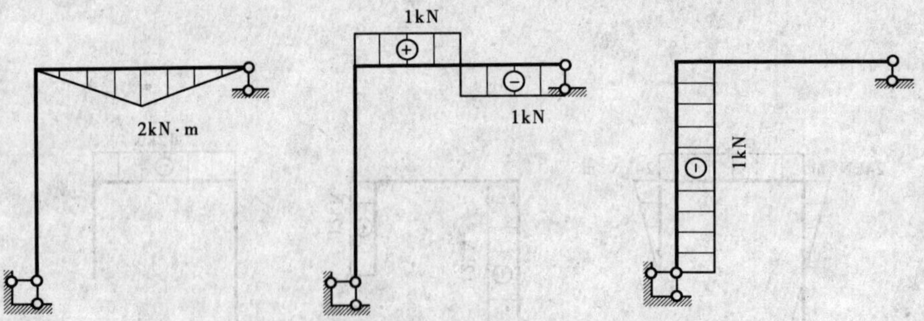

(a) M 图 (b) F_Q图 (c) F_N图

图 9-19

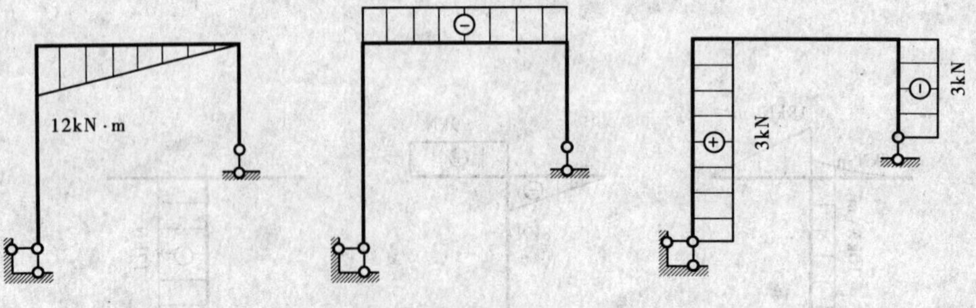

(a) M 图 (b) F_Q图 (c) F_N图

图 9-20

9-6　内力图如图 9-21、图 9-22 所示。

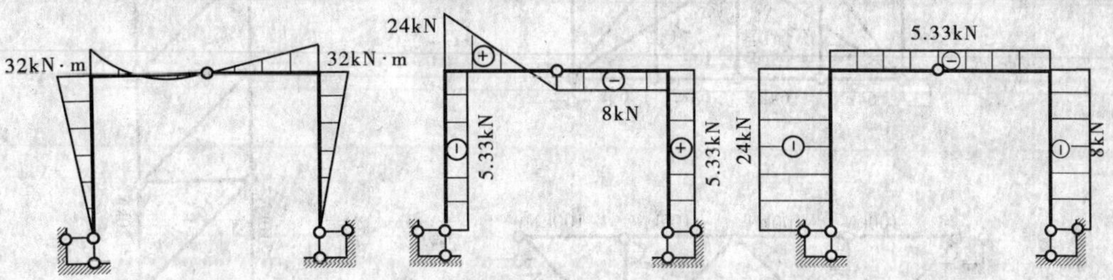

(a) M 图　　(b) F_Q 图　　(c) F_N 图

图 9-21

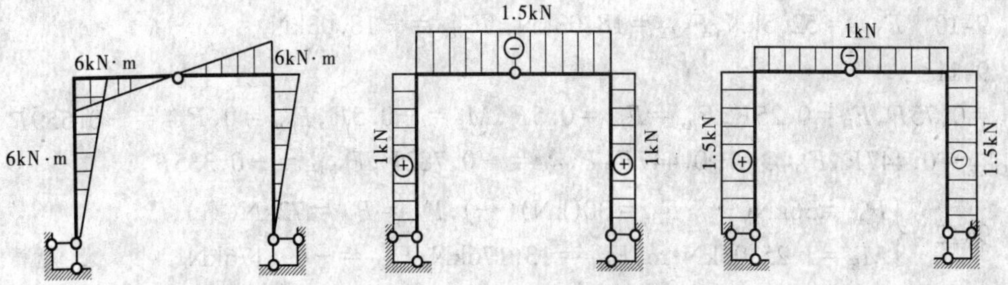

(a) M 图　　(b) F_Q 图　　(c) F_N 图

图 9-22

9-7　各桁架中的零杆如图 9-23 中虚线所示。

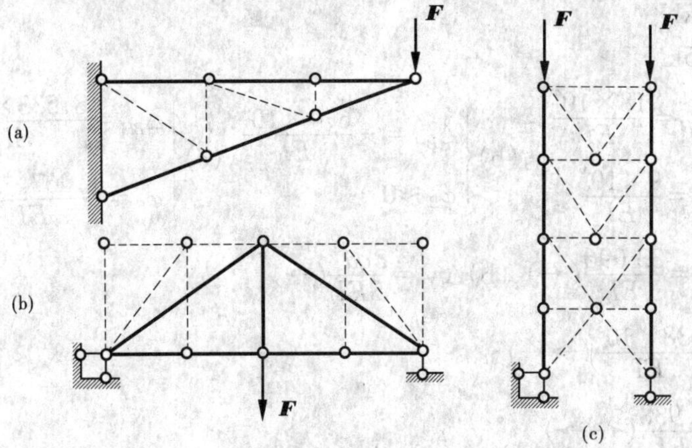

图 9-23

9-8　各桁架轴力如图 9-24 中所示。

9-9 1、2、3 杆的轴力如图 9-25 所示。

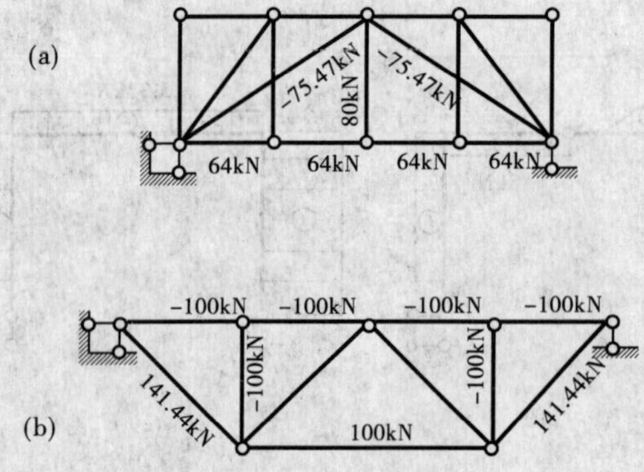

图 9-24

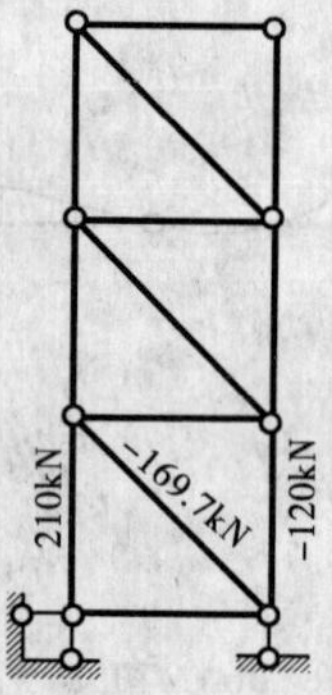

图 9-25

9-10 $F_{NDE}=52.5\text{kN}, F_{NFE}=18.03\text{kN}, F_{NFC}=-18.03\text{kN}$

9-11

$$\begin{cases}F_A=0.75F, F_B=0.25F, F_{Ax}=F_{Bx}=0.5F, M_E=-0.5F, F_{QE}=0, F_{NE}=-0.559F\\ F_{QD左}=0.447F, F_{QD右}=-0.447F, F_{ND左}=-0.782F, F_{ND右}=-0.335F\end{cases}$$

9-12 $\begin{cases}F_{Ax}=36\text{kN}(\rightarrow), F_{Bx}=36(\text{kN})(\leftarrow), F_{Ay}=F_{By}=72\text{kN}(\uparrow),\\ M_K=-25.06\text{kN}\cdot\text{m}, F_{QK}=13.176\text{kN}, F_{NK}=-49.176\text{kN}\end{cases}$

9-13

$$\begin{cases}F_{Ax}=63.75\text{kN}(\rightarrow), F_{Bx}=63.75\text{kN}(\leftarrow), F_{Ay}=67.5\text{kN}(\uparrow), F_{By}=102.5\text{kN}(\uparrow)\\ M_D=22.5\text{kN}\cdot\text{m}, F_{QD}\begin{cases}左=20.78\text{kN}\\ 右=-20.82\text{kN}\end{cases}\\ F_{ND}\begin{cases}左=-90.5\text{kN}\\ 右=-62.75\text{kN}\end{cases}\end{cases}$$

9-14 (a)$\begin{cases}\Delta_{BH}=\dfrac{18\times10^4}{EI},\\ \varphi_B=\dfrac{9\times10^4}{EI}\end{cases}$,(b)$\begin{cases}\Delta_{BH}=-\dfrac{6.4\times10^4}{EI}\\ \varphi_B\approx0\end{cases}$,(c)$\begin{cases}\Delta_{BH}=\dfrac{8.533\times10^4}{EI}\\ \varphi_B=\dfrac{1.067\times10^4}{EI}\end{cases}$

9-15 (a)$\Delta_{CH}=\dfrac{33\,096}{EI}(\leftarrow)$,(b)$\Delta_{CH}=\dfrac{3qa^4}{8EI}(\rightarrow)$

9-16 $\Delta_{AD}=\dfrac{838\times10^3}{EI}(\rightarrow\leftarrow)$

9-17 $\Delta_{CD}=\dfrac{6\,938}{EI}(\leftarrow\rightarrow)$

9-18 (a)$\Delta_{CV}=\dfrac{819\,200}{EA}$,(b)$\Delta_{CV}=\dfrac{1.75\times10^6}{EA}$

9-19 (a)$\Delta_{CH}=2\text{cm}$,(b)$\Delta_{CH}=107.7\text{cm}$

9.3.2　习题选解

【题 9-3】

解:(1)确定图 9-26(a)所示梁的组成顺序,画结构层次图。该梁由两个基本部分(AB 和 CF)和一个附属部分(BC)组成,其组成层次图如图 9-26(b)所示。

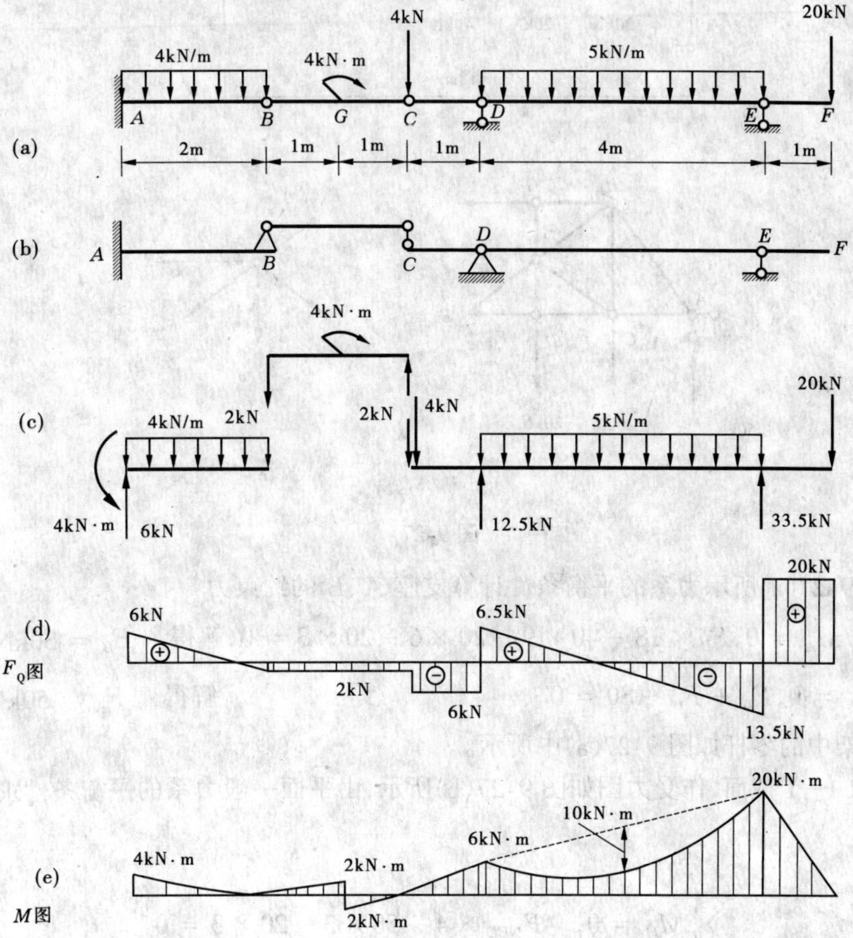

图 9-26

(2)画各跨梁的受力图并求出各支座的约束力,如图 9-26(c)所示。

(3)取一比例,按与图 9-26(a)的截面对应关系在同一基线上画出各单跨梁的剪力图,形成整个梁的剪力图,如图 9-26(d)所示。

(4)再取比例,按与图 9-26(a)的截面对应关系在同一基线上画出各单跨梁的弯矩图,形成整个梁的弯矩如图 9-26(e)所示。

【题 9-10】

解:试求图 9-27(a)所示桁架中杆 DE、FE、FC 的轴力。

(1)求桁架的支座约束力并判别零杆。

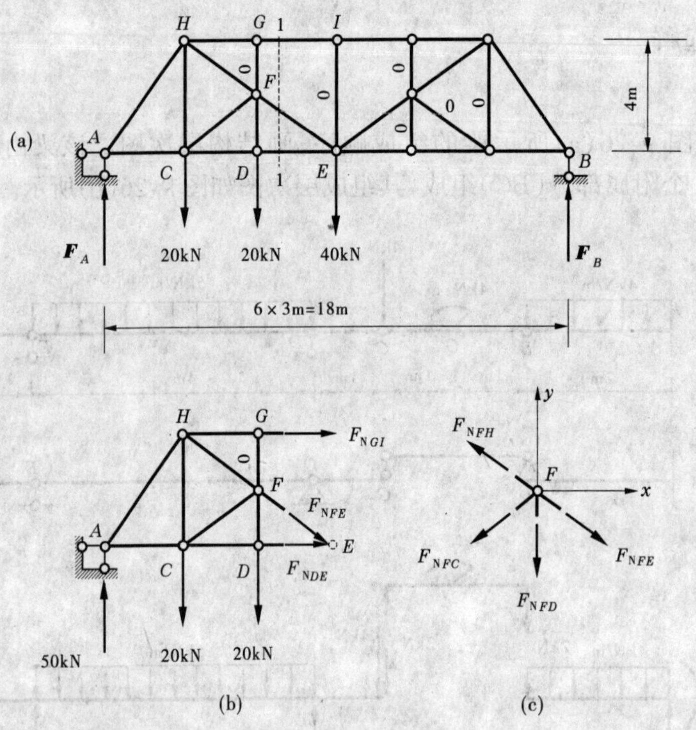

图 9-27

由图 9-27(a)所示力系的平衡条件计算支座 A、B 的约束力

$\sum M_A = 0, F_B \times 18 - 40 \times 9 - 20 \times 6 - 20 \times 3 = 0$,解得　$F_B = 30\text{kN}$

$\sum F_y = 0, F_A + F_B - 80 = 0$　　　　解得　$F_A = 50\text{kN}$

该桁架中的零杆如图 9-27(a)中所示。

(2)取 1—1 截面,作受力图如图 9-27(b)所示,由平面一般力系的平衡条件求未知内力。

由

$$\sum M_H = 0,\quad F_{NDE} \times 4 - 50 \times 3 - 20 \times 3 = 0$$

解得

$$F_{NDE} = 52.5\text{kN}$$

由

$$\sum M_E = 0,\quad 20 \times 3 + 20 \times 6 - 50 \times 9 - F_{NGI} \times 4 = 0$$

解得

$$F_{NGI} = -67.5\text{kN}$$

由

$$\sum F_x = 0,\quad F_{NGI} + F_{NFE} \times \frac{3}{\sqrt{13}} + F_{NDE} = 0$$

解得

$$F_{NFE} = -\frac{\sqrt{13}}{3}(-67.5+52.5) = 18.03(\text{kN})$$

(3)取结点 F 为脱离体，作受力图如图 9-27(c)所示，其中 $F_{NFD}=20\text{kN}$。由平面汇交力系平衡条件求 F_{NFC}。

由

$$\begin{cases} \sum F_x = 0, (F_{NFE} - F_{NFH} - F_{NFC}) \times \dfrac{3}{\sqrt{13}} = 0 \\ \sum F_y = 0, (F_{NFH} - F_{NFE} - F_{NFC}) \times \dfrac{2}{\sqrt{13}} - 20 = 0 \end{cases}$$

联立解得

$$F_{NFC} = -18.03\text{kN}, F_{NFH} = 36.06\text{kN}$$

解题结果为

$$F_{NDE} = 52.5\text{kN}, F_{NFE} = 18.03\text{kN}, F_{NFC} = -18.03\text{kN}$$

【题 9-15(a)】

解：(1)设虚力状态，并作实际状态和虚力状态的弯矩图，如图 9-28 所示。

(2)图乘计算结点 C 的水平位移。

$$\Delta_{CH} = \frac{1}{EI}\left(\frac{1}{2}\times 0.8\times 32\times\frac{2}{3}\times 0.8 + 32\times 1\times 0.8 + \frac{1}{3}\times 1\times 2.5\times 0.8\right)\times 10^3$$
$$= \frac{33\ 096}{EI}(\leftarrow)$$

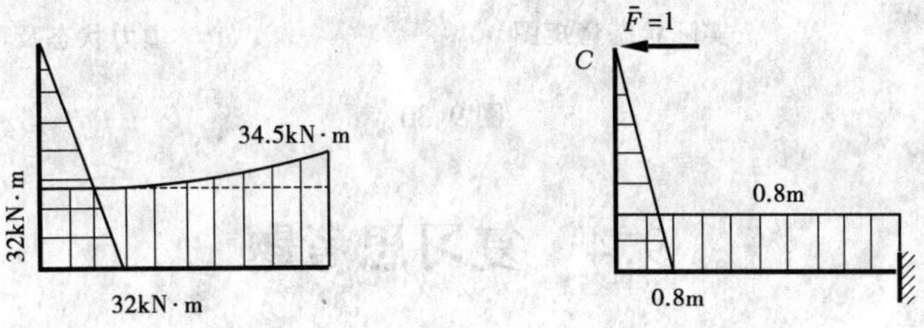

实际状态弯矩图　　虚力状态及弯矩图

图 9-28

【题 9-15(b)】

解：(1)设虚力状态，并作实际状态和虚力状态的弯矩图如图 9-29 所示。

(2)图乘计算结点 C 的水平位移。

$$\Delta_{CH} = -\frac{1}{EI}\left(2\times\frac{1}{2}\times a\times\frac{qa^2}{2}\times\frac{2}{3}a + \frac{2}{3}\times a\times\frac{qa^2}{8}\times\frac{a}{2}\right) = -\frac{3qa^4}{8EI}\text{(实际位移方向}\rightarrow\text{)}$$

【题 9-16】

解：(1)设虚力状态，并作实际状态和虚力状态的弯矩图，如图 9-30 所示。

(2)图乘计算结点 AD 两截面间的相对水平位移。

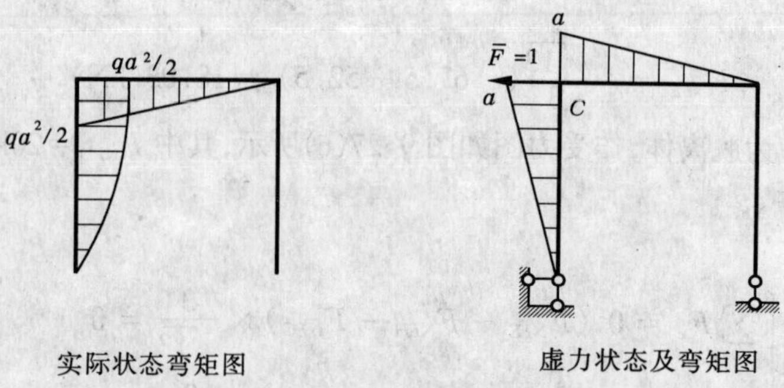

图 9-29

$$\Delta_{AD}=\frac{1\times 10^3}{EI}\left(6\times 36\times \frac{4}{2}+\frac{1}{2}\times 6\times 32\times \frac{2}{3}\times 4+\frac{1}{3}\times 4\times 24\times \frac{3}{4}\times 4+\frac{1}{2}\times 3\times 12\times 3\right)=\frac{838\times 10^3}{EI}(\rightarrow\leftarrow)$$

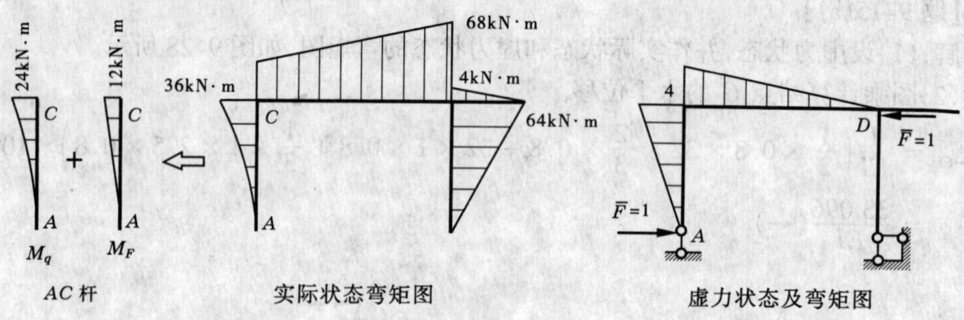

图 9-30

9.4　复习思考题

9-1　求静定结构约束力和内力时,作用于结构上的荷载可以随意移动位置吗?

9-2　计算静定多跨梁的约束力和内力时,一定要画出结构层次图和每个单跨梁的受力图吗?

9-3　作静定多跨梁的内力图时,对其中不同的单跨梁可以取不同的作图比例吗?

9-4　梁上荷载与梁内力间的微分关系是否可以应用于作刚架的内力图?

9-5　图 9-31 所示各刚架的弯矩图是否正确? 如果不正确,请更正。

9-6　如何利用对称性进行静定结构内力分析?

9-7　求静定平面桁架各杆轴力时能不解联立方程吗?

9-8　在荷载作用下曲杆内力图有直线形吗?

9-9　任意荷载下拱型结构都存在合理轴线吗?

9-10　为何支座产生位移时静定刚架中没有内力?

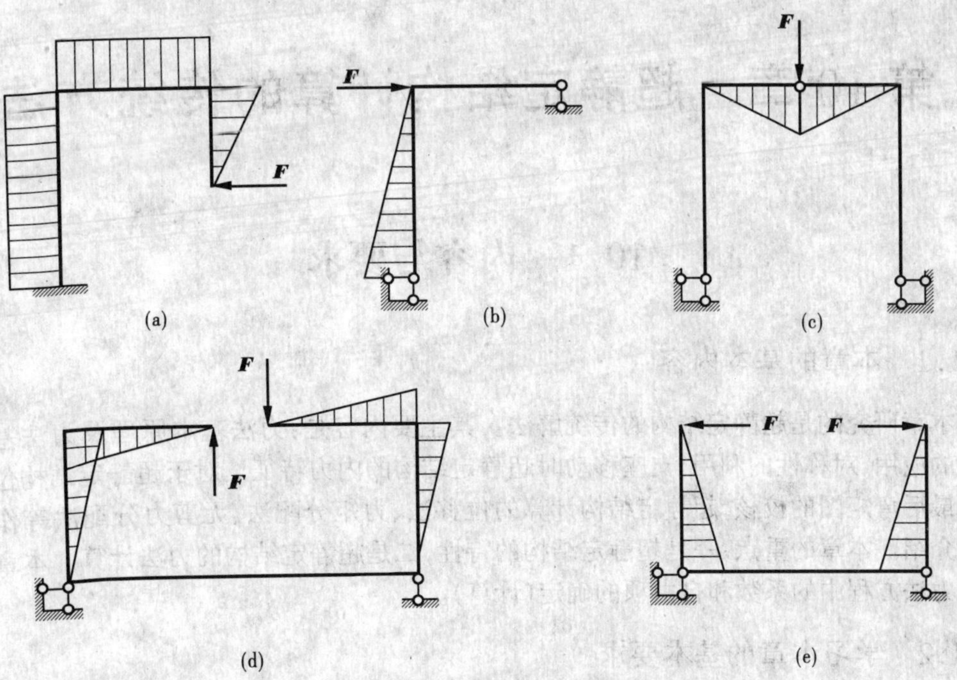

图 9-31

9-11　如何计算静定结构在荷载作用下某点的总位移？

9-12　计算平面刚架的位移时，忽略剪切变形和轴向变形的误差有多大？

9-13　用图乘法求位移时，要注意哪几个方面的问题？

9-14　减小结构位移的措施有哪些？

9-15　有变形就有位移，有位移就有变形，这种说法对吗？

第 10 章　超静定结构计算的传统方法

10.1　内容与要求

10.1.1　本章的基本内容

本章研究的是超静定结构的传统解法。其主要内容是:力法基本原理及力法基本方程式的应用,对称性的利用,支座移动时超静定结构的内力特征。对于超静定结构位移计算和最后弯矩图的校核,超静定结构计算的位移法、力矩分配法、无剪力分配法等作了一般性介绍。本章的重点,一是超静定结构的特性,二是超静定结构的力法计算。本章的难点是力法方程中的系数和自由项的确定(计算)。

10.1.2　学习本章的基本要求

(1)弄清和理解静定结构的基本特性,会通过几何分析确定结构的超静定次数。

(2)了解位移法、力矩分配法的概念以及杆端弯矩的计算方法。了解超静定结构位移的计算方法。

(3)弄清力法的基本原理、基本结构和基本方程的意义,熟练掌握用力法计算简单的超静定结构,并会对计算结果进行校核。

(4)会利用对称性对超静定结构进行简化计算(能够取出半结构)。

10.2　学习与理解

10.2.1　超静定结构的主要特性

超静定结构是具有多余约束的几何不变体系,正是由于存在多余约束,大大地增加了对其进行分析和计算的难度。我们知道,平衡力系作用下的任何结构都必定处于平衡状态,当结构上所受到的荷载是静力荷载时,则结构的平衡也应当满足静力平衡条件。那么,为什么受静力荷载作用而处于平衡状态的超静定结构,不能直接用静力平衡条件来计算其约束力和内力呢?对于这个问题,我们可以从静定结构和超静定结构的定义中找到答案。

所谓静定结构,就是结构的所有约束力和内力都可以由静力平衡条件直接解出的结构,即结构中的未知量个数总是等于可以建立起来的独立平衡方程式的个数。

所谓超静定结构,就是由于存在于结构中的多余约束给结构施加了多余的约束力,导致结构的约束力和内力的个数多于能够建立起来的独立平衡方程式的个数。因此,由静力平衡条件不可能直接求解出超静定结构全部约束力或内力。

虽然超静定结构在内力计算方面较静定结构要复杂和困难得多，且超静定的次数越高，计算的难度就越大。但随着现代计算技术的发展和工程计算软件的开发和广泛应用，超静定结构计算难的问题，已经得到了很好地解决。关于超静定结构计算软件应用问题，本教材的第 11 章中将进行专题讨论。

通过本章对超静定结构的分析和研究，可知超静定结构有以下三个主要特性：

(1)作用于超静定结构上的力系仍然是平衡力系，然而就整个结构而言，力系中的未知力并不能由平衡条件求解，但不排除其中的某个或某几个未知力可以用静力平衡条件求出来。

(2)由于多余约束的存在，大大降低了结构中内力(特别是弯矩)的峰值，从而大大地提高了结构的强度、刚度和稳定性。这就是为什么超静定结构会得到广泛应用的根本原因。

(3)由于多余约束的存在，当温度发生改变或支座产生移动时，会使超静定结构产生内力，并且其内力的大小与结构的抗弯刚度成正比。

10.2.2　力法、位移法、力矩分配法的比较

力法、位移法、力矩分配法的比较见表 10-1。

表 10-1　力法、位移法、力矩分配法的比较

四基	方法		
	力　法	位移法	力矩分配法
基本原理	由基本结构在多余未知力方向的位移等于原结构在该多余约束处的相应位移的条件建立力法方程，求出多余未知力，即将超静定结构的计算转化为静定结构的计算问题	以结点位移为基本未知量而建立平衡方程，在求出结点位移后即可计算得到结构的各杆端弯矩	通过一锁、二松、三分传、四叠加而得到结构的各杆端弯矩
基本结构	由多余未知力取代多余约束后得到的，受荷载和多余未知力共同作用的静定结构	对结点施加运动约束后得到的，不产生任何结点位移的单跨静定梁的组合体	同位移法
基本未知量	多余未知力——多余约束的约束力	结点位移(刚性结点的角位移和独立的结点线位移)	基本要素：固端弯矩和杆端的转动刚度
基本方程	力法方程是一个位移方程：基本结构沿多余未知力方向的位移等于原结构在多余约束处沿约束力方向的位移	位移法方程是平衡方程：无侧移结构的刚性结点的力矩平衡方程；有侧移结构的刚性结点的力矩平衡方程和杆件中力的投影平衡方程	主要计算：结点不平衡力矩，力矩分配系数，力矩的分配与传递，杆端弯矩的计算
主要适用对象	多结点低超次的一般结构	结点少超次高的无侧移刚架	连续梁

续表 10-1

四基	方法		
	力 法	位移法	力矩分配法
解题主要步骤	1. 选取力法的基本结构，并写出相应的力法典型方程式； 2. 作基本结构的荷载弯矩图和单位弯矩图(或弯矩方程)； 3. 图乘计算(或积分计算)力法方程中的系数和自由项； 4. 解方程求出未知力； 5. 作原结构的内力图并校核	1. 确定结点位移未知量； 2. 列各杆端的转角位移方程； 3. 由结点或杆件受力平衡条件，建立位移法基本方程； 4. 解方程，求出结点位移； 5. 将所求位移代回转角位移方程求出各杆端弯矩，作出结构的弯矩图并进行校核	1. 查教材表 10-1 得出固端弯矩和杆端转动刚度； 2. 计算各杆端的力矩分配系数及力矩传递系数； 3. 计算结点不平衡力矩并进行分配与传递； 4. 计算各杆端弯矩并作出结构的弯矩图

注：位移法的基本方程有两种途径，一种是利用转角位移方程，另一种是位移法基本结构。由前一种途径建立位移法方程时不需要取基本结构。本教材介绍的是用第一种途径建立位移法方程，并且，用力矩分配法计算时，也不需要取基本结构。

10.2.3 超静定结构计算中的主要问题

10.2.3.1 *力法*

(1)力法的基本结构。力法的一切计算都是在基本结构上进行的，因而选取正确的力法基本结构，是解题的关键。对于一个超静定结构，当所解除的多余约束不同时，其力法基本结构的形式也不同，并且超静定次数越高时，可以选取的基本结构形式就越多。但是，一个超静定结构的基本未知量个数、典型力法方程式的形式，以及作出的最后内力图，应当是完全相同的。就是说，结构的支座约束力和内力，不会因所选基本结构形式的不同而不同。不管选取何种形式的基本结构，都必须确保它是一个静定结构。

(2)力法的典型方程。力法的典型方程只与结构的超静定次数有关，而与基本结构的形式无关。荷载作用下 n 次超静定结构的力法典型方程为

$$\left.\begin{aligned}\delta_{11}X_1+\delta_{12}X_2+\cdots+\delta_{1n}X_n+\Delta_{1F}=0\\ \delta_{21}X_1+\delta_{22}X_2+\cdots+\delta_{2n}X_n+\Delta_{2F}=0\\ \vdots\qquad\qquad\\ \delta_{n1}X_1+\delta_{n2}X_2+\cdots+\delta_{nn}X_n+\Delta_{nF}=0\end{aligned}\right\}$$

或

$$\sum_{j=1}^{n}\delta_{ij}X_j+\Delta_{iF}=0,(i=1,2,3,\cdots,n)$$

支座移动时，超静定结构的力法典型方程有以下两种形式。

解除有位移的多余约束时

$$\sum_{j=1}^{n}\delta_{ij}X_j=c_i\quad(i=1,2,\cdots,n)$$

解除无位移的多余约束时

$$\sum_{j=1}^{n}\delta_{ij}X_j+\Delta c_i=0\quad(i=1,2,\cdots,n)$$

式中 c_i——原结构上与 X_i 方向相应的实际位移。

以上各典型方程的左边是基本结构沿基本未知量方向的位移，右边是与原结构相应的位移。

(3)荷载作用时力法典型方程中的系数和自由项的计算。力法典型方程中系数和自由项的计算，仍然采用单位荷载法。具体计算时，对于曲杆结构或变截面直杆结构，均须通过积分来计算；对于均质等截面直杆结构，一般采用图乘法计算。采用图乘法计算力法方程中系数和自由项时，先要分别作出基本结构的荷载弯矩图和单位弯矩图。荷载弯矩图只有一个，而单位力弯矩图的个数等于结构的多余未知力个数，每个单位力弯矩图都是在多余未知力等于1且单独作用于基本结构时产生的。力法典型方程中系数和自由项的计算公式如下。

主系数

$$\delta_{ii} = \sum\int_s \frac{\overline{M_i}\,\overline{M_i}}{EI}\mathrm{d}s$$

图乘时，ωy_C 是$\overline{M_i}$图的面积与自身的形心纵坐标相乘，因而它恒为正值。

副系数

$$\delta_{ij} = \delta_{ji} = \sum\int_s \frac{\overline{M_i}\,\overline{M_j}}{EI}\mathrm{d}s$$

图乘时，ωy_C 是$\overline{M_i}$图的面积乘以$\overline{M_j}$图上与$\overline{M_i}$图形心对应截面处的纵坐标。且$\overline{M_i}$与$\overline{M_j}$同侧时 ωy_C 取正号，异侧时 ωy_C 取负号。副系数可能为正，可能为负，也可能等于零。

自由项

$$\Delta_{iF} = \sum\int_s \frac{M_F\,\overline{M_i}}{EI}\mathrm{d}s$$

图乘时，ωy_C 是 M_F 图的面积乘以图$\overline{M_i}$上与 M_F 图形心对应截面处的纵坐标。且 M_F 与$\overline{M_i}$同侧时 ωy_C 取正号，异侧时 ωy_C 取负号。自由项可能为正，可能为负，也可能等于零。

(4)超静定结构的内力计算。由力法方程求出多余未知力后，可用计算静定结构内力的方法求原结构的内力。也可先由已知单位力内力图和荷载内力图，应用下式计算出弯矩并作弯矩图

$$M = \overline{M_1}X_1 + \overline{M_2}X_2 + \cdots + \overline{M_n}X_n + M_F = \sum \overline{M_i}X_i + M_F$$

再取中间的杆件为研究对象，按平衡条件求出杆端剪力并作出剪力图，最后根据剪力图的结点投影平衡条件计算各杆端轴力且作出轴力图。

(5)超静定结构的位移计算与内力图校核。力法的一切计算都在基本结构上进行，超静定结构的位移计算也不例外。若只考虑弯矩对位移的影响，则可将原超静定结构的最后弯矩图作为求位移的荷载弯矩图，以基本结构(可以是在力法计算时用过的，也可重新选一个便于计算位移的基本结构)在与所求位移相应的单位力作用下的弯矩图作为单位弯矩图进行图乘，从而将求超静定结构位移的问题转化为求静定的基本结构位移的问题，这里不再复述。

超静定结构的内力图必须同时满足平衡条件和位移条件。因超静定结构满足平衡条件的内力可以有无限多种。故主要是位移条件的校核。

(6)对称结构的简化计算。对称结构受对称荷载作用时，只产生对称的内力和位移。利用这个特性，可简化计算。

①选取对称的基本结构。对称结构受对称荷载作用时，宜选对称的基本结构，并且，受正对称荷载作用时选取正对称的未知力为基本未知量(反对称的未知力等于零)，受反对称荷载作用时选反对称的未知力为基本未知量(正对称的未知力等于零)。

对称结构受非对称荷载作用时，可将非对称荷载分解为正对称荷载和反对称荷载，在正对称荷载作用下，只需计算正对称未知力；在反对称荷载作用下，只需计算反对称未知力。然后，将这两种情况的结果叠加即得原结构的解。但这样做有时并不比直接按原荷载计算时简便。

②取对称的半边结构。所谓半边结构(或半结构)，就是取原结构的一半(对称轴左边或右边的部分)作为计算对象。选取半边结构的关键问题是要根据结构特征和荷载特征确定半边结构在对称轴处的替代约束，具体确定方法见教材图 10-18～图 10-21。对于具有两根对称轴的对称结构，还可以取其 1/4 结构进行计算(如教材中例 10-3)。

10.2.3.2 位移法(转角位移法)

转角位移法是通过列杆端转角位移方程来建立位移法基本方程的方法。其中列出正确的各杆端转角位移方程，是得到正确解的关键。

(1)等截面直杆的转角位移方程。转角位移方程表示了某杆件上的荷载、结点位移与杆端力的关系。以下是常见的三类杆件的转角位移方程。

①杆端弯矩。

两端固定杆

$$\begin{cases} M_{AB} = 4i\theta_A + 2i\theta_B - \dfrac{6i}{l}\Delta + M_{AB}^F \\ M_{BA} = 4i\theta_B + 2i\theta_A - \dfrac{6i}{l}\Delta + M_{BA}^F \end{cases}$$

A 端固定 B 端铰支杆

$$\begin{cases} M_{AB} = 3i\theta_A - \dfrac{3i}{l}\Delta + M_{AB}^F \\ M_{BA} = 0 \end{cases}$$

A 端固定 B 端定向支座杆

$$\begin{cases} M_{AB} = i\theta_A + M_{AB}^F \\ M_{BA} = - i\theta_A + M_{BA}^F \end{cases}$$

②杆端剪力。根据三类杆的杆端弯矩，可取杆件为脱离体，由力矩平衡方程求得杆端剪力

$$\begin{cases} F_{QAB} = F_{Q\overline{AB}}^0 \dfrac{1}{l}(M_{AB} + M_{BA}) \\ F_{QBA} = F_{Q\overline{BA}}^0 \dfrac{1}{l}(M_{AB} + M_{BA}) \end{cases}$$

以上各式中，M_{AB}、M_{BA} 是结构中各杆的杆端弯矩；M_{AB}^F、M_{BA}^F 是结构中各单跨超静定杆仅由荷载产生的杆端弯矩，称为固端弯矩(可查教材表 10-1)；F_{QAB}、F_{QBA} 为结构中各杆

的杆端剪力；F^0_{QAB}、F^0_{QBA} 为将杆视为简支梁时，仅由荷载产生的杆端剪力（无荷载时分别等于零）；l 为杆的长度；θ 为刚性结点角位移；Δ 为结点独立线位移（侧移）。

③杆端力、杆端位移正负号的规定。杆端力（M_{AB}、M_{BA}、M^F_{AB}、M^F_{BA}、F^0_{QAB}、F^0_{QBA}）及位移（θ_A、θ_B、Δ）均以顺时针转的为正，反之为负。

(2)位移法的基本方程的建立。先将结构视为单个超静定杆件的组合体，列转角位移方程，后建立杆端力与杆端位移间的物理关系；再取结构的结点或杆件为脱离体，由平衡条件（列平衡方程）建立位移法方程，解此方程可求出结点位移及杆端力。

位移法方程的总个数与位移法基本未知量的个数相等，即每一个刚性结点或杆件均可列出一个力矩平衡方程，每一个有侧移的杆件均可列一个力的投影平衡方程。

对称结构的位移法简化计算，是取对称的半边结构。

10.2.3.3　力矩分配法的基本概念

力矩分配法具有概念简明清晰、易于掌握、适合于手算等优点，故广泛应用于工程计算。

(1)结点不平衡力矩。荷载作用时，实际结构中的每个刚性结点都会产生位移且满足力矩平衡条件，当给结点施加了阻止其转动的约束（刚臂）后，就限制了该结点的转动，从而导致汇集于该结点处各杆端弯矩之和不等于零，即结点不满足力矩平衡条件。将此不等于零的结点力矩称为结点不平衡力矩。消除这个结点不平衡力矩的方法，是将此结点不平衡力矩反号分配给与该结点联结的各个杆端，从而使结点实现力矩平衡。

(2)杆件的近端和远端。在力矩分配法中，有一个对于初学者来说容易弄糊涂的问题，那就是对于多结点结构的杆件，究竟哪个杆端是近端，哪个杆端是远端？对于这个问题，只要记住，接受分配弯矩的杆端为近端，而接受传递弯矩的杆端为远端。在多结点结构的力矩分配计算中，位于刚性结点间的杆件，其近端和远端是交替变更的。例如，处于 A、B 两结点间的杆件 AB，对 A 结点各杆端进行力矩分配时，杆件的 A 端为近端，B 端为远端；而对 B 结点各杆端进行力矩分配时，则杆件的 B 端为近端，A 端为远端。

(3)杆端转动刚度 S。杆端转动刚度 S_{KJ} 表示杆端抵抗转动的能力，等于使杆 KJ 的近端 K 产生单位转角所需的力矩。这个力矩 S_{KJ} 称为杆端转动刚度或杆端劲度系数。

杆端转动刚度 S_{KJ} 和杆的线刚度 i 与远端 J 的约束条件有关，而与近端 K 是何种支承无关。对等截面直杆而言，当远端为固定、铰支、定向支座端或自由端时，它们的转动刚度依次为 $4i$、$3i$、i、0。

(4)分配弯矩及分配系数 μ。设在刚架的结点 A 上作用一力矩（规定顺时针转的为正），将此力矩按刚度分配给汇交于 K 点的各杆的杆端时，任一杆 KJ 的 K 端分配到的弯矩 M^{μ}_{KJ}，称为分配弯矩。分配弯矩按下面各式计算。

当结点上作用的是一个外力偶（其力偶矩为 m）时

$$M^{\mu}_{KJ} = \mu_{KJ} m$$

当结点受不平衡力矩 $\sum M^F_{KJ}$ 作用时

$$M^{\mu}_{KJ} = \mu_{KJ}\left(-\sum M^F_{KJ}\right)$$

式中

$$\mu_{KJ} = \frac{S_{KJ}}{\sum S_{KJ}}$$

其中,力矩分配系数 μ_{KJ} 等于 KJ 杆件 K 端的转动刚度 S_{KJ} 与汇交于 K 点处各杆转动刚度之和 $\sum S_{KJ}$ 的比值。

(5)传递弯矩及传递系数 C。使各杆近端 K 得到分配弯矩的同时,也使远端 J 产生一个弯矩。远端产生的弯矩为 M_{JK}^{C},称为传递弯矩。传递弯矩按下式计算

$$M_{JK}^{C} = C_{KJ} M_{KJ}^{\mu}$$

式中,力矩传递系数 C_{KJ} 等于 KJ 杆件 J 端(远端)转动刚度 S_{JK} 与 K 端(近端)转动刚度 S_{KJ} 的比值。当杆件的 J 端为固定、铰支、滑动端时,传递系数分别为 0.5、0、-1。

(6)力矩分配法的计算精度。对于单结点结构,其计算值是精确值。对于多结点结构,要经过多次循环运算后,才能使不平衡力矩趋于零,各结点逐步达到平衡,从而将杆端弯矩逐步修正到精确值。对于具有两个或两个以上刚性结点的结构,各结点之间的力矩分配与传递的循环运算次数,从理论上讲可以有无穷多次,但大多数情况下,只要循环3~4次即可达到精度要求。要停止运算,必须先停止刚性结点之间的力矩传递。因为在刚性结点之间只要有力矩的传递,就必须对此传递过来的力矩进行分配(否则该结点的力矩就不平衡)。实际计算中,当分配弯矩小于或等于结构中固端弯矩中绝对值最小的固端弯矩值的 3%时,即停止对此分配弯矩的传递。

对称结构的力矩分配法简化计算,也是取对称的半边结构。

10.2.4 超静定结构计算实例

【例 10-1】 用力法计算图 10-1(a)所示刚架,并作出它的弯矩图。各杆 EI = 常数。

解: (1)取基本结构如图 10-1(b)所示,其力法方程式为

$$\delta_{11} X_1 + \Delta_{1F} = 0$$

(2)作基本结构的荷载弯矩图和单位弯矩图,分别如图 10-1(c)、(d)所示。

(3)用图乘法计算力法方程中的系数和自由项

$$\delta_{11} = \sum \int_s \frac{\overline{M_1}\,\overline{M_1}}{EI} ds = \frac{2}{EI}\left[\frac{1}{2} \times l \times \frac{l}{2} \times \frac{2}{3} \times \frac{l}{2} + \frac{1}{2} \times \frac{l}{2} \times \frac{l}{2} \times \frac{2}{3} \times \frac{l}{2}\right] = \frac{l^3}{4EI}$$

由图 10-1(c)、(d)可知

$$\Delta_{1F} = \sum \int_s \frac{M_F \overline{M_1}}{EI} ds = 0$$

(4)解方程求 X_1,并作弯矩图。

将系数和自由项代入力法方程得 $X_1 = 0$,由

$$M = M_F + \overline{M_1} X_1$$

知,如图 10-1(e)所示原结构的弯矩图与基本结构的荷载弯矩图相同。

(5)**讨论:**若选取如图 10-1(f)或图 10-1(g)所示的基本结构,则方程的自由项不为零。由此可见,选取适当的基本结构,能使计算得到简化。

【例 10-2】 用力法计算图 10-2(a)所示刚架,并作出它的弯矩图。

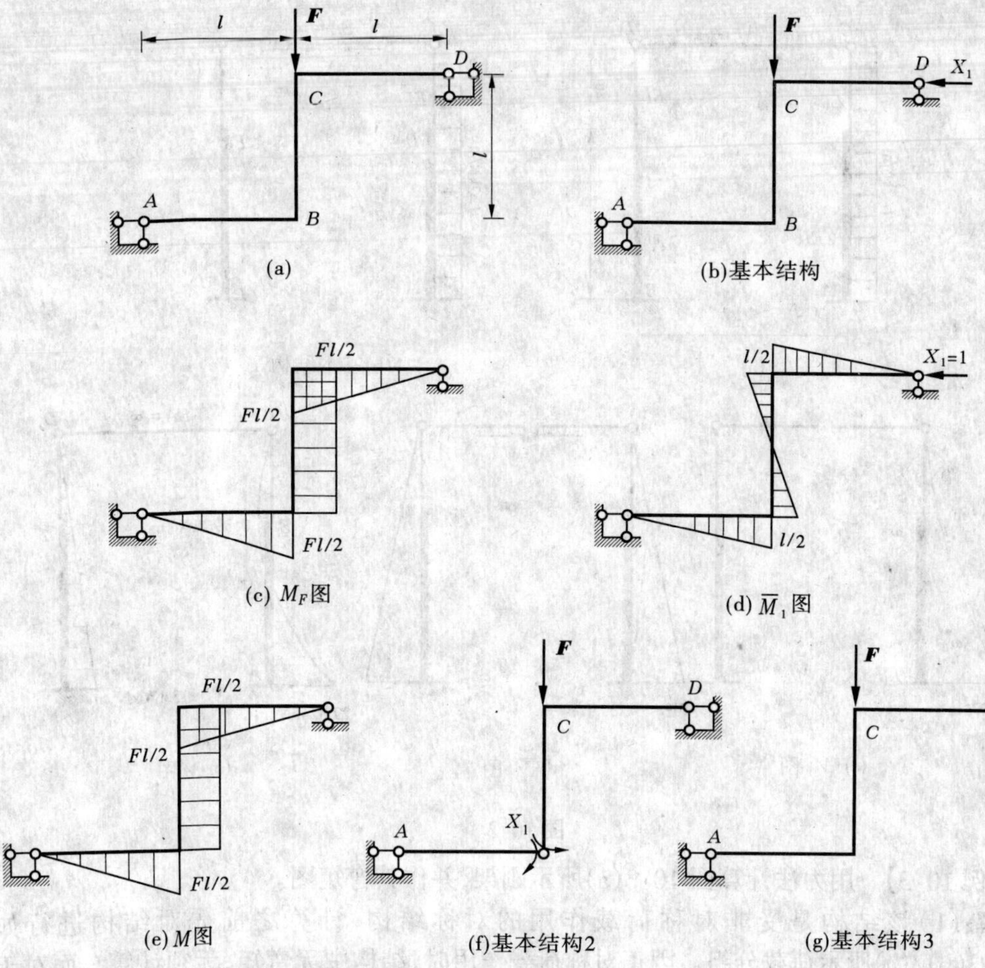

图 10-1

解:(1)取基本结构如图 10-2(b)所示,其力法方程式为

$$\delta_{11}X_1 + \Delta_{1F} = 0$$

(2)作基本结构的荷载弯矩图和单位弯矩图分别如图 10-2(c)、(d)所示。

(3)用图乘法计算力法方程中的系数和自由项

$$\delta_{11} = \frac{2}{EI}\left[\frac{1}{2}\times 2\times 2\times\frac{2}{3}\times 2\right]+\frac{2}{2EI}\left[\frac{1}{2}\times 4\left(2\times\frac{10}{3}+6\times\frac{14}{3}\right)\right]=\frac{224}{3EI}$$

$$\Delta_{1F} = \frac{1}{EI}\left[\frac{1}{3}\times 2\times 4\times\frac{6}{4}\right]+\frac{1}{2EI}\left[\frac{1}{2}\times 4\times\left(4\times\frac{10}{3}+36\times\frac{14}{3}\right)-\frac{2}{3}\times 4\times 4\times 4\right]=\frac{428}{3EI}$$

(4)解方程求 X_1,并作弯矩图。

将系数和自由项代入力法方程得

$$X_1 = -\frac{\Delta_{1F}}{\delta_{11}} = -\frac{428}{224} = -1.91(\text{kN})(\text{压力})$$

由 $M = M_F + \overline{M_1}X_1$ 计算各杆弯矩,作弯矩图如图 10-2(e)所示。

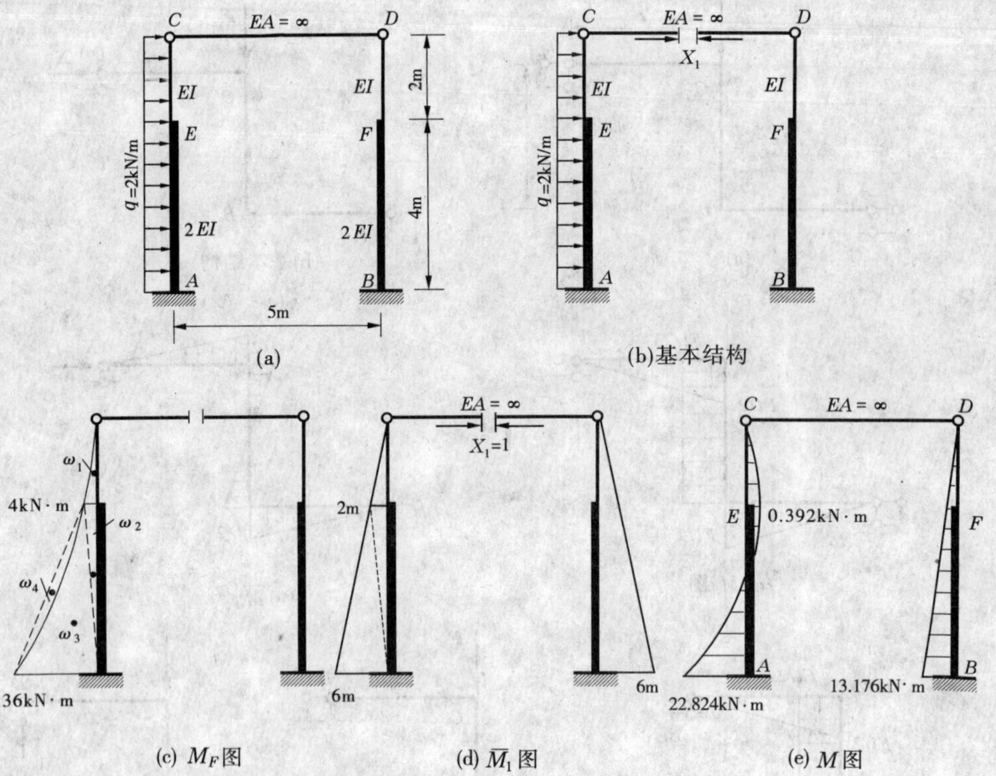

图 10-2

【**例 10-3**】 用力法计算图 10-3(a)所示刚架,并作其弯矩图。

解:(1)该结构是受非对称荷载作用的对称结构,计算之前先对结构进行如图 10-3(b)、(c)所示荷载分组。因正对称荷载作用时,结构中无弯矩,无须计算。而对于反对称荷载作用下的对称结构,取其半边结构如图 10-3(d)所示。半边结构在反对称荷载作用下的基本结构如图 10-3(e)所示,其力法方程式为

$$\begin{cases}\delta_{11}X_1+\delta_{12}X_2+\Delta_{1F}=0\\ \delta_{21}X_1+\delta_{22}X_2+\Delta_{2F}=0\end{cases}$$

(2)作基本结构的荷载弯矩图和单位弯矩图分别如图 10-3(f)、(g)、(h)所示。

(3)用图乘法计算方程中各系数和自由项

$$\delta_{11}=\frac{1}{EI}\left(\frac{1}{2}\times2\times2\times\frac{2}{3}\times2\right)+\frac{1}{2EI}(2\times3\times2)+\frac{1}{3EI}(2\times3\times2)=\frac{38}{3EI}$$

$$\delta_{12}=\delta_{21}=\frac{1}{3EI}(2\times3\times2)=\frac{4}{EI}$$

$$\delta_{22}=\frac{1}{EI}\left(\frac{1}{2}\times2\times2\times\frac{2}{3}\times2\right)+\frac{1}{3EI}(2\times3\times2)=\frac{20}{3EI}$$

$$\Delta_{1F}=-\frac{1}{2EI}\left(\frac{1}{2}\times3\times60\times2\right)-\frac{1}{3EI}\left[\frac{1}{2}\times3\times(60+210)\times2\right]=-\frac{360}{EI}$$

$$\Delta_{2F}=-\frac{1}{3EI}\left[\frac{1}{2}\times3\times(60+210)\times2\right]=-\frac{270}{EI}$$

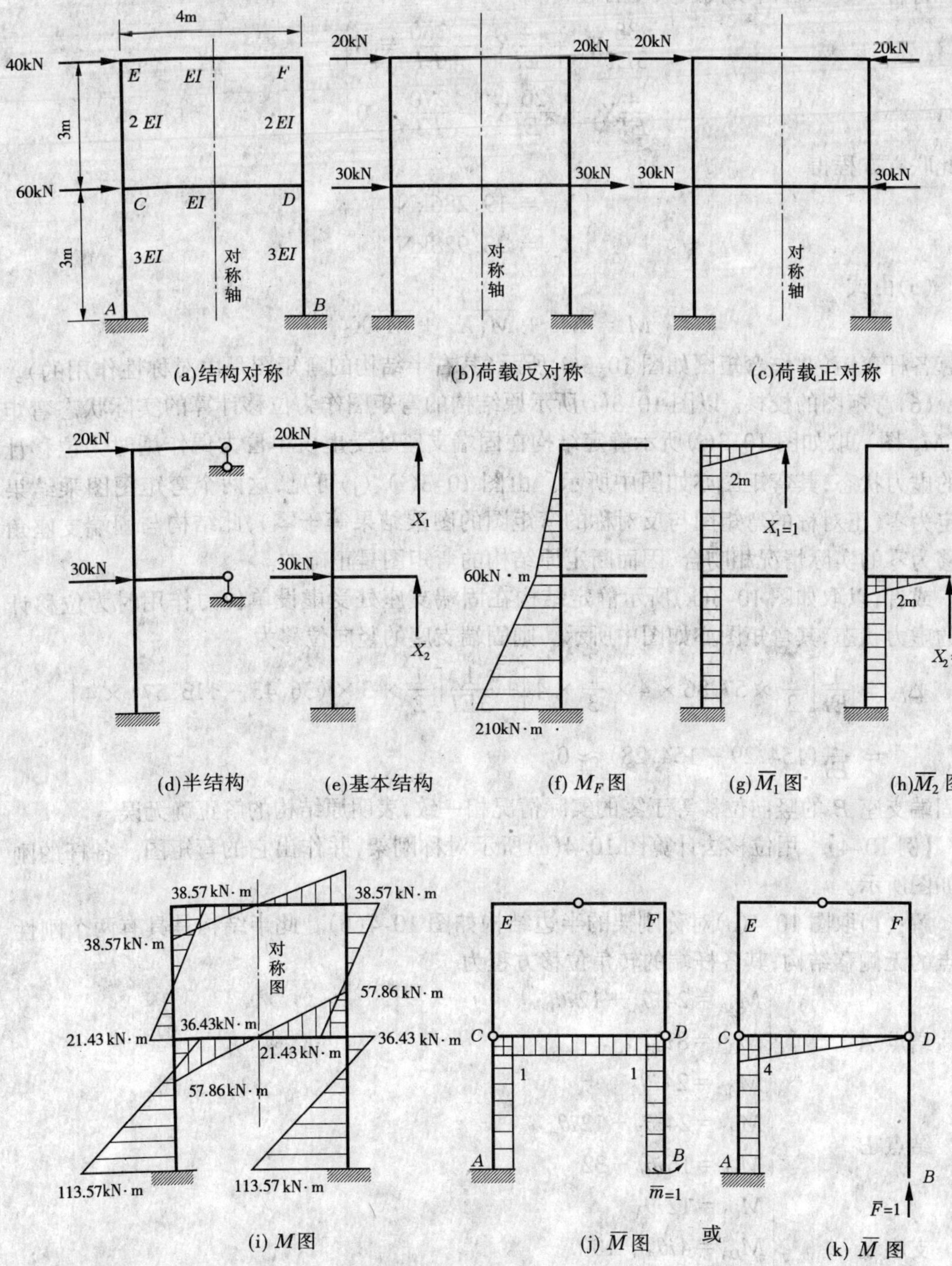

图 10-3

(4)解方程求多余未知力 X_1、X_2。

将各系数和自由项代入典型方程得

$$\left.\begin{aligned}\frac{38}{3EI}X_1+\frac{4}{EI}X_2-\frac{360}{EI}=0\\\frac{4}{EI}X_1+\frac{20}{3EI}X_2-\frac{270}{EI}=0\end{aligned}\right\}$$

解此联立方程得

$$\begin{cases}X_1=19.286\text{kN}\\X_2=28.928\text{kN}\end{cases}$$

(5)由式

$$M=M_F+\overline{M_1}X_1+\overline{M_2}X_2$$

计算各杆弯矩,并作弯矩图如图 10-3(i)所示(其右半结构的弯矩图是由对称性作用的)。

(6)弯矩图的校核。以图 10-3(i)所示原结构的弯矩图作为位移计算的实际状态弯矩图(M_F 图),取如图 10-3(j)所示静定结构在固端支座处受虚设单位力偶作用时为位移计算的虚力状态,其弯矩图亦如图中所示。由图 10-3(i)、(j)可见,这两个弯矩图图乘结果必定为零(正对称的弯矩图与反对称的弯矩图的图乘结果等于零),此结构与固端支座角位移为零的实际情况相吻合,因而断定原结构的弯矩图是正确的。

或者,以取如图 10-3(k)所示静定结构在固端支座处受虚设单位力作用时为位移计算的虚力状态,其弯矩图亦如图中所示。则固端支座的竖向位移为

$$\begin{aligned}\Delta_{BV}&=\frac{1}{EI}\left[\frac{1}{2}\times57.86\times4\times\frac{1}{3}\times4\right]+\frac{1}{3EI}\left[\frac{1}{2}\times3\times(36.43-113.57)\times4\right]\\&=\frac{1}{EI}(154.29-154.28)\approx0\end{aligned}$$

与固端支座 B 的竖向位移等于零的实际情况相一致,表明原结构的解正确无误。

【例 10-4】 用位移法计算图 10-4(a)所示对称刚架,并作出它的弯矩图。各杆的刚度如图所示。

解:(1)取图 10-4(a)对称刚架的半边结构如图 10-4(b)。此半结构是具有两个刚性结点的无侧移结构,其各杆端的转角位移方程为

结点 A $\begin{cases}M_{AB}=24i\theta_A+12i\theta_B\\M_{AC}=8i\theta_A\\M_{AD}=24i\theta_A\end{cases}$

结点 B $\begin{cases}M_{BA}=24i\theta_B+12i\theta_A\\M_{BE}=16i\theta_B-32\end{cases}$

支座端 $\begin{cases}M_{CA}=12i\theta_A\\M_{DA}=4i\theta_A-10\\M_{EB}=-16i\theta_B-16\end{cases}$

(2)由结点 A 和结点 B 的力矩平衡条件建立位移法方程

由

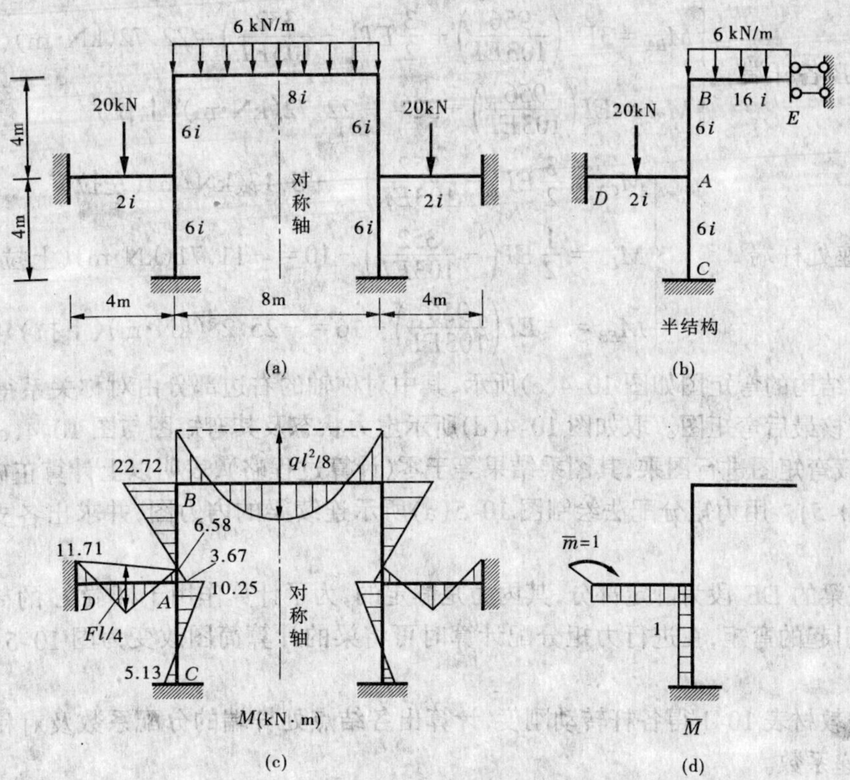

图 10-4

$$\begin{cases} \sum M_A = 0, M_{AB} + M_{AC} + M_{AD} = 0 \\ \sum M_B = 0, M_{BA} + M_{BE} = 0 \end{cases}$$

因 $i=\dfrac{EI}{l}$,故得位移法方程为

$$\begin{cases} 7EI\theta_A + 1.5EI\theta_B + 10 = 0 \\ 4EI\theta_A + 1.5EI\theta_B - 32 = 0 \end{cases}$$

(3)解位移法方程得 A、B 两结点的角位移为

$$\begin{cases} \theta_A = -\dfrac{352}{103EI} \\ \theta_B = \dfrac{956}{103EI} \end{cases}$$

(4)将求得的位移代回各杆端转角位移方程,计算各杆端弯矩

结点 A 各杆端
$$\begin{cases} M_{AB} = 3EI\left(-\dfrac{352}{103EI}\right) + \dfrac{3}{2}EI\left(\dfrac{956}{103EI}\right) = 3.67(\text{kN·m})(\text{右拉}) \\ M_{AC} = 3EI\left(-\dfrac{352}{103EI}\right) = -10.25(\text{kN·m})(\text{右拉}) \\ M_{AD} = EI\left(-\dfrac{352}{103EI}\right) + 10 = 6.58(\text{kN·m})(\text{上拉}) \end{cases}$$

结点 B 各杆端 $\begin{cases} M_{BA}=3EI\left(\dfrac{956}{103EI}\right)+\dfrac{3}{2}EI\left(-\dfrac{352}{103EI}\right)=22.72(\text{kN·m})(\text{左拉}) \\ M_{BE}=EI\left(\dfrac{956}{103EI}\right)-32=-22.72(\text{kN·m})(\text{上拉}) \end{cases}$

各支座处杆端 $\begin{cases} M_{CA}=\dfrac{3}{2}EI\left(-\dfrac{352}{103EI}\right)=-5.13(\text{kN·m})(\text{左拉}) \\ M_{DA}=\dfrac{1}{2}EI\left(-\dfrac{352}{103EI}\right)-10=-11.71(\text{kN·m})(\text{上拉}) \\ M_{EB}=-EI\left(\dfrac{956}{103EI}\right)-16=-25.28(\text{kN·m})(\text{下拉}) \end{cases}$

(5)作结构的弯矩图如图 10-4(c)所示,其中对称轴的右边部分由对称关系得到。

(6)校核最后弯矩图。取如图 10-4(d)所示虚力状态及其弯矩图与图 10-4(c)所示弯矩图为荷载弯矩图进行图乘,其图乘结果等于零(计算过程略),表明以上计算正确无误。

【例 10-5】 用力矩分配法绘制图 10-5(a)所示连续梁的内力图,并求出各支座的约束力。

解:该梁的 DE 段为静定部分,其内力是静定的,为了计算作用于杆端 E 的荷载在超静定部分引起的弯矩,在进行力矩分配计算时可将梁的计算简图改变为图 10-5(b)所示情形。

(1)查教材表 10-1 得各杆转动刚度,计算出各结点处杆端的分配系数及对相应远端的力矩传递系数。

由

$$S_{BA}=4\times\frac{3EI}{6}=2EI,S_{BC}=4\times\frac{4EI}{8}=2EI$$

求得结点 B 两杆端的力矩弯矩系数为

$$\mu_{BA}=\frac{S_{BA}}{S_{BA}+S_{BC}}=\frac{2EI}{2EI+2EI}=\frac{1}{2}$$

$$\mu_{BC}=\frac{S_{BC}}{S_{BA}+S_{BC}}=\frac{2EI}{2EI+2EI}=\frac{1}{2}$$

或

$$\mu_{BC}=1-\mu_{BA}=1-\frac{1}{2}=\frac{1}{2}$$

由

$$S_{CB}=4\times\frac{4EI}{8}=2EI,S_{CD}=3\times\frac{3EI}{6}=\frac{3EI}{2}$$

算得结点 C 两杆端的力矩分配系数为

$$\mu_{CB}=\frac{S_{CB}}{S_{CB}+S_{CD}}=\frac{2EI}{2EI+\dfrac{3EI}{2}}=\frac{4}{7}$$

$$\mu_{CD}=\frac{S_{CD}}{S_{CD}+S_{CB}}=\frac{\dfrac{3EI}{2}}{2EI+\dfrac{3EI}{2}}=\frac{3}{7}$$

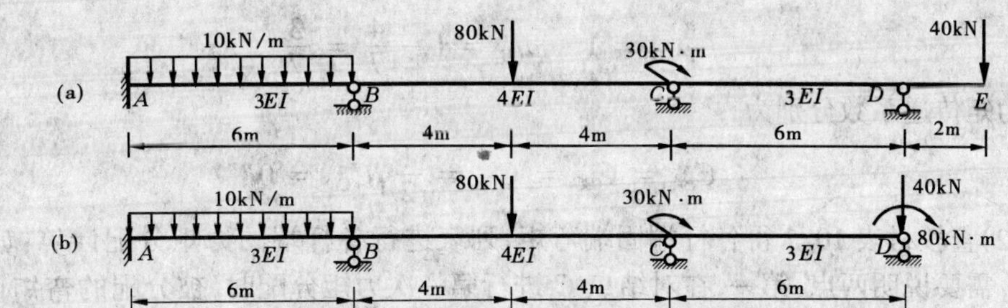

	A	B	B	C	C	D
分配系数 μ		1/2	1/2	4/7	3/7	
固端弯矩 M^F	-30	30	-80	80	40	80
B结点分传1	12.5	25	25	12.5		
C结点分传1			-29.29	-58.57	-43.93	
B结点分传2	7.33	14.65	14.64	7.32		
C结点分传2			-2.09	-4.18	-3.14	
B结点分传3	0.53	1.05	1.04	0.52		
C结点分2				-0.3	-0.22	
杆端弯矩 M(kN · m)	-9.64	70.7	-70.7	37.29	-7.29	80

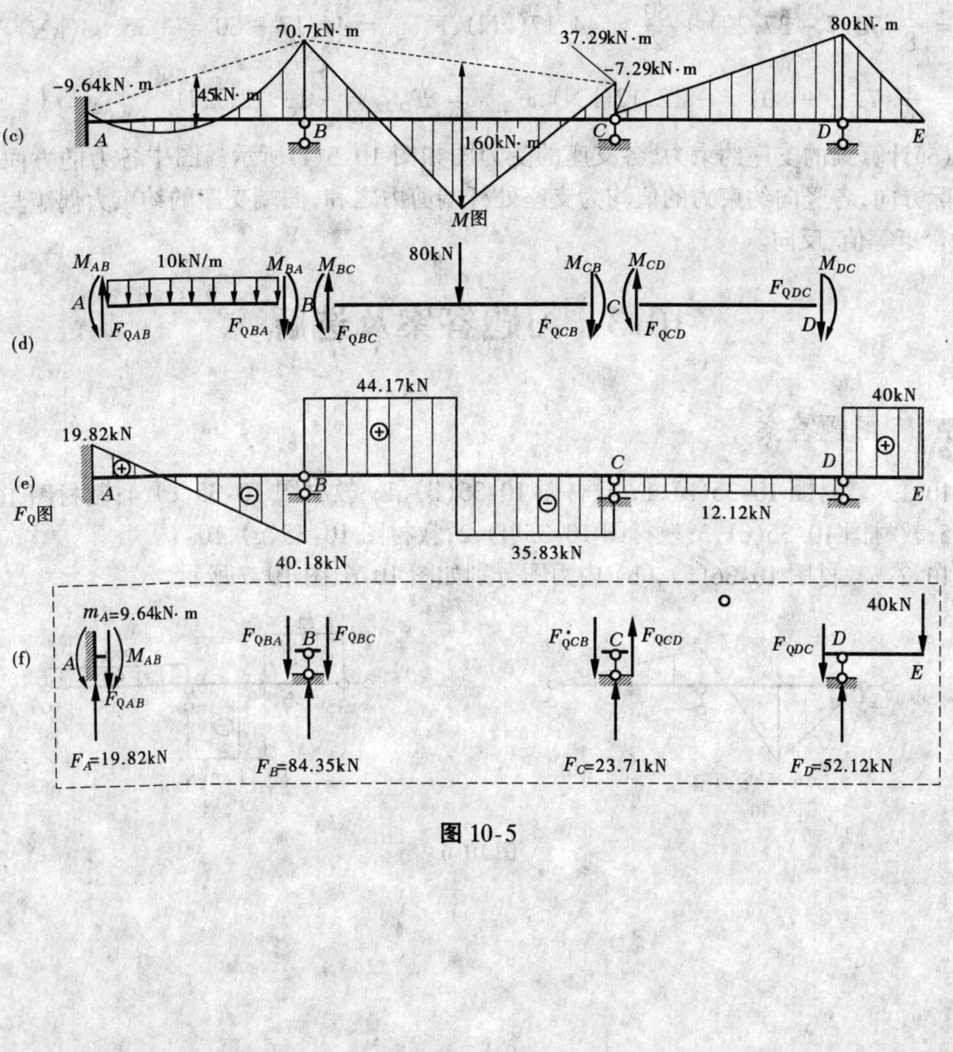

图 10-5

或
$$\mu_{CD} = 1 - \mu_{CB} = 1 - \frac{4}{7} = \frac{3}{7}$$

力矩传递系数分别为
$$C_{BA} = C_{BC} = C_{CB} = \frac{1}{2}, C_{CD} = 0$$

(2)查教材表 10-1 得各杆端固端弯矩，列表进行各杆端的力矩分配计算，如图 10-5 所示。需要说明两点：第一，在对结点 C 进行第一次力矩分配时，被分配的弯矩由两部分组成，一部分是该结点处的固端弯矩和由 BC 杆 B 端传递来的弯矩，即 $80+40+12.5=132.5(\text{kN·m})$，对这部分弯矩要反号进行分配；另一部分是作用于结点 C 上的外力偶矩 $m=30\text{kN·m}$，对此外力偶矩进行分配时不应反号，因为它不是固端弯矩。因此，结点 C 的被分配弯矩应为 $M_C=-132.5+30=-102.5(\text{kN·m})$，第二，结点 C 处两杆端弯矩之和应等于该结点处作用的外力偶矩，而不是等于零。

(3)作弯矩图如图 10-5(c)所示。

(4)作梁的剪力图如图 10-5(e)所示。

超静定梁各杆端剪力可以各杆为脱离体，如图 10-5(d)所示，并由平衡条件求得

$$F_{QAB} = \frac{1}{6}(9.64 - 70.7) + \frac{10 \times 6}{2} = 19.82(\text{kN}), F_{QBA} = 19.82 - \frac{10 \times 6}{2} = -40.18(\text{kN})$$

$$F_{QBC} = \frac{1}{8}(70.7 - 37.29) + \frac{80}{2} = 44.17(\text{kN}), F_{QCB} = 44.17 - 80 = -35.83(\text{kN})$$

$$F_{QCD} = \frac{1}{6}(7.29 - 80) = -12.12(\text{kN}), F_{QDC} = F_{QCD} = -12.12(\text{kN})$$

(5)计算梁的支座约束力，各支座的受力图如图 10-5(f)所示。图中各力的方向均为其实际方向，各竖向约束力的值均为支座处杆端剪力之和，固端支座的约束力偶矩与杆端 A 的弯矩等值、反向。

10.3　习题答案及选解

10.3.1　习题答案

10-1　教材图 10-35(a),1；教材图 10-35(b),1；教材图 10-35(c),4；教材图 10-35(d),5；教材图 10-35(e),3；教材图 10-35(f),2；教材图 10-35(g),10。

10-2　教材图 10-36(a)、(b) 内力图分别如图 10-6、图 10-7 所示。

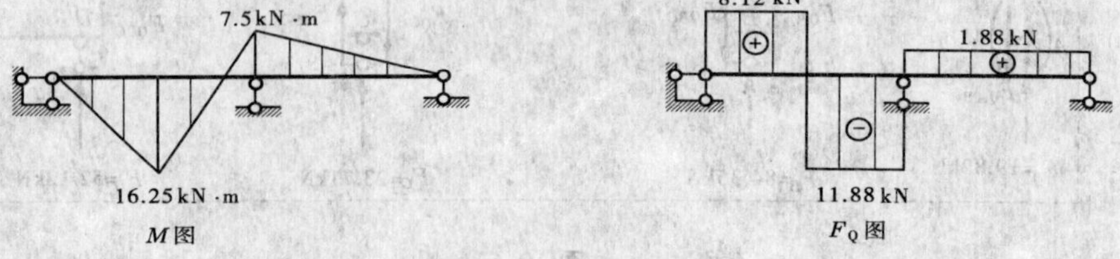

图 10-6

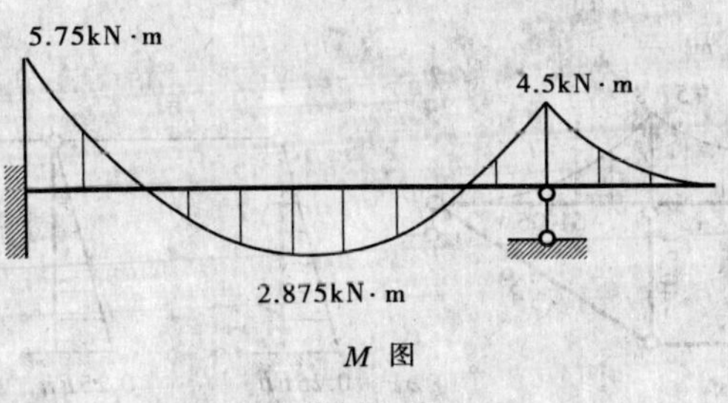

图 10-7

10-3　弯矩图如图 10-8 所示。

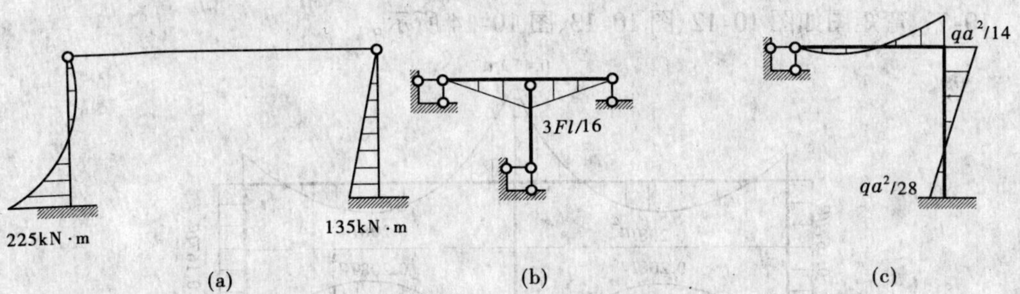

图 10-8

10-4　弯矩图如图 10-9 所示。

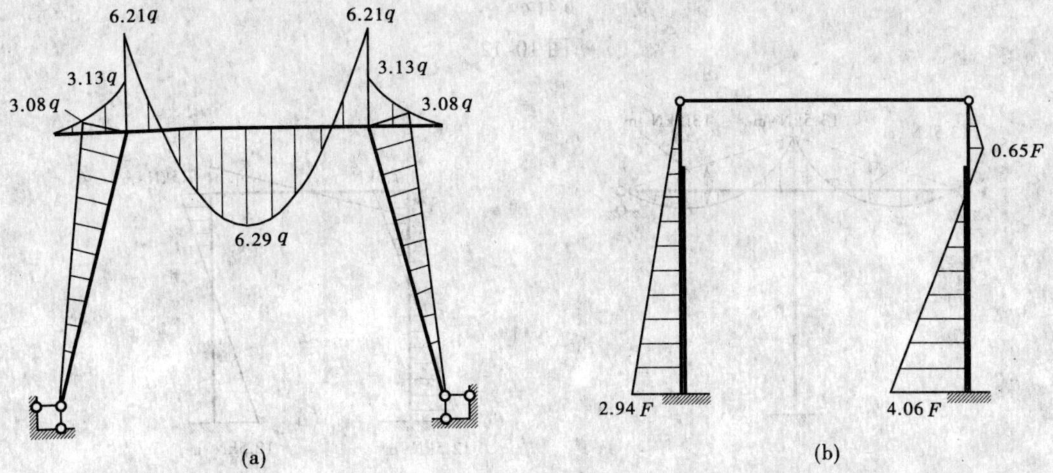

图 10-9

10-5　弯矩图及各杆轴力如图 10-10 所示。

10-6　弯矩图如图 10-11 所示。

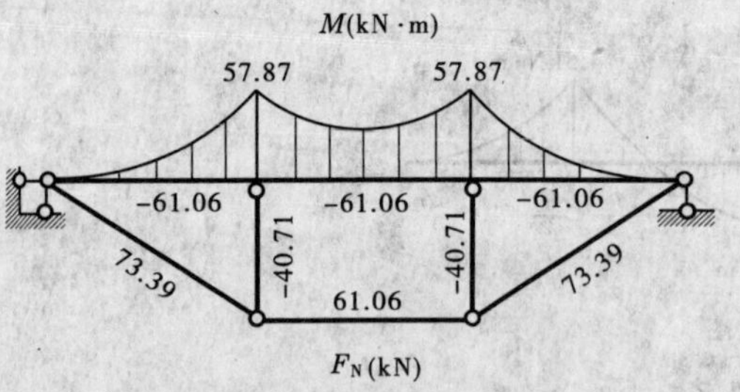

图 10-10　(考虑轴向变形影响)

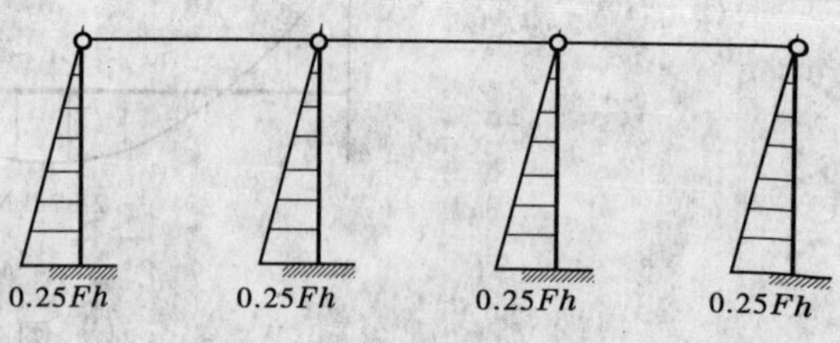

图 10-11

10-7　弯矩图如图 10-12、图 10-13、图 10-14 所示。

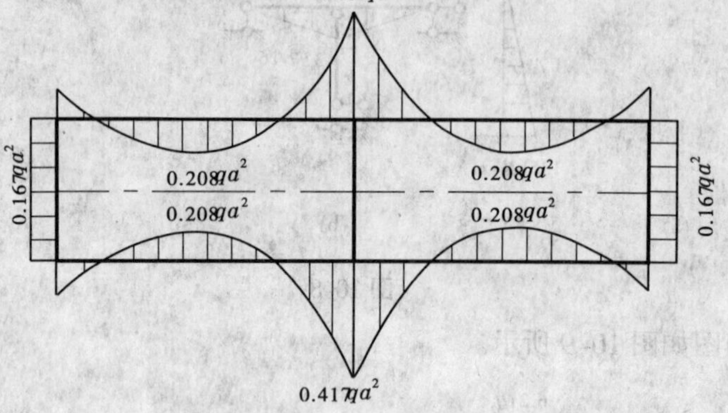

图 10-12

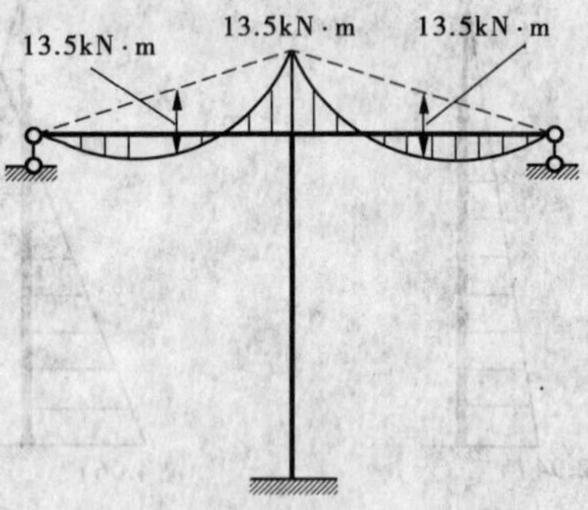

图 10-13

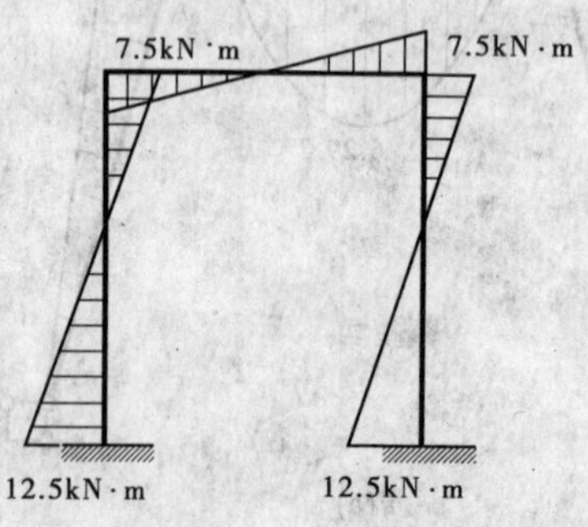

图 10-14

10-8　弯矩图如图 10-15 所示。

10-9　弯矩图如图 10-16 所示。

10-10　教材图 10-44(a)：$\begin{cases} \theta_B = -\dfrac{3\,857}{EI} \\ \theta_C = -\dfrac{21\,857}{EI} \end{cases}$；弯矩图如图 10-17 所示。

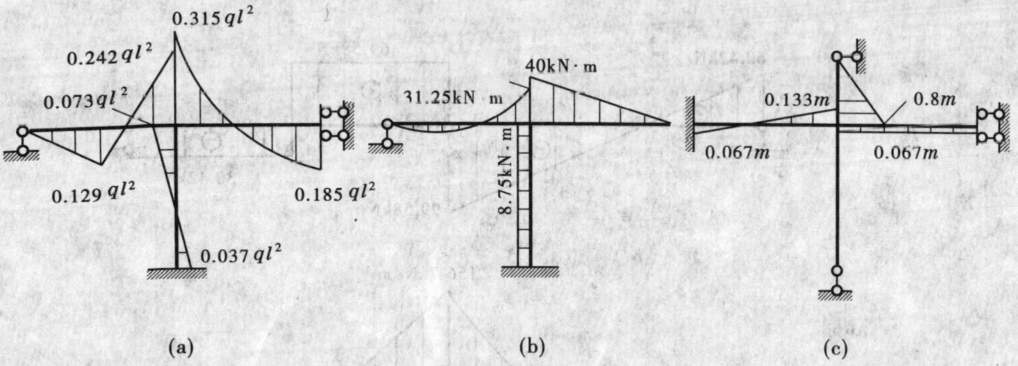

图 10-15

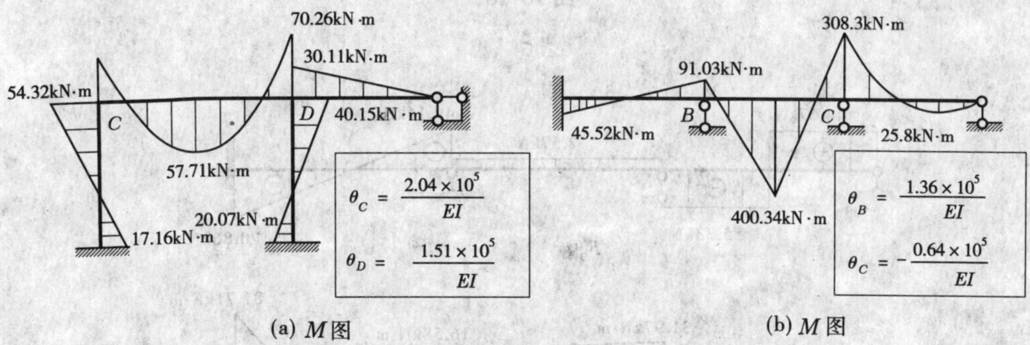

图 10-16

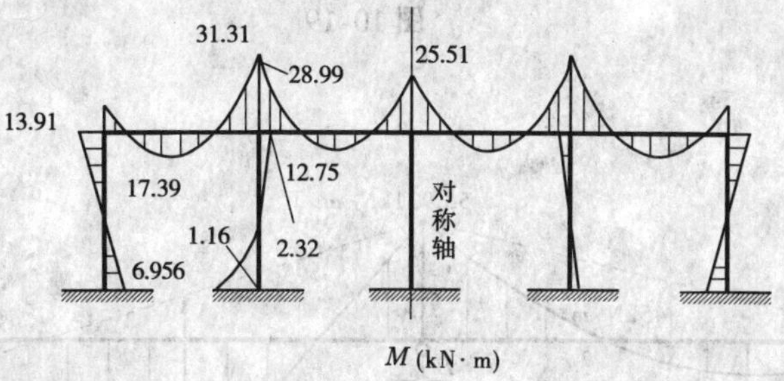

图 10-17

10-11　弯矩图如图 10-18 所示。

10-12　弯矩图如图 10-19 所示。

10-13　弯矩图如图 10-20 所示。

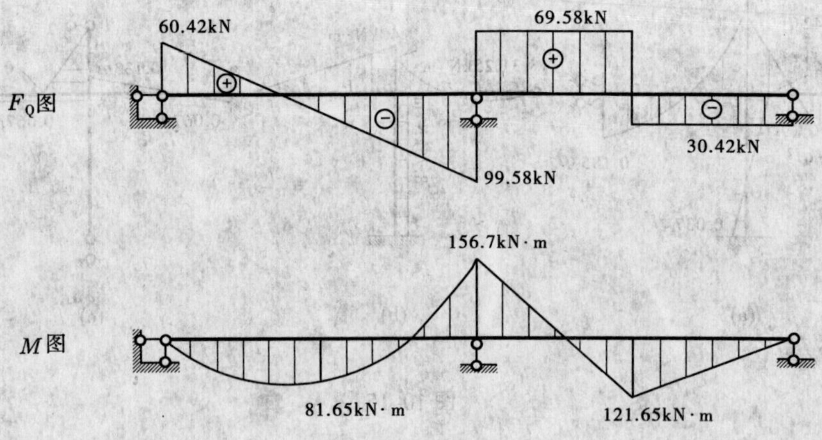

图 10-18

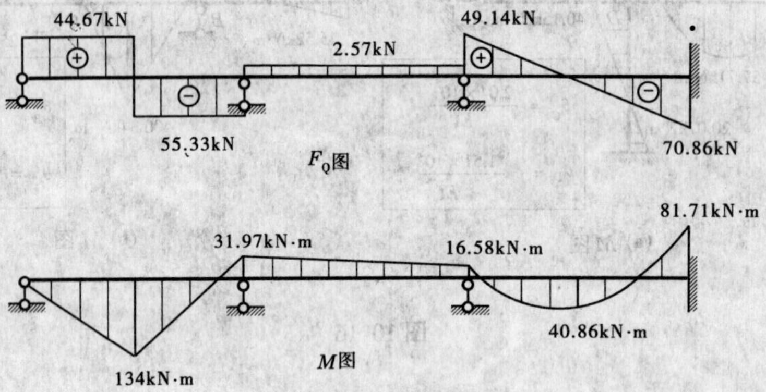

图 10-19

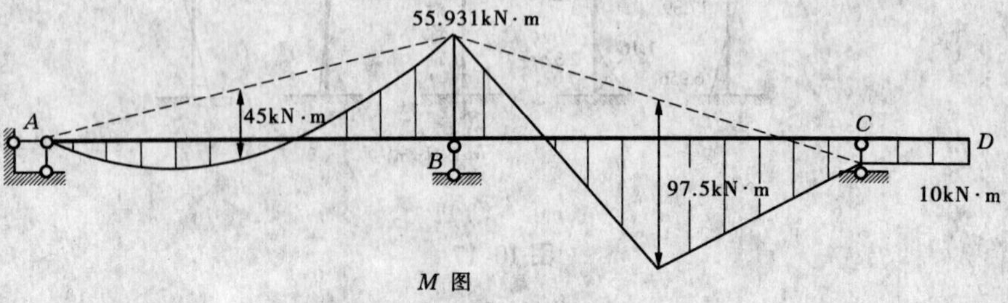

图 10-20

10.3.2　习题选解

【题 10-2(b)】

解：(1)取图 10-21(a)所示结构的力法基本结构如图 10-21(b)所示，力法方程为

$$\delta_{11}X_1 + \Delta_{1F} = 0$$

(2)分别作基本结构的 M_F 图和 $\overline{M_1}$ 图，如图 10-21(c)、(d)所示。

(3)用图乘法计算方程的系数和自由项

$$\delta_{11} = \frac{1}{2EI}\left[\frac{1}{2}\times 4\times 1\times \frac{2}{3}\times 1\right] = \frac{2}{3EI},$$

$$\Delta_{1F} = \frac{1}{2EI}\left[-\frac{1}{2}\times 4\times 4.5\times \frac{1}{3}\times 1 + \frac{2}{3}\times 4\times 8\times \frac{1}{2}\times 1\right] = \frac{23}{6EI}$$

(4)解力法方程得

$$X_1 = -\frac{\Delta_{1F}}{\delta_{11}} = -\frac{23/(6EI)}{2/(3EI)} = -5.75\text{kN}\cdot\text{m}(\text{与 } X_1 \text{ 的假定方向相反})$$

(5)作弯矩图如图 10-21(e)所示。

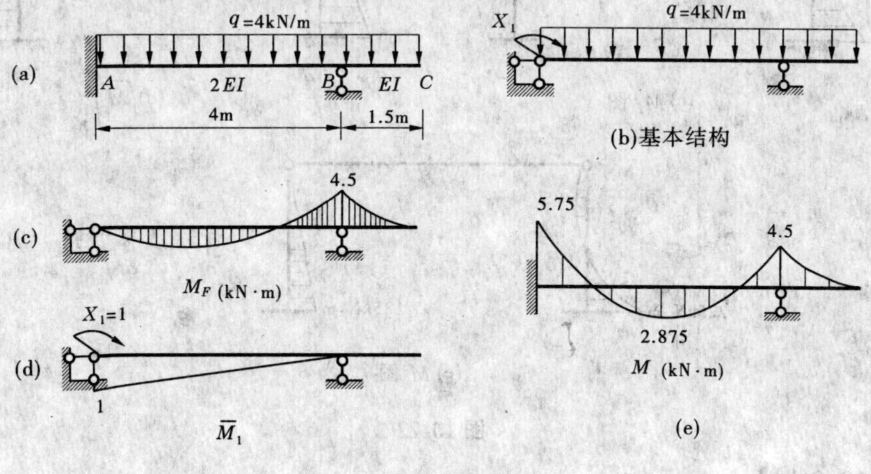

图 10-21

【题 10-3(a)】

解：(1)取图 10-22(a)的所示结构的力法基本结构如图 10-22(b)所示，力法方程为

$$\delta_{11}X_1 + \Delta_{1F} = 0$$

(2)分别作基本结构的 M_F 图和 $\overline{M_1}$ 图，如图 10-22(c)、(d)所示。

(3)用图乘法计算方程的系数和自由项

$$\delta_{11} = \frac{2}{EI}\left[\frac{1}{2}\times 6\times 6\times \frac{2}{3}\times 6\right] = \frac{144}{EI},\Delta_{1F} = \frac{1}{EI}\left[-\frac{1}{3}\times 6\times 360\times \frac{3}{4}\times 6\right] = -\frac{3\,240}{EI}$$

(4)解力法方程得

$$X_1 = -\frac{\Delta_{1F}}{\delta_{11}} = -\frac{\frac{3\,240}{EI}}{\frac{144}{EI}} = -22.5(\text{kN})(\text{与 } X_1 \text{ 的假定方向相反})$$

(5)作弯矩图如图 10-22(e)所示。

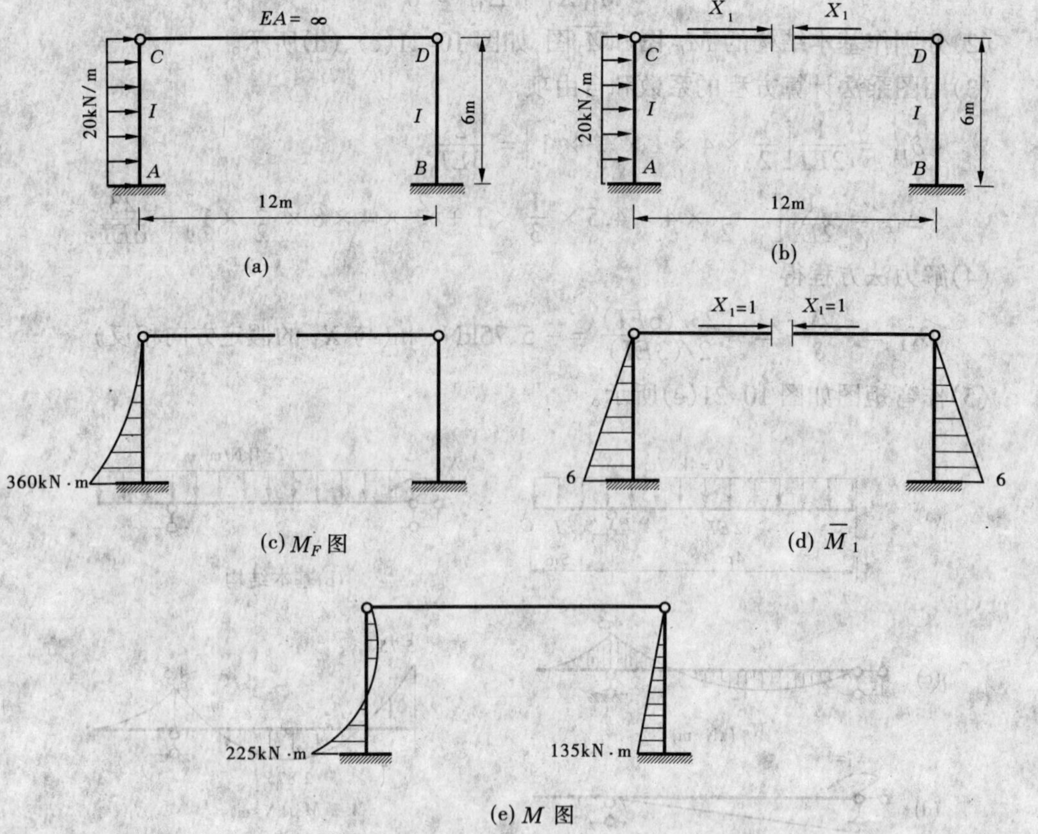

图 10-22

【题 10-3(b)】

解:(1)取图 10-23(a)所示结构的力法基本结构如图 10-23(b)所示,力法方程为

$$\delta_{11}X_1 + \Delta_{1F} = 0$$

(2)分别作基本结构的$\overline{M}_1$、$\overline{F}_{N1}$、F_{NF}图如图 10-23(c)、(d)、(e)所示。

(3)用图乘法计算方程的系数和自由项

$$\delta_{11} = \frac{2}{EI}\left[\frac{1}{2}l^2 \times \frac{2}{3}l\right] + \frac{1}{EA}[l \times 2 \times 2] = \frac{16l^3}{15EI},\Delta_{1F} = -\frac{1}{EA}[F \times l \times 2] = -\frac{l^3}{5EI}$$

(4)解力法方程得

$$X_1 = -\frac{\Delta_{1F}}{\delta_{11}} = \frac{\frac{l^3}{5EI}}{\frac{16l^3}{15EI}} = \frac{3}{16}F$$

(5)作弯矩图如图 10-23(f)所示。

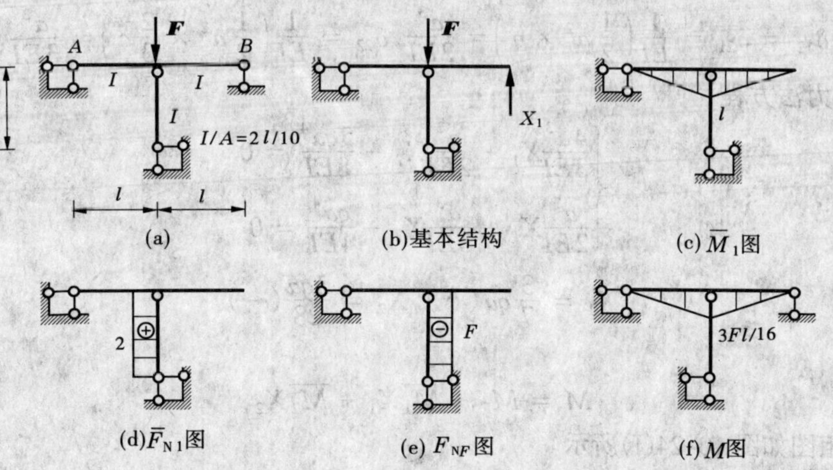

图 10-23

【题 10-3(c)】

解: (1)取图 10-24(a)所示结构的力法基本结构,如图 10-24(b)所示,力法方程为

$$\begin{cases}\delta_{11}X_1+\delta_{12}X_2+\Delta_{1F}=0\\ \delta_{21}X_1+\delta_{22}X_2+\Delta_{2F}=0\end{cases}$$

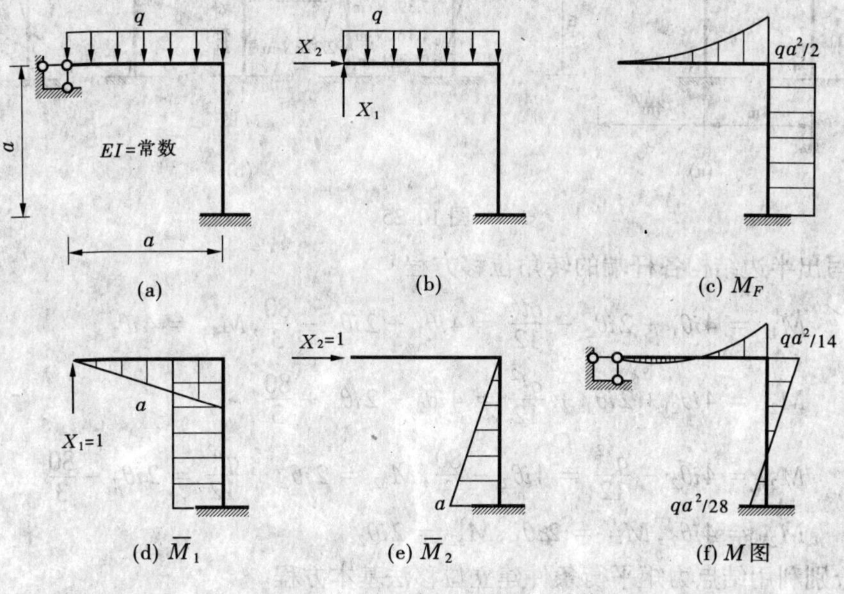

图 10-24

(2)分别作基本结构的 M_F、$\overline{M_1}$、$\overline{M_2}$图,如图 10-24(c)、(d)、(e)所示。

(3)用图乘法计算方程的系数和自由项

$$\Delta_{1F}=-\frac{1}{EI}\left(\frac{1}{3}\times a\times\frac{qa^2}{2}\times\frac{3}{4}a+\frac{qa^2}{2}\times a\times a\right)=-\frac{5qa^4}{8EI},$$

$$\Delta_{2F}=-\frac{1}{EI}\left(\frac{a^2}{2}\times\frac{qa^2}{2}\right)=-\frac{qa^4}{4EI},\delta_{11}=\frac{1}{EI}\left(\frac{1}{2}a^2\times\frac{2}{3}a+a^3\right)=\frac{4a^3}{3EI}$$

$$\delta_{12}=\delta_{21}=\frac{1}{EI}\left(\frac{1}{2}a^2\times a\right)=\frac{a^3}{2EI},\delta_{22}=\frac{1}{EI}\left(\frac{1}{2}a^2\times\frac{2}{3}a\right)=\frac{a^3}{3EI}$$

(4)解力法方程

$$\begin{cases}\dfrac{4a^3}{3EI}X_1+\dfrac{a^3}{2EI}X_2-\dfrac{5qa^4}{8EI}=0\\ \dfrac{a^3}{2EI}X_1+\dfrac{a^3}{3EI}X_2-\dfrac{qa^4}{4EI}=0\end{cases}$$

得

$$X_1=\frac{3}{7}qa(\uparrow),X_2=\frac{3qa}{28}(\leftarrow)$$

(5)由

$$M=M_F+\overline{M_1}X_1+\overline{M_2}X_2$$

作弯矩图如图 10-24(f)所示。

【题 10-10】

解:原结构是具有对称轴,受正对称荷载作用的偶数跨对称结构,可利用对称性计算。

(1)取对称的半边结构如图 10-25(a)所示。

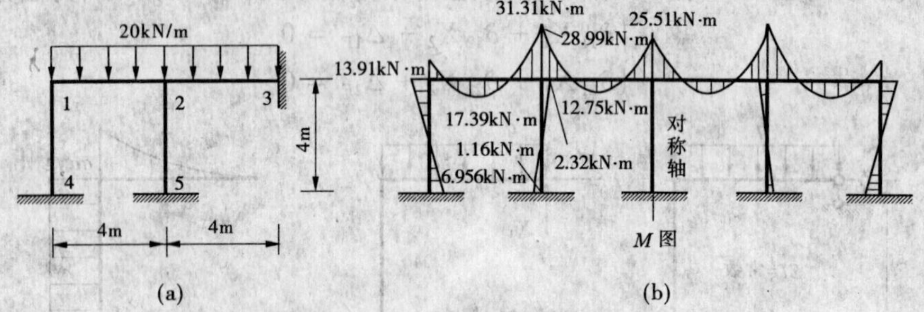

图 10-25

(2)写出半边结构各杆端的转角位移方程

$$M_{12}=4i\theta_1+2i\theta_2-\frac{ql^2}{12}=4i\theta_1+2i\theta_2-\frac{80}{3},M_{14}=4i\theta_1$$

$$M_{21}=4i\theta_2+2i\theta_1+\frac{ql^2}{12}=4i\theta_2+2i\theta_1+\frac{80}{3}$$

$$M_{23}=4i\theta_2-\frac{ql^2}{12}=4i\theta_2-\frac{80}{3},M_{32}=2i\theta_2+\frac{ql^2}{12}=2i\theta_2+\frac{80}{3}$$

$$M_{25}=4i\theta_2,M_{41}=2i\theta_1,M_{52}=2i\theta_2$$

(3)分别利用结点力矩平衡条件建立位移法基本方程。

由

$$\sum M_1=0,M_{12}+M_{14}=0$$

有

$$8i\theta_1+2i\theta_2-\frac{80}{3}=0 \tag{a}$$

由

$$\sum M_2 = 0, M_{21} + M_{23} + M_{25} = 0$$

有
$$12i\theta_2 + 2i\theta_1 = 0 \tag{b}$$

(4)联立解式(a)、(b)得 1、2 结点的位移为

$$\theta_1 = \frac{3.478\,2 \times 10^3}{i}, \theta_2 = -\frac{0.579\,7 \times 10^3}{i}\text{(逆时针方向)}$$

(5)计算各杆端弯矩

$$M_{12} = 4i\theta_1 + 2i\theta_2 - \frac{80}{3} = 4 \times 3.478\,2 + 2 \times (-0.579\,7) - 26.67 = -13.91(\text{kN} \cdot \text{m})$$

$$M_{14} = 4i\theta_1 = 4 \times 3.478\,2 = 13.91(\text{kN} \cdot \text{m})$$

$$M_{41} = 2i\theta_1 = 2 \times 3.478\,2 = 6.956(\text{kN} \cdot \text{m})$$

$$M_{21} = 4i\theta_2 + 2i\theta_1 + \frac{80}{3} = -4 \times 0.579\,7 + 2 \times 3.478\,2 + 26.67 = 31.31(\text{kN} \cdot \text{m})$$

$$M_{23} = 4i\theta_2 - \frac{80}{3} = -4 \times 0.579\,7 - 26.67 = -28.99(\text{kN} \cdot \text{m})$$

$$M_{32} = 2i\theta_2 + \frac{80}{3} = -2 \times 0.579\,7 + 26.67 = 25.51(\text{kN} \cdot \text{m})$$

$$M_{25} = 4i\theta_2 = -4 \times 0.579\,7 = 2.319(\text{kN} \cdot \text{m}), M_{52} = 2i\theta_2 = -2 \times 0.579\,7 = -1.159(\text{kN} \cdot \text{m})$$

作弯矩图如图 10-25(b)所示。

【题 10-13】

解：(1)将题 10-13 所示梁自由端 D 处作用的力偶简化到结点 C，如图 10-26(a)所示。

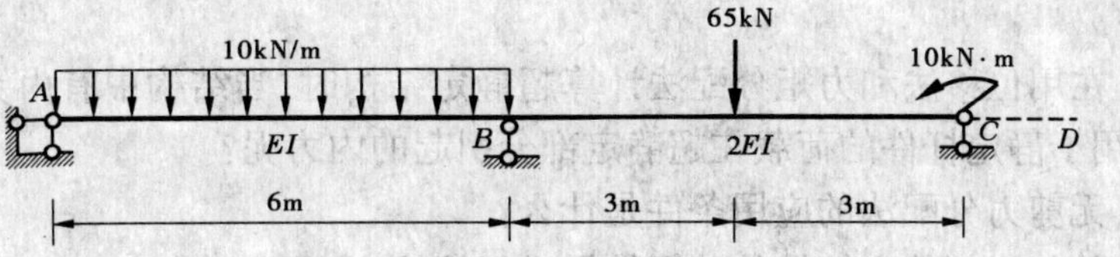

μ		0.33	0.67	
M^F		45	−78.125	−10
力矩分配		10.931	22.194	
杆端弯矩	0	55.931	−55.931	−10

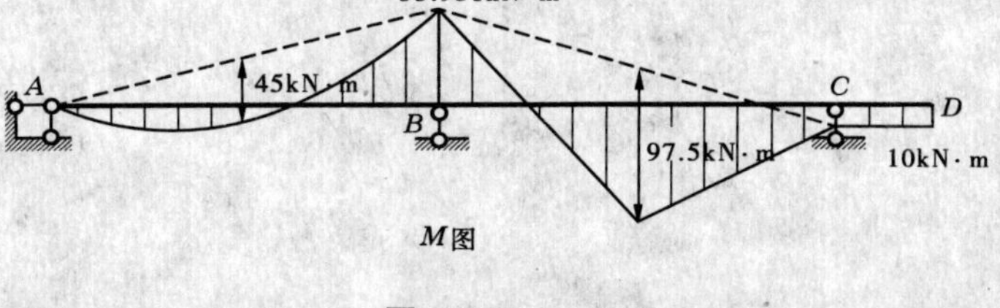

图 10-26

(2)列表计算各杆端弯矩如下表所示。

(3)作梁的弯矩图如图 10-26(b)所示。

10.4　复习思考题

10-1　力法的基本结构与原结构有无区别?

10-2　对力法的基本结构有何要求?

10-3　在力法计算中可否利用超静定结构作为基本结构?

10-4　满足力法方程时,基本体系与原结构在所有截面的对应位移都相同吗?

10-5　超静定结构发生支座位移时,选择不同基本结构时,其力法方程有何不同?

10-6　温度改变或支座移动时,超静定结构的内力有何特征?

10-7　如何简化对称超静定结构的计算?

10-8　对称荷载在对称结构中引起的内力有何特征?

10-9　位移法可否求解静定结构?

10-10　位移法能够用于计算温度改变或支座移动的超静定结构吗?

10-11　位移法的两种计算方法的基本方程是否相同?它们的关系是什么?

10-12　具有刚性杆件的结构用位移法求解时应注意些什么?

10-13　力矩分配法和位移法有何异同?

10-14　力矩分配法的计算过程收敛于真实解吗?

10-15　怎样估算力矩分配法的计算误差?

10-16　在力矩分配法中结点力偶荷载和约束力矩的正负号怎样规定?

10-17　用位移法或力矩分配法只能计算结构的杆端弯矩,结构的杆端剪力如何计算?

10-18　在用位移法和力矩分配法计算超静定结构时,当结构中有内力静定杆件时,如何计算作用于静定杆件的荷载在超静定部分引起的内力呢?

10-19　无剪力分配法的应用条件是什么?

10-20　如何对超静定结构的计算结果进行校核?

第 11 章　《平面直杆结构内力与位移计算》软件的应用

11.1　内容与要求

11.1.1　本章的基本内容

本章的基本内容，一是《平面直杆结构内力与位移计算》(以下简称《结构计算》)的控制变量及其相关信息，二是结构计算中原始数据的输入方法。其中《结构计算》的控制变量及其相关信息的确定是本章的重点，特殊结点约束信息的确定是本章的难点。

11.1.2　基本要求

(1)了解该软件的计算功能和适用条件，掌握软件的安装和使用方法。

(2)弄清什么是特殊结点，熟练掌握特殊结点约束信息的编组方法。

(3)弄清并掌握正确的结点编号、集中荷载作用处的结点位移编号方法，结点坐标、单元信息以及非结点荷载信息的确定方法。

(4)熟练掌握向《结构计算》数据输入窗口输入原始数据的方法和要领。

(5)会阅读《结构计算》计算结果窗口中结点位移和杆端内力。会根据所输出的计算结果绘制结构的内力图，并确定最大内力及其所在截面位置。

11.2　学习与理解

《结构计算》软件的应用，不仅可极大地减轻工程技术人员进行结构计算的劳动强度，节省时间，而且计算精度高，更主要的是，它能够解决高次超静定结构的内力分析和位移计算问题，而这种问题是通过手算难以解决或根本无法解决的。因此，学会软件的应用，对于每个学习土木工程专业的学生或从事土木建筑工作的工程技术人员来说，是十分必要的。

通过《结构计算》软件进行结构计算，要求软件的使用者除了具有对结构进行受力分析和变形分析的基本能力外，还必须弄清并掌握本章讲述的确定各控制变量及各种信息的方法，以及向数据窗口输入原始数据的顺序和规则。现将确定各控制变量及各种信息过程中必须注意的问题综述如下。

11.2.1 结点和单元的编号方法

11.2.1.1 结点的编号方法

结点编号应按自上而下(或自下而上)、从左到右的顺序进行,但应注意三点:

(1)对于忽略轴向变形的刚架及组合结构,宜将结点1置于支座结点处。

(2)要尽可能缩小各单元两端结点号码的差值。

(3)在主从结点处,从结点号码要小于其主结点号码。

结点号码是从1开始的连续以1递增的正整数。当结点编号完成后,即确定了结构的结点个数:

结构中的结点个数=该结构结点编号的最后号码数

11.2.1.2 单元的编号

单元编号本无顺序要求,但一般情况下仍以先横杆后竖杆,先上后下,先有载后无载的顺序进行编号为宜。单元号码是从1开始并连续以1递增的正整数。单元编号完成后便可确定结构的单元个数:

结构中的单元个数=该结构单元编号的最后号码数

11.2.2 特殊结点及其约束信息

11.2.2.1 特殊结点

结构中具有有效角位移和两个独立线位移的结点,称为一般结点,其他的所有结点,都称为特殊结点。一般情况下,特殊结点包括:

(1)各种结构中的支座(无论它是何种支座)和结构中的所有铰结点。

(2)具有主从结点的结构中,所有的从结点。

(3)忽略杆件轴向变形时,结构中的所有结点。

实际计算时,连续梁和桁架的所有结点、被忽略轴向变形或被忽略弯曲变形的杆件所联结的所有结点,都是特殊结点。各支座结点的约束信息如教材中表11-1所示。例如在图11-1中,结点总个数为14个,其中,主结点5个,它们分别是1,3,6,10,13;从结点6个,它们分别是2,4,7,9,11,14。该结构中的特殊结点个数,可根据是否考虑受弯杆件的轴向变形来确定。

不考虑受弯杆件的轴向变形时,全部的14个结点均为特殊结点;当考虑受弯杆件的轴向变形时,除3、6、10等3个结点外,其余11个结点是特殊结点。

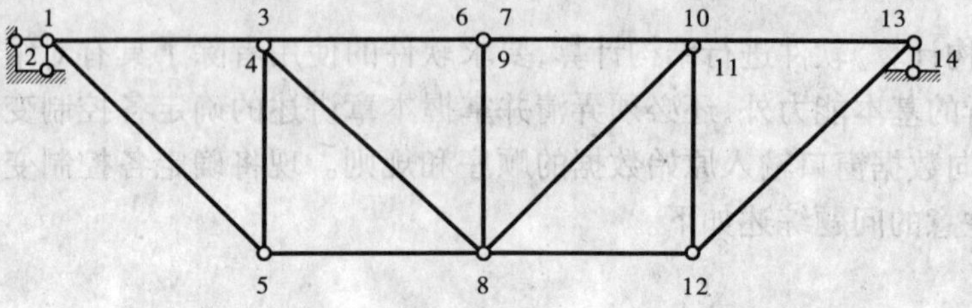

图11-1

11.2.2.2 特殊结点信息

特殊结点信息专指反映特殊结点受到约束状况的信息。结构计算时，要向计算程序提供每个特殊结点受到的水平约束、竖直约束、转动约束等3个信息数。对于支座约束处的结点，受约束方向的约束信息数为1，未受约束方向的约束信息数为0。但对于忽略轴向变形的结构中的非支座结点，其大结点号所在结点的约束信息数，与该结点同杆相连的小(左)结点号或主结点号的约束信息数相关。

如图11-1所示结构，可根据该结构的受弯杆件是否考虑轴向变形，写出不同的特殊结点约束信息：

(1)不考虑各受弯杆件的轴向变形时的特殊结点约束信息为

1,1,1,0,2,1,1,1,3,1,0,0,4,3,3,1,5,0,0,1,6,1,0,0,7,6,6,0,8,0,0,1,9,6,6,1,10,1,0,0,11,10,10,1,12,0,0,1,13,1,1,0,14,13,13,1,

(2)考虑各受弯杆件的轴向变形时的特殊结点约束信息为

1,1,1,0,2,1,1,1,4,3,3,1,5,0,0,1,7,6,6,0,8,0,0,1,9,6,6,1,11,10,10,1,12,0,0,1,13,0,1,0,14,13,13,1,

再如图11-2所示结构在不考虑各杆轴向变形时的特殊结点约束信息为：

1,1,1,1,2,1,1,1,3,2,2,0,4,0,1,0,5,4,1,0,6,1,1,0,7,1,1,1,8,1,1,1,

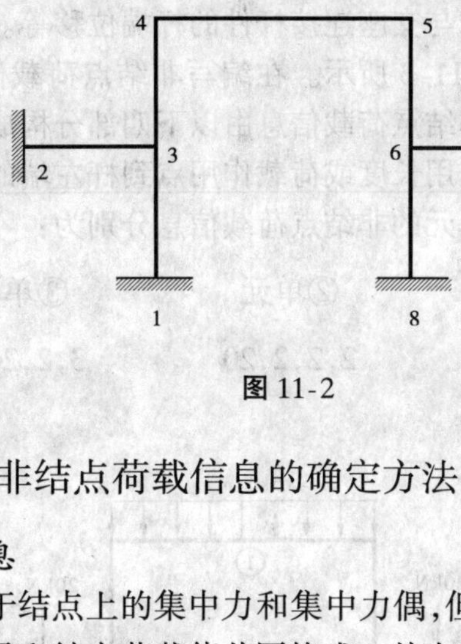

图11-2

11.2.3 结点荷载和非结点荷载信息的确定方法

11.2.3.1 结点荷载信息

结点荷载是指作用于结点上的集中力和集中力偶，但不包括支座约束力。结构的结点荷载信息由结点位移号和结点荷载值共同构成。其中结点位移号是指受结点荷载作用的结点处沿荷载作用方向的位移编号。结点位移的编号从结点1开始，有位移时，位移号按1、2、3、…的顺序编排，无位移处的位移号为“0”。具体的结点位移号编号方法见教材，这里不再复述。如图11-3所示结构，在考虑或不考虑轴向变形时的各结点位移号和结点荷载信息分别为下面形式。

(1)考虑轴向变形。

各结点的位移号：

1(0,0,1,)、2(0,0,2)、3(3,4,5,)、4(6,4,8,)、5(9,10,11,)、6(12,13,14)

结点荷载信息：　　　　9，F_1，11，m，13，F_2

(2)不考虑轴向变形。

各结点位移号:1(0,0,1,)、2(0,0,2)、3(3,0,4,)、4(3,0,5,)、5(6,0,7,)、6(6,0,8)

结点荷载信息:　　　　　　6, F_1,7, m

在编写结点荷载信息时,要注意荷载的作用方向(或荷载值的正负号)。

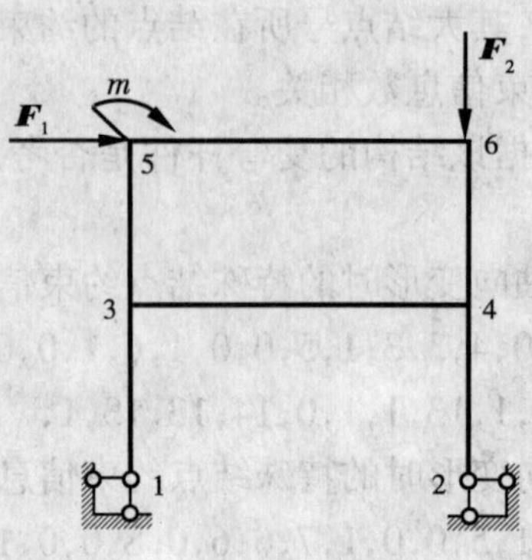

图 11-3

11.2.3.2　非结点荷载信息

非结点荷载是指作用于杆件上的荷载,它包括作用于杆件上的轴向荷载、横向荷载、温度变化、制造误差、支座移动时与支座连接杆件的杆端位移等。常见的各种非结点荷载的类型和相关信息,如教材中表 11-3 所示。在编写非结点荷载信息时,要注意荷载的作用方向(或荷载值的正负号)。非结点荷载信息由以下四部分构成:

单元号　荷载类型　荷载作用长度或荷载作用点到杆左端的距离　荷载值(代数值)

如图 11-4 所示结构,其各单元的非结点荷载信息分别为:

①单元	②单元	③单元
1,1,8,6	2,2,2,20	3,2,2,20

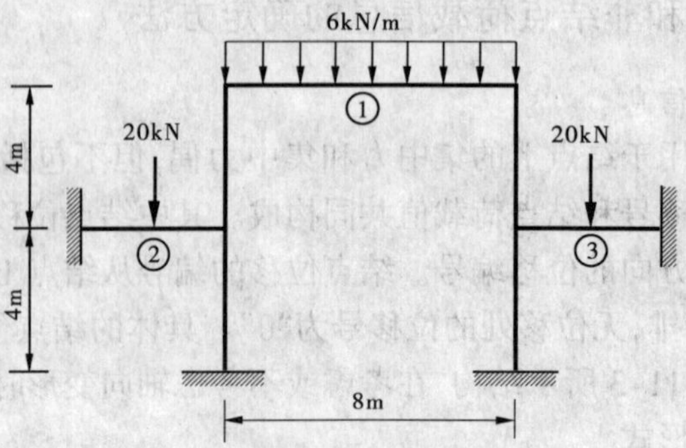

图 11-4

11.2.4　《结构计算》原始数据的输入

当《结构计算》软件启动后,需要严格按照输入顺序和相关要求,向《结构计算》的数据输入窗口中完整地输入结构计算需要的所有原始数据。需要按顺序输入的原始数据包括：

(1)结点个数、特殊结点个数、单元个数、结点荷载个数、非结点荷载个数。

(2)各特殊结点约束信息。

(3)各单元的杆端号(横杆或斜杆从左至右，竖杆自上而下)。

(4)各结点的坐标值(x 轴向右为正，y 轴向下为正)。

(5)各单元的 E(弹性模量)、I(截面惯性矩)、A(截面面积)。

(6)结点荷载信息(无结点荷载时无此项)。

(7)非结点荷载信息(无非结点荷载时无此项)。

向数据输入窗口中输入数据，应在英文状态下进行，每行数据顶左开始，各数据之间均用逗号相隔(每行末也用逗号)，窗口中的最后一个数据后不带任何标点符号。

若所有数据输入完整、正确，则单击菜单中杆端内力或结点位移时，会立即弹出计算结果窗口，你可以从中读取、打印或进行数据处理。若所输入的数据不全或有误码，则点击菜单中杆端内力或结点位移时，会弹出错误提示。为了不出现人为的输入错误，建议读者先在 Word 或记事本中按上述要求准备数据，经检查无误后，再将数据复制或调入到《结构计算》数据输入窗口中。

11.2.5 例题

【例 11-1】 计算图 11-5(a)所示连续梁的内力，并作出它的弯矩图和剪力图。

解：(1)进行结点和单元编号如图 11-5(b)所示。本结构共有 8 个结点 6 个单元。其中结点 4 是结点 5 的主结点，而结点 5 是结点 4 的从结点，又因梁不考虑杆件的轴向变形，故这 8 个结点均为特殊结点。

(2)确定并写出结构计算中的原始数据：

8,8,6,1,4,1,1,1,0,2,1,1,0,3,1,1,0,4,1,0,0,5,4,4,0,6,1,1,0,7,1,1,0,8,1,1,0,

N_1-N_5 各特殊结点信息

1,2,2,3,3,4,5,6,6,7,7,8,0,0,8,0,16,0,20,0,20,0,24,0,32,0,40,0,

各单元的杆端号 各结点坐标

1,2,0,1,3,0,1,3,0,1,3,0,1,3,0,1,2,0,4,20,1,1,8,8,2,2,4,30,5,1,8,12,6,3,4,5,

各单元 E、I、A 值 结点荷载信息 非结点荷载信息

注：各数据的下画虚线和文字注释是为便于读者阅读而特加的，当向《结构计算》数据窗口输入或复制这些数据时，不得有下画线和任何的注释。

(3)启动软件，向数据输入窗口输入或复制以上数据。

(4)点击菜单栏中的“杆端内力”，输出计算结果如下：

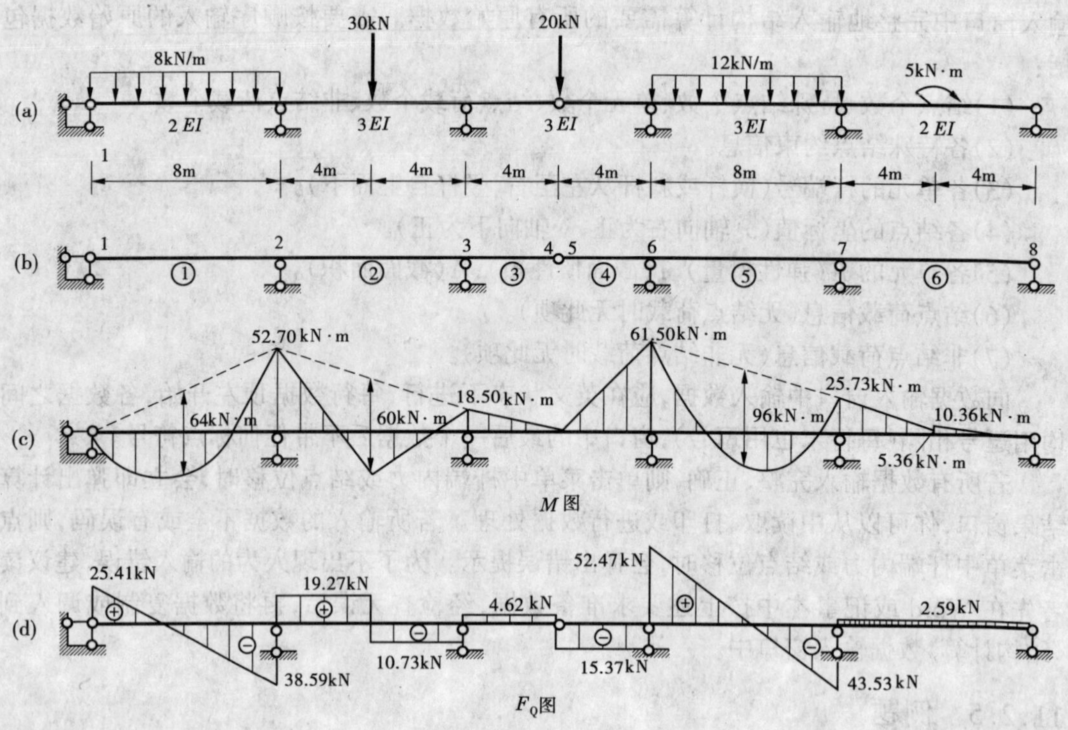

图 11-5

		GAN	DUAN	NEI	LI	
K	NI(kN)	VI(kN)	MI(kN·m)	NJ(kN)	VJ(kN)	MJ(kN·m)
1	0.000E+0	2.541E+1	0.000E+0	0.000E+0	−3.859E+1	5.270E+1
2	0.000E+0	1.927E+1	−5.270E+1	0.000E+0	−1.073E+1	1.850E+1
3	0.000E+0	4.626E+0	−1.850E+1	0.000E+0	4.626E+0	0.000E+0
4	0.000E+0	−1.537E+1	0.000E+0	0.000E+0	−1.537E+1	6.150E+1
5	0.000E+0	5.247E+1	−6.150E+1	0.000E+0	−4.353E+1	2.573E+1
6	0.000E+0	2.591E+0	−2.573E+1	0.000E+0	2.591E+0	0.000E+0
MAX	0.000E+0	5.247E+1	−6.150E+1	0.000E+0	−4.353E+1	6.150E+1

(5)作梁的弯矩图和剪力图分别如图 11-5(c)、(d)所示。根据以上结果中的杆端弯矩值作弯矩图,根据杆端剪力值作剪力图。其中各跨中弯矩由叠加法求得,而集中力偶作用截面的弯矩,是根据该单元右端剪力转化为 8 号结点的支座约束力后求得。

【例 11-2】 计算图 11-6(a)所示平面桁架的内力和结点 C 的水平线位移。各杆 EA = 常数。

解:(1)对桁架进行结点和单元编号。该桁架共有如图 11-6(b)所示 16 个结点和 35 个单元,每个结点都是特殊结点。

(2)确定并写出结构计算中的原始数据:

16,16,35,7,0,1,0,0,1,2,0,0,1,3,0,0,1,4,0,0,1,5,0,0,1,6,1,0,1,7,0,0,1,8,0,0,1,9,1,1,1,10,0,0,1,11,0,0,1,12,0,1,1,13,0,0,1,14,0,0,1,15,0,0,1,16,0,1,

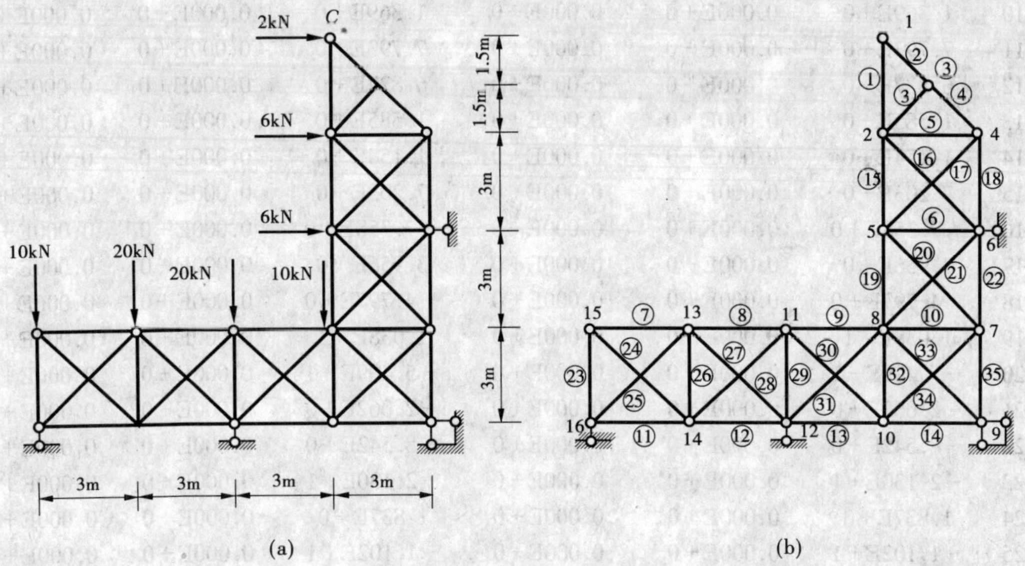

图 11-6

1,1,2,1,3,2,3,3,4,2,4,5,6,15,13,13,11,11,8,8,7,16,14,14,12,12,10,10,9,2,5,2,6,5,4,4,6,5,8,5,7,8,6,6,7,15,16,15,14,16,13,13,14,13,12,14,11,11,12,11,10,12,8,8,10,8,9,10,7,7,9,9,0,9,3,10.5,1.5,12,3,9,6,12,6,12,9,9,9,12,12,9,12,6,9,6,12,3,9,3,12,0,9,0,12,1,0,1,1,0,1,1,0,1,1,0,1,1,0,1,1,0,1,1,0,1,1,0,1,1,0,1,1,0,1,1 ,0,1,1,0,1,1,0,1,1,0,1,1,0,1,1,0,1,1,0,1,1,0,1,1,0,1,1,0,1,1,0,1,1,0,1,1,0,1,1 ,0,1,1,0,1,1,0,1,1,0,1,1,0,1,1,0,1,1,0,1,1,0,1,1,0,1,1,0,1,1,0,1,1,0,1,1,0,1,1,2,3,6,9,6,15,10,19,20,22,20,26,20

其中,在约束信息中,每个特殊结点的转动约束信息均为“1”(因铰结点的角位移是无效的角位移),而转角位移信息数均为“0”;每个单元的 I 值为零(因不计桁架杆件的弯曲变形)。

(3)启动软件,向数据输入窗口输入或复制以上数据。

(4)点击菜单栏中的“杆端内力”,输出计算结果如下:

GAN DUAN NEI LI

K	F_{NI}(kN)	F_{QI}(kN)	M_I(kN·m)	F_{NJ}(kN)	F_{QJ}(kN)	M_J(kN·m)
1	2.000E+0	0.000E+0	0.000E+0	2.000E+0	0.000E+0	0.000E+0
2	−2.828E+0	0.000E+0	0.000E+0	−2.828E+0	0.000E+0	0.000E+0
3	0.000E+0	0.000E+0	0.000E+0	0.000E+0	0.000E+0	0.000E+0
4	−2.828E+0	0.000E+0	0.000E+0	−2.828E+0	0.000E+0	0.000E+0
5	−7.970E−1	0.000E+0	0.000E+0	−7.970E−1	0.000E+0	0.000E+0
6	−8.414E+0	0.000E+0	0.000E+0	−8.414E+0	0.000E+0	0.000E+0
7	−1.299E+0	0.000E+0	0.000E+0	−1.299E+0	0.000E+0	0.000E+0
8	−4.504E−1	0.000E+0	0.000E+0	−4.504E−1	0.000E+0	0.000E+0
9	3.233E+0	0.000E+0	0.000E+0	3.233E+0	0.000E+0	0.000E+0

10	1.369E+0	0.000E+0	0.000E+0	1.369E+0	0.000E+0	0.000E+0
11	7.793E+0	0.000E+0	0.000E+0	7.793E+0	0.000E+0	0.000E+0
12	6.827E+0	0.000E+0	0.000E+0	6.827E+0	0.000E+0	0.000E+0
13	1.585E+0	0.000E+0	0.000E+0	1.585E+0	0.000E+0	0.000E+0
14	1.154E+0	0.000E+0	0.000E+0	1.154E+0	0.000E+0	0.000E+0
15	7.203E+0	0.000E+0	0.000E+0	7.203E+0	0.000E+0	0.000E+0
16	−7.358E+0	0.000E+0	0.000E+0	−7.358E+0	0.000E+0	0.000E+0
17	3.956E+0	0.000E+0	0.000E+0	3.956E+0	0.000E+0	0.000E+0
18	−4.797E+0	0.000E+0	0.000E+0	−4.797E+0	0.000E+0	0.000E+0
19	1.038E+1	0.000E+0	0.000E+0	1.038E+1	0.000E+0	0.000E+0
20	−5.409E−1	0.000E+0	0.000E+0	−5.409E−1	0.000E+0	0.000E+0
21	−2.062E+0	0.000E+0	0.000E+0	−2.062E+0	0.000E+0	0.000E+0
22	−8.542E+0	0.000E+0	0.000E+0	−8.542E+0	0.000E+0	0.000E+0
23	−2.130E+1	0.000E+0	0.000E+0	−2.130E+1	0.000E+0	0.000E+0
24	1.837E+0	0.000E+0	0.000E+0	1.837E+0	0.000E+0	0.000E+0
25	−1.102E+1	0.000E+0	0.000E+0	−1.102E+1	0.000E+0	0.000E+0
26	−3.564E+0	0.000E+0	0.000E+0	−3.564E+0	0.000E+0	0.000E+0
27	−1.222E+1	0.000E+0	0.000E+0	−1.222E+1	0.000E+0	0.000E+0
28	3.204E+0	0.000E+0	0.000E+0	3.204E+0	0.000E+0	0.000E+0
29	−2.085E+1	0.000E+0	0.000E+0	−2.085E+1	0.000E+0	0.000E+0
30	−2.005E+0	0.000E+0	0.000E+0	−2.005E+0	0.000E+0	0.000E+0
31	−4.809E+0	0.000E+0	0.000E+0	−4.809E+0	0.000E+0	0.000E+0
32	2.404E+0	0.000E+0	0.000E+0	2.404E+0	0.000E+0	0.000E+0
33	−1.113E−1	0.000E+0	0.000E+0	−1.113E−1	0.000E+0	0.000E+0
34	−1.395E+0	0.000E+0	0.000E+0	−1.395E+0	0.000E+0	0.000E+0
35	−7.938E+0	0.000E+0	0.000E+0	−7.938E+0	0.000E+0	0.000E+0
MAX	−2.130E+1	0.000E+0	0.000E+0	−2.130E+1	0.000E+0	0.000E+0

点出已输入数据的数据输入窗口，再单击菜单栏中的“结点位移”，即可读出各结点位移，本桁架结构结点 C（即 1 号结点）的水平位移为

$\Delta_{CH}=2.457\,774\text{E}+2/EA=245.777\,4/EA$（抗拉压刚度 EA 在数据窗口中未显示）

【例 11-3】 计算图 11-7(a)所示刚架的内力，确定最大内力及其所在的单元和最大位移及其结点位置。已知刚架材料各杆弹性模量为 $E=80\text{GPa}$，梁的惯性矩和横截面积分别为 $I_1=72\times10^{-4}\text{m}^4$，$A_1=0.24\text{m}^2$，柱的惯性矩和横截面积分别为 $I_2=52\times10^{-4}\text{m}^4$，$A_2=0.25\text{m}^2$。

解：(1)对刚架进行结点和单元编号。该刚架共有如图 11-7(b)所示 21 个结点和 27 个单元，6 个特殊结点，并将 4 单元的荷载作如图 11-7(c)所示的处理。

(2)确定并写出结构计算中的原始数据：

21,6,27,0,15,1,1,1,1,5,1,1,1,9,1,1,1,15,1,1,1,18,1,1,1,21,1,1,1,4,8,8,12,3,7,7,11,11,13,13,16,16,19,2,6,6,10,10,14,14,17,17,20,4,3,3,2,2,1,8,7,7,6,6,5,12,11,11,10,10,9,13,14,14,15,16,17,17,18,19,20,20,21,0,12,0,8,0,4,0,0,

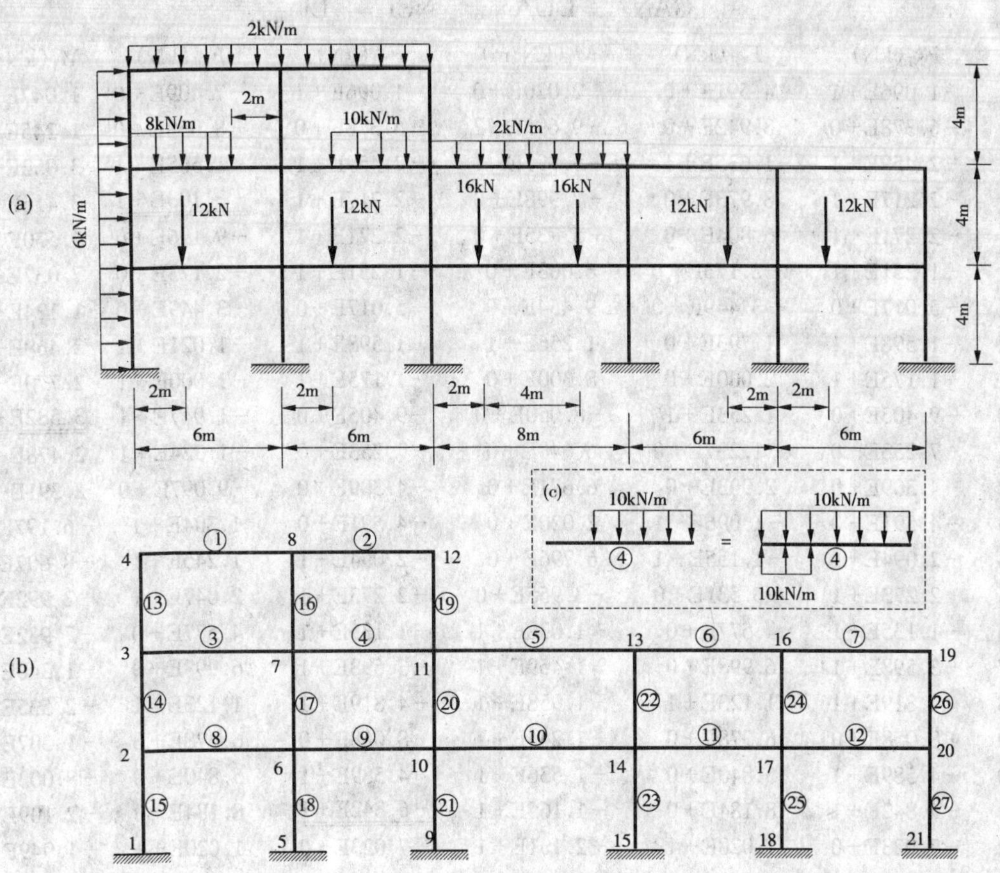

图 11-7

6,12,6,8,6,4,6,0,12,12,12,8,12,4,12,0,20,4,20,8,20,12,26,4,26,8,26,12,32,4,32,8,32,12,4e7,72e－4,24e－2,4e7,72e－4,24e－2,4e7,72e－4,24e－2,4e7,72e－4,24e－2,4e7,72e－4,24e－2,4e7,72e－4,24e－2,4e7,72e－4,24e－2,4e7,72e－4,24e－2,4e7,72e－4,24e－2,4e7,72e－4,24e－2,4e7,72e－4,24e－2,4e7,72e－4,24e－2,4e7,52e－4,25e－2,4e7,52e－4,25e－2,4e7,52e－4,25e－2,4e7,52e－4,25e－2,4e7,52e－4,25e－2,e7,52e－4,25e－2,4e7,52e－4,25e－2,4e7,52e－4,25e－2,4e7,52e－4,25e－2,4e7,52e－4,25e－2,4e7,52e－4,25e－2,4e7,52e－4,25e－2,4e7,52e－4,25e－2,4e7,52e－4,25e－2,

4e7,52e－4,25e－2,1,1,6,2,2,1,6,2,3,1,4,8,4,1,6,10,4,1,2,－10,5,1,8,2,8,2,2,12,9,2,2,12,10,2,2,16,10,2,6,16,11,2,4,12,12,2,2,12,13,1,4,－6,14,1,4,－6,15,1,4,－6

(3)启动软件,向数据输入窗口输入或复制以上数据。

(4)点击菜单栏中的“杆端内力”,输出计算结果如下:

GAN DUAN NEI LI

K	F_{NI}(kN)	F_{QI}(kN)	M_I(kN·m)	F_{NJ}(kN)	F_{QJ}(kN)	M_J(kN·m)
1	−1.096E+1	4.591E+0	2.020E+0	−1.096E+1	−7.409E+0	1.047E+1
2	−6.378E+0	3.942E+0	−9.695E−2	−6.378E+0	−8.058E+0	1.245E+1
3	−2.459E+1	1.635E+1	−5.991E−1	−2.459E+1	−1.565E+1	3.052E+1
4	−2.217E+1	8.973E+0	−7.998E+0	−2.217E+1	−3.103E+1	3.416E+1
5	−2.271E+1	6.804E+0	−5.735E+0	−2.271E+1	−9.196E+0	1.530E+1
6	−1.251E+1	−2.173E+0	6.003E+0	−1.251E+1	−2.173E+0	7.037E+0
7	−5.017E+0	−3.449E+0	9.454E+0	−5.017E+0	−3.449E+0	1.124E+1
8	−1.598E+1	1.793E+0	1.256E+1	−1.598E+1	−1.021E+1	2.468E+1
9	−1.175E+1	2.000E+0	8.300E+0	−1.175E+1	−1.000E+1	2.770E+1
10	−9.405E+0	1.253E+1	−8.050E+0	−9.405E+0	−1.947E+1	3.582E+1
11	−7.253E+0	−1.237E+0	6.640E+0	−7.253E+0	−1.324E+1	2.478E+1
12	−4.309E+0	2.903E+0	6.671E+0	−4.309E+0	−9.097E+0	2.391E+1
13	−4.591E+0	−1.096E+1	2.020E+0	−4.591E+0	1.304E+1	−6.197E+0
14	−2.094E+1	−1.155E+1	6.796E+0	−2.094E+1	1.245E+1	−8.607E+0
15	−2.273E+1	−3.531E+0	−3.955E+0	−2.273E+1	2.047E+1	−2.992E+1
16	−1.135E+1	4.577E+0	−1.038E+1	−1.135E+1	4.577E+0	−7.932E+0
17	−3.598E+1	6.998E+0	−1.459E+1	−3.598E+1	6.998E+0	−1.340E+1
18	−4.819E+1	1.123E+1	−1.958E+1	−4.819E+1	1.123E+1	−2.535E+1
19	−8.058E+0	6.378E+0	−1.245E+1	−8.058E+0	6.378E+0	−1.307E+1
20	−4.589E+1	5.840E+0	−1.536E+1	−4.589E+1	5.840E+0	−8.003E+0
21	−6.842E+1	8.184E+0	−1.165E+1	−6.842E+1	8.184E+0	−2.109E+1
22	−7.023E+0	1.020E+1	−2.131E+1	−7.023E+0	1.020E+1	−1.949E+1
23	−2.526E+1	1.235E+1	−2.297E+1	−2.526E+1	1.235E+1	−2.644E+1
24	1.276E+0	7.492E+0	−1.649E+1	1.276E+0	7.492E+0	−1.348E+1
25	−1.486E+1	1.044E+1	−1.797E+1	−1.486E+1	1.044E+1	−2.377E+1
26	−3.449E+0	5.017E+0	−1.124E+1	−3.449E+0	5.017E+0	−8.826E+0
27	−1.255E+1	9.326E+0	−1.508E+1	−1.255E+1	9.326E+0	−2.222E+1
MAX	−6.842E+1	1.635E+1	−2.297E+1	−6.842E+1	−3.103E+1	3.582E+1

由以上计算结果可知,该刚架的最大内力及其截面位置分别为:

$M_{max}=35.82$kN·m(上拉),出现在 10 单元的右端截面上;

$|F_{Qmax}|=31.03$kN,出现在 4 单元的右端截面上;

$|F_{Nmax}|=68.42$kN(压力),出现在 21 单元。

点出已输入数据的数据输入窗口,再单击菜单栏中的“结点位移”,即查得该刚架的最大结点位移出现在 4 号结点的水平方向(结点位移号为 7),其值为

$$\Delta_{4H}=1.029\,688\times10^{-3}\text{m}=1.03\text{mm(向右)}$$

此结构不计轴向变形影响时的最大内力与考虑轴向变形影响时的最大内力相差不到百分之一(请读者自己计算),因此梁和刚架计算可不考虑轴向变形的影响。

【例 11-4】 计算图 11-8(a)所示组合结构,并指出最大内力及其所在位置。已知各杆

E、A 为常数，受弯杆件的惯性矩为 I。计算时考虑受弯杆件的轴向变形。

解：(1)对结构进行结点和单元编号。这是一个简单的超静定组合结构，其中杆 AC 和杆 CB 是受弯杆件，其余各杆均为轴力杆。该结构共有如图 11-8(b)所示的 14 个结点(其中有特殊结点 11 个)，13 个单元。

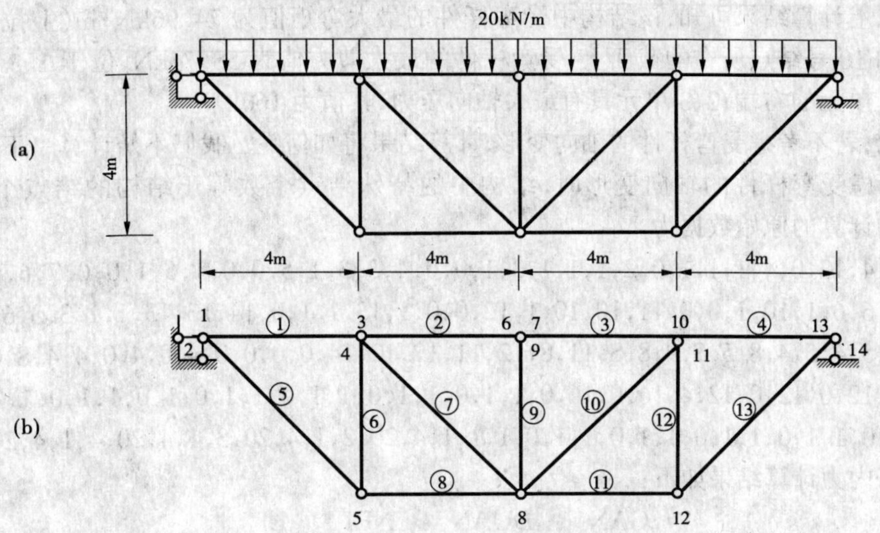

图 11-8

(2)确定并写出结构计算中的原始数据：

14,11,13,0,4,1,1,1,0,2,1,1,1,4,3,3,1,5,0,0,1,7,6,6,0,8,0,0,1,9,6,6,1,11,10,10,1,12,0,0,1,13,0,1,0,14,13,13,1,1,3,3,6,7,10,10,13,2,5,4,5,4,8,5,8,9,8,8,11,8,12,11,12,12,14,0,0,0,0,4,0,4,0,4,4,8,0,8,0,8,4,8,0,12,0,12,0,12,4,16,0,16,0,1,1,1,1,1,1,1,1,1,1,1,1,1,0,1,1,0,1,1,0,1,1,0,1,1,0,1,1,0,1,1,0,1,1,0,1,1,0,1,1,1,1,4,20,2,1,4,20,3,1,4,20,4,1,4,20

(3)启动软件，向数据输入窗口输入或复制以上数据。

(4)点击菜单栏中的“杆端内力”，输出计算结果如下：

GAN DUAN NEI LI

K	F_{NI}(kN)	F_{QI}(kN)	M_I(kN·m)	F_{NJ}(kN)	F_{QJ}(kN)	M_J(kN·m)
1	−1.013E+2	5.874E+1	0.000E+0	−1.013E+2	−2.126E+1	−7.496E+1
2	−1.600E+2	2.126E+1	7.496E+1	1.600E+2	−5.874E+1	0.000E+0
3	−1.600E+2	5.874E+1	0.000E+0	−1.600E+2	−2.126E+1	−7.496E+1
4	−1.013E+2	2.126E+1	7.496E+1	−1.013E+2	−5.874E+1	0.000E+0
5	1.432E+2	0.000E+0	0.000E+0	1.432E+2	0.000E+0	0.000E+0
6	−1.013E+2	0.000E+0	0.000E+0	−1.013E+2	0.000E+0	0.000E+0
7	8.307E+1	0.000E+0	0.000E+0	8.307E+1	0.000E+0	0.000E+0
8	1.013E+2	0.000E+0	0.000E+0	1.013E+2	0.000E+0	0.000E+0
9	−1.175E+2	0.000E+0	0.000E+0	−1.175E+2	0.000E+0	0.000E+0
10	8.307E+1	0.000E+0	0.000E+0	8.307E+1	0.000E+0	0.000E+0

11	1.013E+2	0.000E+0	0.000E+0	1.013E+2	0.000E+0	0.000E+0
12	-1.013E+2	0.000E+0	0.000E+0	-1.013E+2	0.000E+0	0.000E+0
13	1.432E+2	0.000E+0	0.000E+0	1.432E+2	0.000E+0	0.000E+0
MAX	-1.600E+2	5.874E+1	7.496E+1	-1.600E+2	-5.874E+1	-7.496E+1

由以上计算结果可知,该结构中受弯杆件的最大弯矩值为 74.96kN·m(上拉),出现在 3 号和 10 号结点所在的截面上;受弯杆件的最大剪力值为 58.74kN,位于 1、3 单元左端和 2、4 单元的右端;2、3 单元具有最大轴向压力,其值为 160kN。

讨论:若不考虑受弯杆件的轴向变形,计算结果将如何呢?我们不妨计算一下。

不考虑受弯杆件的轴向变形时,结构中的特殊结点个数等于结构的结点个数(14 个),结构计算的原始数据为

14,14,13,0,4,1,1,1,0,2,1,1,1,3,1,0,0,4,3,3,1,5,0,0,1,6,1,0,0,7,6,6,0,8,0,0,1,9,6,6,1,10,1,0,0,11,10,10,1,12,0,0,1,13,1,1,0,14,13,13,1,1,3,3,6,7,10,10,13,2,5,4,5,4,8,5,8,9,8,8,11,8,12,11,12,12,14,0,0,0,0,4,0,4,0,4,4,8,0,8,0,8,4,8,0,12,0,12,0,12,4,16,0,16,0,1,1,0,1,1,0,1,1,0,1,1,0,1,0,1,1,0,1,1,0,1,1,0,1,1,0,1,1,0,1,1,0,1,1,0,1,1,0,1,1,1,4,20,2,1,4,20,3,1,4,20,4,1,4,20

各杆内力计算结果如下:

GAN　DUAN　NEI　LI

K	F_{NI}(kN)	F_{QI}(kN)	M_I(kN·m)	F_{NJ}(kN)	F_{QJ}(kN)	M_J(kN·m)
1	0.000E+0	5.376E+1	0.000E+0	0.000E+0	-2.624E+1	-5.503E+1
2	0.000E+0	2.624E+1	5.503E+1	0.000E+0	-5.376E+1	0.000E+0
3	0.000E+0	5.376E+1	0.000E+0	0.000E+0	-2.624E+1	-5.503E+1
4	0.000E+0	2.624E+1	5.503E+1	0.000E+0	-5.376E+1	0.000E+0
5	1.502E+2	0.000E+0	0.000E+0	1.502E+2	0.000E+0	0.000E+0
6	-1.062E+2	0.000E+0	0.000E+0	-1.062E+2	0.000E+0	0.000E+0
7	7.603E+1	0.000E+0	0.000E+0	7.603E+1	0.000E+0	0.000E+0
8	1.062E+2	0.000E+0	0.000E+0	1.062E+2	0.000E+0	0.000E+0
9	-1.075E+2	0.000E+0	0.000E+0	-1.075E+2	0.000E+0	0.000E+0
10	7.603E+1	0.000E+0	0.000E+0	7.603E+1	0.000E+0	0.000E+0
11	1.062E+2	0.000E+0	0.000E+0	1.062E+2	0.000E+0	0.000E+0
12	-1.062E+2	0.000E+0	0.000E+0	-1.062E+2	0.000E+0	0.000E+0
13	1.502E+2	0.000E+0	0.000E+0	1.502E+2	0.000E+0	0.000E+0
MAX	1.502E+2	5.376E+1	5.503E+1	1.502E+2	-5.376E+1	-5.503E+1

由以上计算结果可见,该结构在不考虑受弯杆件的轴向变形时,受弯杆件的最大弯矩值为 55.03kN·m(上拉),出现在 3 号和 10 号结点所在的截面上;受弯杆件的最大剪力值为 53.76kN,位于 1、3 单元左端和 2、4 单元的右端;5、13 单元具有最大轴向拉力,其值为 150.2kN。

现将上述两种情况的最大内力值比较如下:

内力名称	考虑受弯杆件的轴向变形		不考虑受弯杆件的轴向变形	
	最大内力值	所在位置	最大内力值	所在位置
弯矩	74.96kN·m	3、10 结点处	55.03kN·m	3、10 结点处
剪力	58.74kN	各梁单元	53.76kN	1～4 单元
轴力	160kN(拉)	2、3 单元	150.2kN(压)	5、13 单元

由此可见,不考虑受弯杆件的轴向变形时,结构中三种内力的最大值均小于考虑受弯杆件的轴向变形时产生的最大内力值,特别是最大弯矩有很大差别。因此,**对于梁桁组合结构必须考虑受弯杆件的轴向变形的影响。**

11.3 习题答案及选解

11-1 13 个结点,7 个特殊结点,10 个单元,3 个结点荷载,5 个非结点荷载。

11-2 答案见习题选解题 11-6。

11-3 答案见习题选解题 11-7。

11-4～11-9 的答案见习题选解。

【题 11-4】

解:(1)对图 11-9(a)所示梁进行结点和单元编号。将杆端 5 视为结点 5,编号情况如题解图 11-1(b)所示。

(2)写出该梁结构计算的原始数据如下:

5,5,4,1,5,1,1,1,1,2,1,1,0,3,1,1,0,4,1,1,0,5,1,0,0,1,2,2,3,3,4,4,5,0,0,8,0,16,0,24,0,26,4,0,1,2,0,1,3,0,1,3,0,1,2,0,4,15,1,1,8,4,1,2,6,15,2,2,4,10,3,1,8,2,3,2,4,10

(3)启动《结构计算》软件,将以上原始数据复制到数据输入窗口中,点击菜单栏中"杆端内力"得到各杆端内力如下:

GAN DUAN NEI LI

K	F_{NI}(kN)	F_{QI}(kN)	M_I(kN·m)	F_{NJ}(kN)	F_{QJ}(kN)	M_J(kN·m)
1	0.000E+0	2.073E+1	−3.332E+1	0.000E+0	−2.627E+1	2.549E+1
2	0.000E+0	7.233E+0	−2.549E+1	0.000E+0	−2.767E+0	7.627E+0
3	0.000E+0	9.453E+0	−7.627E+0	0.000E+0	−1.655E+1	3.600E+1
4	0.000E+0	1.500E+1	−3.600E+1	0.000E+0	1.500E+1	0.000E+0
MAX	0.000E+0	2.073E+1	−3.600E+1	0.000E+0	−2.627E+1	3.600E+1

根据以上计算数据,作梁的弯矩图和剪力图如题解图 11-9(c)、(d)所示。

点出数据输入窗口,单击"结点位移"即可得知结点 5 的竖向位移为:

$$\Delta_{5V} = \frac{29.43}{EI}(\downarrow)$$

【题 11-6】

解:(1)对图 11-10(a)所示刚架进行结点和单元编号。编号情况如题解图 11-10(b)所示。

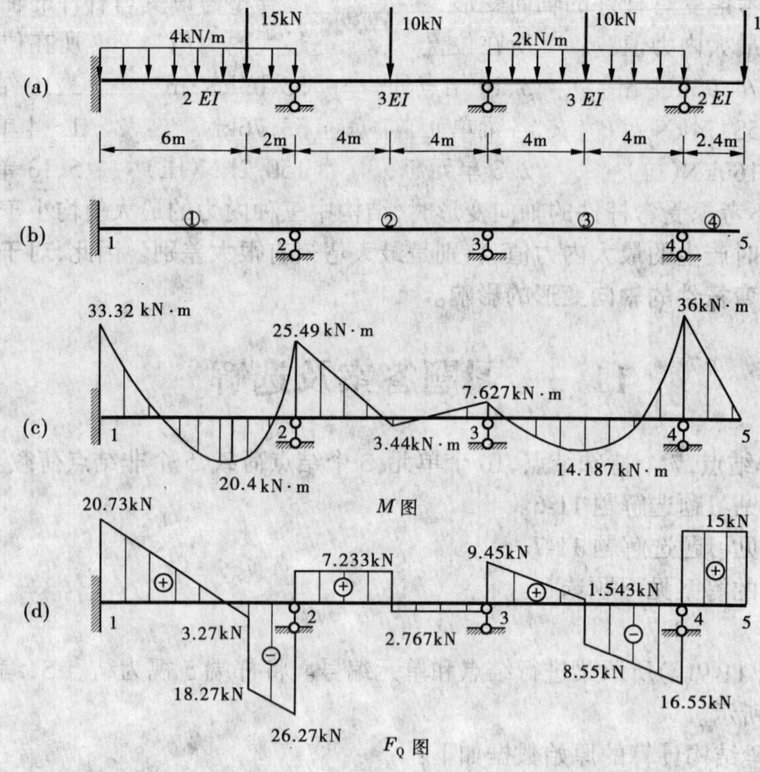

图 11-9

(2)写出该梁结构计算的原始数据如下：

7,4,6,4,5,1,1,1,1,4,1,1,1,6,1,1,1,7,1,1,1,2,3,3,5,5,7,2,1,3,4,5,6,0,4.5,0,0,6,0,6,4.5,12,0,12,4.5,18,0,8e7,3125e-6,15e-2,8e7,3125e-6,15e-2,8e7,3125e-6,15e-2,8e7,2133e-6,16e-2,8e7,2133e-6,16e-2,8e7,2133e-6,16e-2,1,4,2,16,5,16,8,16,1,1,6,5,2,1,6,5,3,2,1.5,14,3,2,4.5,14,4,2,2.5,-4

(3)启动《结构计算》软件，将以上原始数据复制到数据输入窗口中，点击菜单栏中“杆端内力”得到各杆端内力如下：

GAN DUAN NEI LI

K	F_{NI}(kN)	F_{QI}(kN)	M_I(kN·m)	F_{NJ}(kN)	F_{QJ}(kN)	M_J(kN·m)
1	-7.710E+0	1.349E+1	-8.288E+0	-7.710E+0	-1.651E+1	1.736E+1
2	-7.201E+0	1.520E+1	-1.596E+1	-7.201E+0	-1.480E+1	1.475E+1
3	-7.204E+0	1.371E+1	-1.482E+1	-7.204E+0	-1.429E+1	1.654E+1
4	-2.949E+1	-3.710E+0	8.288E+0	-2.949E+1	2.898E-1	4.077E-1
5	-4.771E+1	5.089E-1	-1.405E+0	-4.771E+1	5.089E-1	-8.848E-1
6	-4.451E+1	-3.000E-3	6.971E-2	-4.451E+1	-3.000E-3	-5.621E-2
MAX	-4.771E+1	1.520E+1	-1.596E+1	-4.771E+1	-1.651E+1	1.736E+1

(4)根据各杆的内力值作刚架的弯矩、剪力、轴力轴如题解图 11-10(c)、(d)、(e)所示。

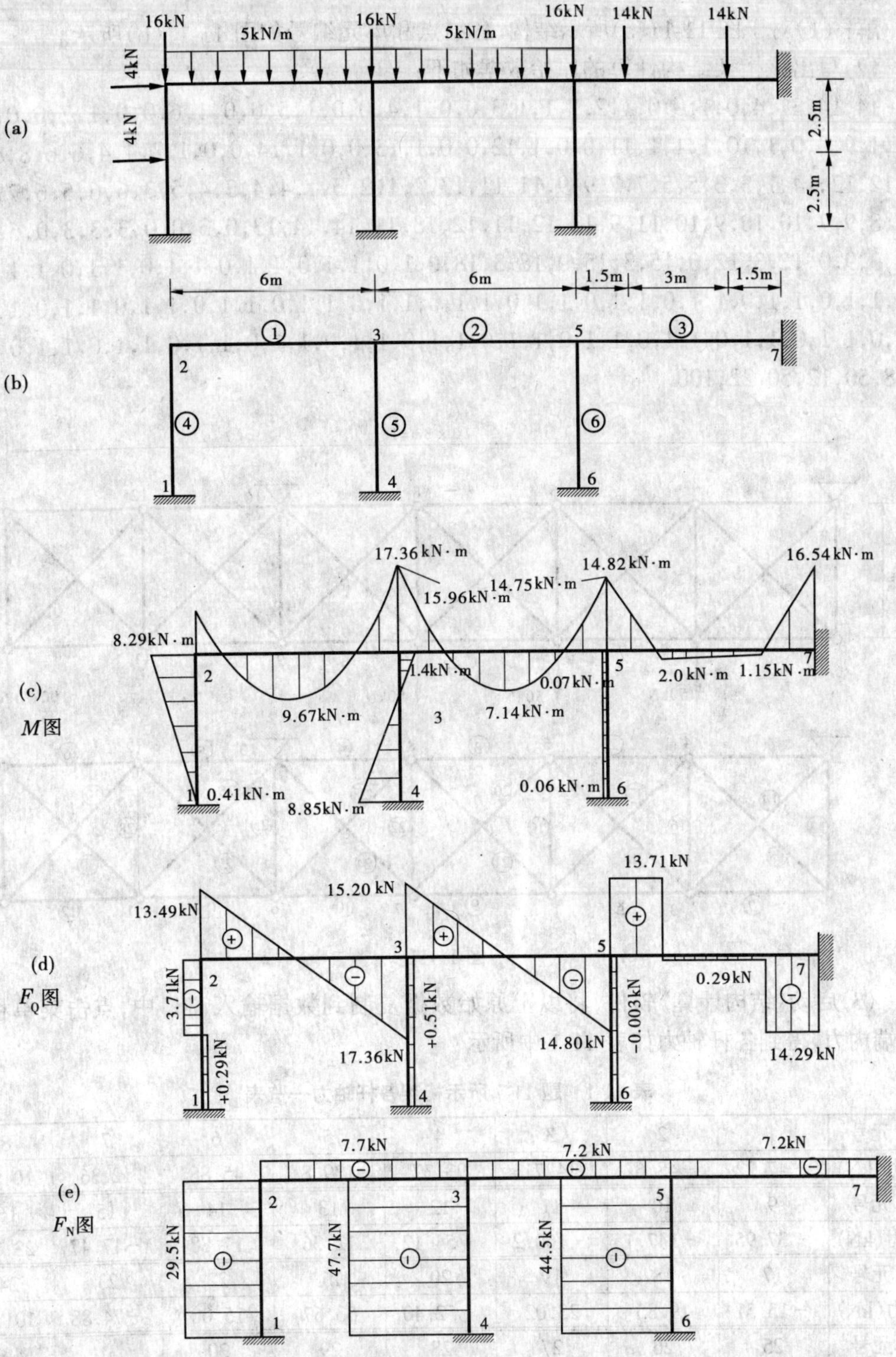
(a)
16kN
5kN/m
16kN
5kN/m
16kN
14kN
14kN
4kN
4kN
2.5m
2.5m
6m
6m
1.5m
3m
1.5m
(b)
(c)
M图
17.36kN·m
15.96kN·m
14.75kN·m
14.82kN·m
16.54kN·m
8.29kN·m
1.4kN·m
0.07kN·m
2.0kN·m
1.15kN·m
9.67kN·m
7.14kN·m
0.41kN·m
8.85kN·m
0.06kN·m
(d)
F_Q图
13.49kN
15.20kN
13.71kN
3.71kN
+0.29kN
+0.51kN
17.36kN
14.80kN
-0.003kN
0.29kN
14.29kN
(e)
F_N图
7.7kN
7.2kN
7.2kN
29.5kN
47.7kN
44.5kN

图 11-10

【题 11-7】

解：(1)对于图 11-11(a)所示结构，各结点和单元编号如图 11-11(b)所示。

(2)写出该桁架结构计算的原始数据如下：

14,14,31,4,0,1,0,0,1,2,1,1,1,3,0,0,1,4,0,0,1,5,0,0,1,6,0,0,1,7,0,0,1,8,0,0,1,9,0,0,1,10,1,1,1,11,0,0,1,12,0,0,1,13,0,0,1,14,0,0,1,2,4,4,6,6,8,8,10,10,12,12,14,1,3,3,5,5,7,7,9,9,11,11,13,2,1,2,3,1,4,4,3,4,5,3,6,6,5,6,7,5,8,8,7,8,9,7,10,10,9,10,11,9,12,12,11,12,13,11,14,14,13,0,3,0,0,3,3,3,0,6,3,6,0,9,3,9,0,12,3,12,0,15,3,15,0,18,3,18,0,1,0,1,4,50,8,50,12,50,22,100

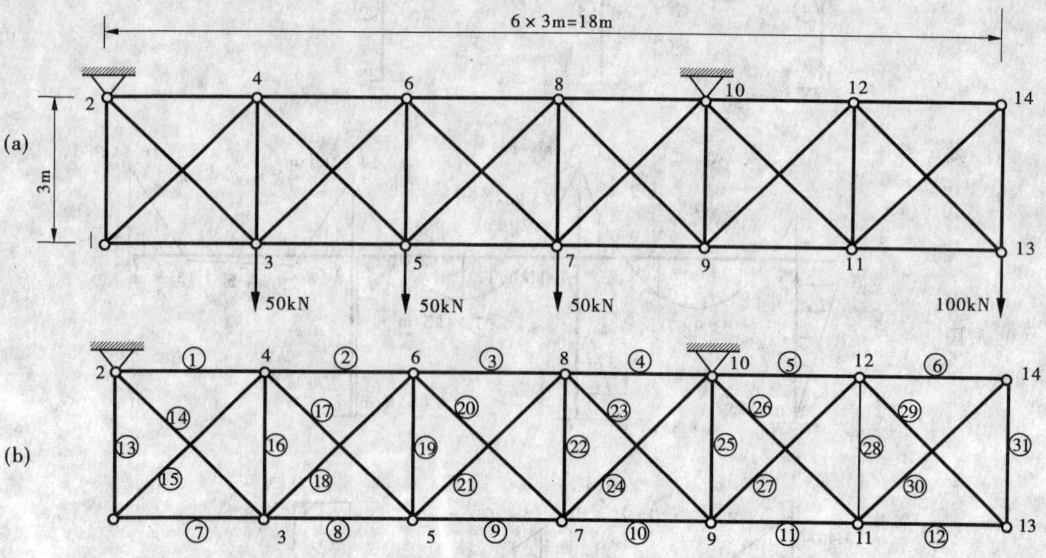

图 11-11

(3)启动《结构计算》软件，将以上原始数据复制到数据输入窗口中，点击菜单栏中“杆端内力”得到各杆轴力如表 11-1 中所示：

表 11-1　题 11-7 所示桁架各杆轴力一览表

单元号	1	2	3	4	5	6	7	8
轴力(kN)	−47.22	−48.62	24.71	93.37	139.8	45.88	12.36	10.96
单元号	9	10	11	12	13	14	15	16
轴力(kN)	−37.95	−147.1	−160.2	−54.12	12.36	17.88	−17.47	23.32
单元号	17	18	19	20	21	22	23	24
轴力(kN)	−15.51	19.85	23.02	−52.40	53.67	15.00	−74.88	101.9
单元号	25	26	27	28	29	30	31	MAX
轴力(kN)	92.71	85.18	−56.24	−14.35	76.53	−64.89	45.88	−160.2

【题 11-8】

解：(1)对于图 11-12(a)所示结构，各结点和单元编号如题解图 11-12(a)所示，共 15 个结点(其中结点 2、6、9、12、15，分别为结点 1、5、8、11、14 的从结点)，19 个单元。

(2)写出该刚架结构计算的原始数据如下：

15,12,19,0,4,1,1,1,0,2,1,1,1,3,0,0,1,4,0,0,1,6,5,5,1,7,0,0,1,9,8,8,1,10,0,0,1,12,11,11,1,13,0,0,1,14,1,1,0,15,14,14,1,1,5,5,8,8,11,11,14,4,7,7,10,2,3,3,4,3,6,4,5,4,8,5,7,7,8,7,11,9,10,10,11,11,13,10,13,13,15,0,4,0,4,3,2,6,0,6,4,6,4,12,0,12,4,12,4,18,0,18,4,18,4,21,2,24,4,24,4,18e7,7115e−8,5537e−6,18e7,7115e−8,5537e−6,

18e7,7115e−8,5537e−6,18e7,7115e−8,5537e−6,18e7,0,693e−5,18e7,0,693e−5,18e7,0,693e−5,18e7,0,693e−5,18e7,0,693e−5,18e7,0,693e−5,18e7,0,693e−5,18e7,0,693e−5,18e7,0,693e−5,18e7,0,693e−5,

18e7,0,693e−5,18e7,0,693e−5,18e7,0,693e−5,18e7,0,693e−5,18e7,0,693e−5,

1,1,6,20,2,1,6,20,3,1,6,20,4,1,6,20

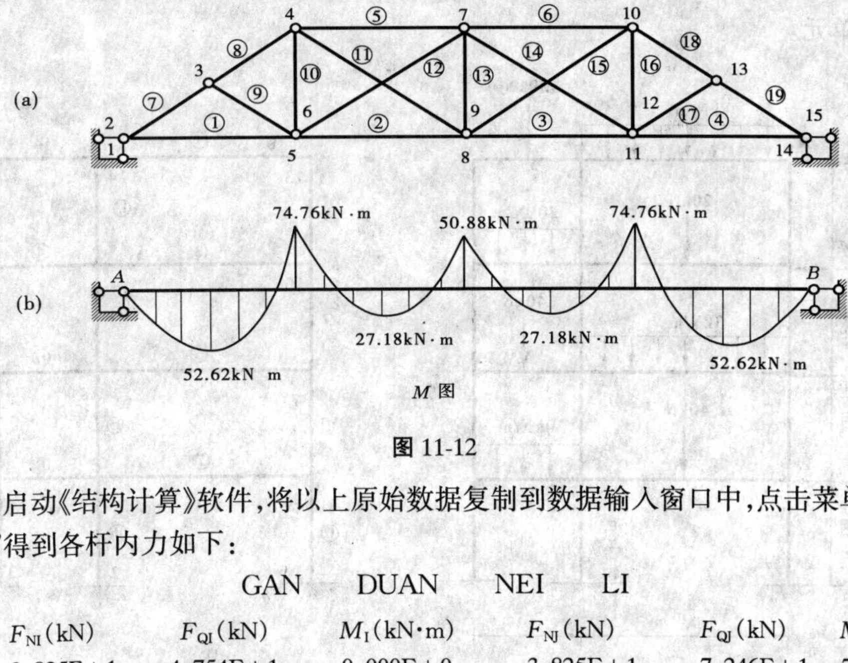

图 11-12

(3)启动《结构计算》软件，将以上原始数据复制到数据输入窗口中，点击菜单栏中“杆端内力”得到各杆内力如下：

GAN DUAN NEI LI

K	F_{NI}(kN)	F_{QI}(kN)	M_I(kN·m)	F_{NJ}(kN)	F_{QJ}(kN)	M_J(kN·m)
1	−3.825E+1	4.754E+1	0.000E+0	−3.825E+1	−7.246E+1	7.476E+1
2	3.825E+1	6.398E+1	−7.476E+1	3.825E+1	−5.602E+1	5.088E+1
3	3.825E+1	5.602E+1	−5.088E+1	3.825E+1	−6.398E+1	7.476E+1
4	−3.825E+1	7.246E+1	−7.476E+1	−3.825E+1	−4.754E+1	0.000E+0
5	−2.962E+2	0.000E+0	0.000E+0	−2.962E+2	0.000E+0	0.000E+0
6	−2.962E+2	0.000E+0	0.000E+0	−2.962E+2	0.000E+0	0.000E+0
7	−3.470E+2	0.000E+0	0.000E+0	−3.470E+2	0.000E+0	0.000E+0
8	−3.470E+2	0.000E+0	0.000E+0	−3.470E+2	0.000E+0	0.000E+0

9	0.000E+0	0.000E+0	0.000E+0	0.000E+0	0.000E+0	0.000E+0
10	1.874E+2	0.000E+0	0.000E+0	1.874E+2	0.000E+0	0.000E+0
11	9.055E+0	0.000E+0	0.000E+0	9.055E+0	0.000E+0	0.000E+0
12	−9.194E+1	0.000E+0	0.000E+0	−9.194E+1	0.000E+0	0.000E+0
13	1.020E+2	0.000E+0	0.000E+0	1.020E+2	0.000E+0	0.000E+0
14	−9.194E+1	0.000E+0	0.000E+0	−9.194E+1	0.000E+0	0.000E+0
15	9.055E+0	0.000E+0	0.000E+0	9.055E+0	0.000E+0	0.000E+0
16	1.874E+2	0.000E+0	0.000E+0	1.874E+2	0.000E+0	0.000E+0
17	0.000E+0	0.000E+0	0.000E+0	0.000E+0	0.000E+0	0.000E+0
18	−3.470E+2	0.000E+0	0.000E+0	−3.470E+2	0.000E+0	0.000E+0
19	−3.470E+2	0.000E+0	0.000E+0	−3.470E+2	0.000E+0	0.000E+0
MAX	−3.470E+2	7.246E+1	−7.476E+1	−3.470E+2	−7.246E+1	7.476E+1

(4)根据以上计算结果中1、2、3、4单元的杆端弯矩值，作弯矩图如题解图11-12(b)所示，7、8和18、19单元具有最大轴向压力，其值为 $F_N=347$kN。

【题11-9】

解：(1)对于图11-13(a)所示结构，各结点和单元编号如图11-13(b)所示，共15个结点，20个单元。

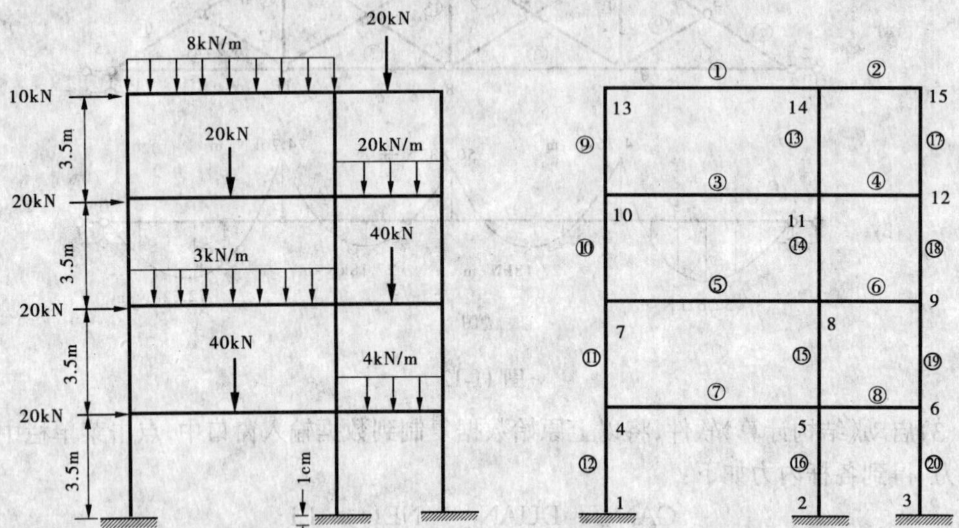

图11-13

(2)写出该刚架结构计算的原始数据如下：

15,3,20,4,9,1,1,1,1,2,1,1,1,3,1,1,1,13,14,14,15,10,11,11,12,7,8,8,9,4,5,5,6,13,10,10,7,7,4,4,1,14,11,11,8,8,5,5,2,15,12,12,9,9,6,6,3,0,14,7,14,10.5,14,0,10.5,7,10.5,10.5,10.5,0,7,7,7,10.5,7,0,3.5,7,3.5,10.5,3.5,0,0,7,0,10.5,

0,8e7,72c−4,24e−2,8e7,72e−4,24e−2,8e7,72e−4,24e−2,8e7,72e−4,24e−2,8e7,72e−4,24e−2,8e7,72e−4,24e−2,8e7,72e−4,24e−2,8e7,72e−4,24e−2,8e7,52e−4,25e−2,

8e7,52e−4,25e−2,8e7,52e−4,25e−2,8e7,52e−4,25e−2,8e7,52e−4,25e−2,8e7,52e−4,25e−2,

8e7,52e−4,25e−2,8e7,52e−4,25e−2,8e7,52e−4,25e−2,8e7,52e−4,25e−2,8e7,52e−4,25e−2,

8e7,52e−4,25e−2,1,20,10,20,19,20,28,10,1,1,7,8,2,2,1.75,20,3,2,3.5,20,4,1,3.5,20,5,1,7,3,

6,2,1.75,40,7,2,3.5,40,8,1,3.5,4,16,7,4,0.01

(3)启动《结构计算》软件,将以上原始数据复制到数据输入窗口中,点击菜单栏中“杆端内力”得到各杆轴力如下:

GAN DUAN NEI LI

K	F_{NI}(kN)	F_{QI}(kN)	M_I(kN·m)	F_{NJ}(kN)	F_{QJ}(kN)	M_J(kN·m)
1	−3.466E+2	2.431E+2	−6.769E+2	−3.466E+2	1.871E+2	−8.287E+2
2	−3.155E+2	−4.139E+2	8.838E+2	−3.155E+2	−4.339E+2	6.000E+2
3	7.520E+1	2.798E+2	−9.145E+2	7.520E+1	2.598E+2	−9.738E+2
4	6.521E+1	−5.335E+2	1.060E+3	6.521E+1	−6.035E+2	9.297E+2
5	−7.810E+1	2.841E+2	−9.137E+2	−7.810E+1	2.631E+2	−1.002E+3
6	−4.984E+1	−5.771E+2	1.125E+3	−4.984E+1	−6.171E+2	9.648E+2
7	1.094E+2	2.818E+2	−8.636E+2	1.094E+2	2.418E+2	−9.693E+2
8	1.122E+2	−6.638E+2	1.278E+3	1.122E+2	−6.778E+2	1.070E+3
9	−2.431E+2	−3.366E+2	6.769E+2	−2.431E+2	−3.366E+2	5.011E+2
10	−5.228E+2	−2.414E+2	4.134E+2	−5.228E+2	−2.414E+2	4.314E+2
11	−8.069E+2	−2.995E+2	4.823E+2	−8.069E+2	−2.995E+2	5.659E+2
12	−1.089E+3	−1.701E+2	2.977E+2	−1.089E+3	−1.701E+2	2.976E+2
13	6.010E+2	3.105E+1	−5.514E+1	6.010E+2	3.105E+1	−5.354E+1
14	1.394E+3	2.106E+1	−3.275E+1	1.394E+3	2.106E+1	−4.096E+1
15	2.234E+3	4.932E+1	−8.241E+1	2.234E+3	4.932E+1	−9.021E+1
16	3.140E+3	5.212E+1	−2.181E+2	3.140E+3	5.212E+1	3.564E+1
17	−4.339E+2	3.155E+2	−6.000E+2	−4.339E+2	3.155E+2	−5.044E+2
18	−1.037E+3	2.503E+2	−4.253E+2	−1.037E+3	2.503E+2	−4.508E+2
19	−1.655E+3	3.002E+2	−5.140E+2	−1.655E+3	3.002E+2	−5.365E+2
20	−2.332E+3	1.880E+2	−5.336E+2	−2.332E+3	1.880E+2	−1.242E+2

MAX	3.140E+3	-6.638E+2	1.278E+3	3.140E+3	-6.778E+2	1.070E+3

由以上各杆端内力的计算结果可知,该刚架中的最大内力及其所在位置如下:

最大杆端弯矩　$M_{max}=1\ 278\text{kN·m}$(下拉),位于 8 单元左端;

最大杆端剪力　$|F_{Qmax}|=677.8\text{kN}$,位于 8 单元右端;

最大轴力　$F_N=3\ 140\text{kN}$(拉力),位于 16 单元。

再由结点位移的计算结果得到结构中最大位移如下:

最大水平线位移　$\Delta_{15H}=11.36\text{mm}(\leftarrow)$

最大竖向线位移　$\Delta_{5V}=9.45\text{mm}(\downarrow)$

最大角位移　$\varphi_{15}=1.922\times10^{-3}\text{rad}$

(4)当此刚架结构的支座 2 未产生移动时的最大杆端内力为:

最大杆端弯矩　$M_{max}=64.59\text{kN·m}$(上拉),位于 8 单元右端;

最大杆端剪力　$|F_{Qmax}|=47.59\text{kN}$,位于 4 单元右端;

最大轴力　$|F_{Nmax}|=137.5\text{kN}$(压力),位于 20 单元。

可见,本题所示超静定刚架的内力主要是由其支座移动所引起的。

11.4　复习思考题

11.4.1　《结构计算》软件适用于计算哪些类型结构的内力和位移?它是否可用于关于计算平面直杆系静定结构的内力和位移?

11.4.2　在对结构进行结点编号和单元编号时,如果结点号或单元号不连续,将会对计算带来什么影响?

11.4.3　为什么在对主、从结点编号时,主结点号必须小于其从结点号?

11.4.4　试对图 11-7(a)所示结构,若不计各杆的轴向变形,试以数组形式写出其各特殊结点约束信息。

11.4.5　对于图 11-14 所示组合结构,试对其进行结点和单元编号,并写出各特殊结点的约束信息和各单元的 E、I、A。已知各杆件的弹性模量 E 相同,各受弯杆件的惯性矩 I 相同,各轴力杆的截面积均为 A_1,且受弯杆件的截面积 $A_2=5A_1$。

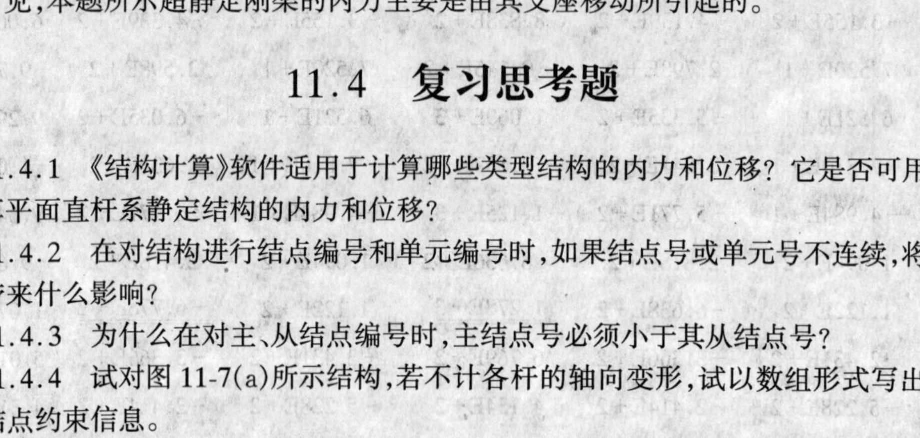

图 11-14

11.4.6　试对图 11-15 所示结构的结点进行结点位移编号,并指出各结点荷载所对应的结点位移号码。

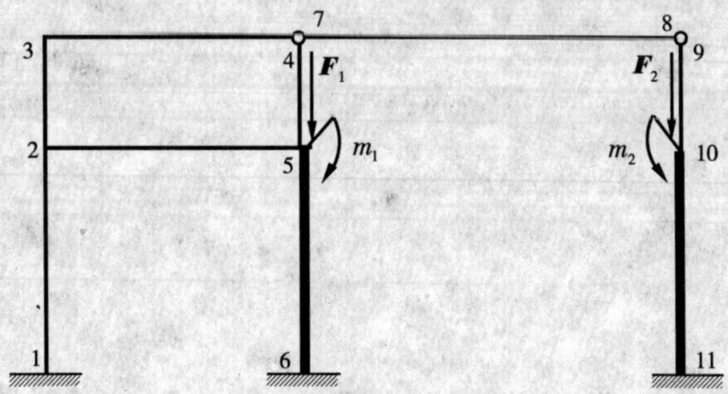

图 11-15

11.4.7 在超静定结构的计算中,哪些类型的结构可以不考虑受弯杆件轴向变形的影响?什么类型的结构必须考虑受弯杆件轴向变形的影响?